# 「3.11」からの再生

三陸の港町・漁村の価値と可能性

・

河村哲二
岡本哲志 編著
吉野馨子

御茶の水書房

# まえがき

本書の意義と構成——三陸の港町・漁村に光をあてる

### 個別の研究領域を超えて

　本書は，都市・地域の研究者と社会・生活の研究者によるフィールド調査と文献に基づく研究成果が主要な部分を構成する。だが，本書の作成に至るまでには，個別の研究領域を超えて，法政大学サステイナビリティ研究教育機構（通称サス研）の総合研究プロジェクト「グローバリゼーションとシステムサステイナビリティ」の震災・原発特別研究班である「政治・経済チーム」と「都市・地域研究チーム」が中心となり，2年前から議論を重ねてきた研究会がベースとなり，全体の骨格が組み立てられてきた。

　同「総合研究プロジェクト」は，「グローバリゼーションによる社会経済システム・文化変容とサステイナビリティ」の問題に対し，学際的，総合的な解明をめざし，学内外・海外研究者を糾合した法政大学の全学横断的な総合研究プロジェクトとして，整備・拡充されてきた。2012年度時点で，3グループ・36研究班で構成されている（震災・原発特別研究班を含む）。この間，世界を覆い尽くすかに現れた，企業・金融・情報グローバル化と政府機能の新自由主義的転換を主要経路とする「市場経済」のロジックによるグローバリゼーションが，グローバル金融危機によって大きくほころびを見せた。そうした方向でのグローバリゼーション・ダイナミズムと，それが各国・各地域に加えてきた大きな変容と転換の圧力によって疲弊し，断片化され，周辺化された地域・ローカルの暮らしのあり方との間にある，大きな断裂を顕わにした。そうした文脈のなかで，日本は大震災・原発による「3.11」に見舞われ，「二重の危機」に直面した。

　こうした日本，とりわけ大震災・津波と福島原発危機の被災地が直面する三陸の状況は，むしろグローバルな現状の危機を集約的に私たちにつきつけたのではないか？　本書と同時に刊行される『持続的未来の探求－「3・11」

を超えて』は，そうしたグローバルなレベルの問いかけを背後に置きながら，グローバルレベルと地域レベルの危機とそこからの再生の方向を「日本」という領域を超えて論じた，「総合研究プロジェクト」第1回国際シンポジウムの成果をまとめたものである。

**現代社会がもつ根本的な問題追究へ**

　本書は，そうした方向の探求を共通の基盤としながら，政治・経済，都市・地域，生活・生業といった社会，そして法制度とが互いの関係性を見いだし，それぞれの研究価値を横断的に活性化させ，地域再生の可能性を，三陸という場所において，模索しようとしたものである。この試みは，現在のグローバルな危機を集約的に体現し，しかも民族紛争と内戦状態や崩壊国家など程度の差はあれ「二重の危機」にある世界各地の持続可能な未来への課題を根本から問いかけるものとなるはずである。

　このような経緯のなかで，本書の議論の出発点は，政治・経済と都市・地域との綿密な関係性を組み立て，再生の可能性を描きだすことにあった。その後議論を重ねるに従い，地に足の着いた生活の場の重要性と，政治・経済や法制度の場所に根ざした再構築の必要性が大きく浮かび上がり，よりプリミティブな場を描きだす方向にシフトした。

　本書に至る経緯からすれば，最初の「部」として，政治・経済関係の研究者が多角的に論じることもありえたが，諸事情から「序論」に凝縮したかたちとせざるを得なかった。「政治・経済チーム」のメンバーの多くが，この間20数年間，各種の共同研究プロジェクトによる世界各地の企業・産業・地域社会の実態調査を続け，そのなかで，グローバリゼーション・ダイナミズムと世界各地のローカルな社会経済・政治システムの変容について研究成果を蓄積してきた。「序論」の内容は，そうした成果を基盤として，東北の被災地を現地実態調査しながら得られた，グローバル金融危機と「3.11」という「二重の危機」からの復興・再生への展望のエッセンスであり，その意味で，本書の背景にある政治・経済領域の議論と基本視点をまとめたものである。「序論」では，本書の第1部〜第3部の持つ意義を，とりわけグローバル

な政治経済的視点からみた現代社会がもつ根本的な問題を明らかにし，本書全体に及ぶ視点を提示するよう努力した。

そうした視点にたって，世界を巻き込む経済の市場経済的・新自由主義的グローバリゼーションの進行とともに，深刻化する産業空洞化，地域経済・コミュニティの疲弊に目を向ける。その論点は，地域に根差す生活圏と生活価値の本質的な欠落からくるものではなく，むしろ近代以降の日本の社会経済・政治システムの疲弊であると位置付け，「衣」・「食」・「住」・「職（生業）」・「文化」を統合した社会の基本単位である「字・大字」のレベルにこそ，グローバルな意味でも，社会や経済の持続可能な再生へと導く基本があることを提示している。

### 三陸の都市や集落のフィールド・ワークを通して

ただ，そこに大きくはだかる現代の問題がある。それは，社会の基本単位の価値を発見する意志の欠如と，そこからの持続的な可能性を導き出す仕組みの欠落である。「3.11」で被災した三陸の都市や集落は，被災する以前から，産業の空洞化，中心市街地のシャッター通り化，限界集落化など現代社会の問題点の吹きだまりのようにいわれてきた。

しかし，「3.11」以降，三陸の被災地を何度も訪れるに従い，地元の人たちが現在まで保ち続けてきた歴史や文化こそがこれからの日本の社会に意味を持ち，逆に現代の恩恵を受けてきた私たち自身の側に欠如があることが明らかになってきた。三陸の都市や集落の歴史，生活・文化をフィールド調査し，生きた空間を掘り下げ，そこで暮らす人たちの生業を紡ぎ出すことなしには，現在直面しているグローバルな社会経済危機を超えてシステムを組み替える変革と，未来への再生の道筋は見えてこないと判断した。本書は，その解明に最も大きな重点を置くことにした。本書の中心をなす第1部～第3部では，そうした実践的課題の成果によって構成されている。この3部によって構成された各部は，独立した論を展開するとともに，それぞれが関係性を持つ内容である。

第1部では，特に近世，近代の東東北（宮城県・岩手県）の中心的役割を

担った都市，石巻と釜石に焦点をあてる。その歴史を読み解くことで，これらの都市が置かれた「場所性」と「風土性」に根ざして成立してきた価値を探る。第2部と第3部では，3つの半島，牡鹿半島，雄勝半島，広田半島に点在する集落，特にプリミティブな漁村集落に焦点をあて，その空間のあり方とその実態をあぶり出す。第2部ではフィールド調査と文献から歴史と空間の仕組みを解明し，基層に眠る集落空間の価値を分析する。第3部では，ヒアリングを重ねることで暮らしと生業が場所においてどのような意味を持ち，持続的に維持されてきたのかを探る。また，「序章」では，それぞれの部が関連しながら，独自の論を展開するその道筋をわかりやすくするために，第1部〜第3部の主な狙いを要約して示してある。

**法制度が向けるべき眼差し**

なお本書では，最後に終章として政治と法制度の問題に触れる。震災という環境を除いても，「字・大字」の再生からまちづくりへと向かう道筋にとって，「歴史」は非常に重要である。しかしそれは，現在まだまだ枕詞の域を出ていない。生きた歴史が共有できていない現実があるからだ。歴史は現在から未来に向けて踏み出す重要な踏み台である。そのことの大切さを本書は三陸を舞台に語る。

また，「字・大字」の再生とまちづくりのもう一つの問題点としては，法制度の展開が「目標達成型」であることだ。これは都市や集落の魅力を紋切り型にする元である。ヴェネツィアは多くの人を魅了する。細かく張り巡らされた運河，迷路のように延びる路地。リアルト橋はヴェネツィアの中心である。ただ，リアルト橋から市街へ入れば，迷路に突入する。逆に，住む人たちにとってはヴェネツィアの迷宮は実に明快である。どう歩こうとリアルト橋に至るからだ。むしろ，迷宮さは都市空間の魅力を犯す者たちへのバリアーにすぎない。

都市の利便性が欠落する，あるいは最果ての極みに集落が存在するという考えは，ヴェネツィアでリアルト橋からまち歩きをはじめる観光客とさして変わりがない。それなのに，歩き方によってどうも異なる見解に達するのは，

本質的な価値を度外視し，与えられた価値評価を鵜呑みにしているからだ。それは「目標達成型」のこれまでの法制度のあり方とどこか似ている。

　本書は，実地のフィールド調査と地元の方たちのヒアリングを踏まえ，見えてきた場所の価値を終章において近代国民国家の特徴でもある法制度や政治システムの転換を示唆する論へと導く。歴史をたどり，それを踏まえ今を生きている人たちの証言から見えてくる価値が内包しているロジックを軸として社会経済・政治システムと法制度の現状がおかれているコンテクストを変革することによってはじめて，近代国民国家日本の限界を超えて，現実の困難な状況の打開と，新たな展開に向けた道筋への展望が開かれてゆくのではないかと思われる。

編者

# 「3.11」からの再生
## 目　次

# 目　次

まえがき　i

図・表・写真一覧　xii

## 序　論　グローバリゼーション・ダイナミズムと日本の「二重の危機」からの再生 ───── 河村哲二── 3
　　　　──「3.11」東北震災被災地の視点から

　はじめに　3
　1　日本の「二重の危機」　4
　2　日本の「二重の危機」の歴史的位相と東北　9
　3　持続的未来の再生への道──くらしと文化の再生産圏・生活圏の再興　17

## 序　章　三陸の港町・漁村の価値と可能性に向けて ───── 岡本哲志── 27

　1　「3.11」が問いかけるもの　27
　2　第1部〜第3部の狙い　32

## 〈第1部　三陸の港町と産業都市に焦点をあてて〉

### はじめに ───── 岡本哲志── 37

　1　三陸の人口に見る地域性　37
　2　三陸の地形と歴史　38
　3　なぜ石巻と釜石なのか　39

### 第1章　近世から近代への転回 ───── 岡本哲志── 43

　1　古代・中世の歴史を概観する　43
　2　東北の飢饉と地震津波　46
　3　近世東北の二大大名　48
　4　川と海の整備　51
　5　街道の整備　53
　6　幕末から明治初期にかけての盛岡藩と仙台藩　55
　7　中世・近世をベースにした近代産業　55
　8　鉄道の敷設　59

## 第2章　釜石・大槌 ── 石渡雄士 ── 63

1　釜石・大槌の地理的環境と津波被災の状況　63
2　釜石の地域形成（近世まで）　65
3　大槌の地域形成（近世まで）　68
4　釜石の近代化──低地の開発と鉄道の建設　73
5　相互依存した港湾都市と後背地の地域ネットワークと「鉄のまち」の衰退　76

## 第3章　大槌町 ── 吉野馨子・西山直輝 ── 79

1　漁業の展開　79
2　近代以降の生業と生活の変化　81
3　漁業と暮らしの変化　83
4　復興に向けて　88

## 第4章　港町・石巻と舟運 ── 岡本哲志 ── 93

1　官と民の北上川舟運航路の整備　93
2　石巻をめぐる湊の変化　94
3　異なる3つの港を持つ近代以降の石巻　98

## 〈第2部　三陸の漁村集落の地域システムと空間構成〉

### はじめに──プリミティブな漁村集落を訪れて ── 岡本哲志 ── 103

1　3つの半島に立地する漁村集落に着目する　103
2　漁村集落と地震津波の被災との関係　104
3　3つの半島の特色　105
4　三陸沿岸の地形と漁村集落　106

### 第1章　牡鹿半島の漁村集落 ── 岡本哲志 ── 111

1　浜の有力者たち　111
2　牡鹿半島で繁栄した港町　116
3　石巻地方の漁村集落の居住空間　120

### 第2章　雄勝半島の漁村集落 ── 岡本哲志 ── 125

1　地理的環境と津波被害　125
2　江戸時代に十五浜と呼ばれた土地　129
3　桃生郡南方の有力者と追波川の舟運　130

4　太平洋沿岸で活躍した廻船問屋の歴史　133
　　　5　東廻り航路と十五浜　135
　　　6　雄勝半島の地域システム　138
　　　7　雄勝法印神楽と地域文化　142
　　　8　大須の集落空間を読む　145
　　　9　集落構成と水　150
　　　10　大須の居住空間1（阿部文子さんの話から）　152
　　　11　大須の居住空間2（佐藤重兵衛さんの話から）　157

## 第3章　広田半島の漁村集落────長谷川真司・古地友美──161

　　　1　広田半島の地理的環境と津波被害の状況（長谷川真司）　161
　　　2　プリミティブな集落構造を残す根岬（長谷川真司）　169
　　　3　廻船で繁栄した泊（長谷川真司）　171
　　　4　水の恵みを享受した長洞（古地友美）　174

## 第4章　漁村集落の再生・振興へ向けて────岡本哲志──181

　　　1　浜の独自性からの再起とは　181
　　　2　コミュニケーションの場の創造と可能性　183
　　　3　水の視点を強調した地域ネットワークの再構築　184


〈第3部　地域の生業・暮らしを紡ぎだす〉

## はじめに──3つの半島の漁村の生業と暮らしとその変容────吉野馨子──189

　　　1　浜をみる視点　190
　　　2　3つの半島の概要　192
　　　3　事例地域の生業の成り立ちと推移　192
　　　4　浜ごとの違い　195
　　　5　最近の漁業の状況　197
　　　6　農業，山林との結びつき　198

## 第1章　牡鹿半島の生業とコミュニティ──吉野馨子・洞口文人──201

　　　1　牡鹿半島の自然，生業と暮らしの変化（吉野馨子）　202
　　　2　荻浜の生業と暮らし（洞口文人・吉野馨子）　207
　　　3　小積浜の生業と暮らし（洞口文人・吉野馨子）　214
　　　4　震災が映し出したもの（吉野馨子）　220

目　次

## 第2章　雄勝半島の生業とコミュニティ　——— 吉野馨子 —— 223
1　大須地区の生業と暮らし　223
2　雄勝湾，大浜地区の生業の展開と暮らし　248
3　震災を超えて　249
4　雄勝半島の生業と暮らしが映し出すもの　253

## 第3章　広田半島の生業とコミュニティ　——— 仁科伸子 —— 257
1　広田半島を一つに束ねる黒崎神社　257
2　集落の形成　261
3　人口減少，高い高齢化率と三世代同居率　264
4　漁業の発展と社会階層，規範の形成　267
5　伝統的行事と生業が育んだ人々の絆　272
6　東日本大震災後のコミュニティの営み　277
7　コミュニティ・ストレングス　280

## 第4章　暮らしから見つめ直す　——— 吉野馨子 —— 283
1　浜ごとの多様性と共通する生活のロジック　283
2　浜の意味の再検討　284
3　漁村のもつ力　285
4　浜の恵みをより生かすには　286

## 終　章　危機に直面する技術
　　　　——被災した三陸海岸集落に学ぶ制度的課題——— 長谷部俊治 —— 289
1　危機に向き合うために——二つの要素——　289
2　危機に直面する技術の軽視　294
3　危機に直面する技術を活かし鍛える　299
4　地域政策の転換へ　308

**あとがき**　317

**索引**　325

**執筆者紹介**　342

図・表・写真一覧

序　論
　　図序-1　アメリカを軸とする《グローバル成長関連》

　　表序-1　東北地方の工業集積および農業の変遷の概要（震災直前まで）

序　章
　　図序-2　東北三県の地形と対象エリア

第1部
　第1章
　　図1-1-1　安部氏の領地
　　図1-1-2　葛西氏の領地
　　図1-1-3　江戸時代の街道
　　図1-1-4　鉄道の敷設年代

　第2章
　　図1-2-1　釜石市と大槌町周辺図
　　図1-2-2　釜石市中心部市街図
　　図1-2-3　大槌町中心部市街図

　　写真1-2-1　釜石湾と市街地
　　写真1-2-2　尾崎神社（浜町）
　　写真1-2-3　小鎚神社
　　写真1-2-4　大槌城跡から大槌川，大槌湾を臨む

　第3章
　　図1-3-1　震災前の大槌の町と江戸時代の市

　　写真1-3-1　神輿を担ぐ男たち
　　写真1-3-2　湾内を回る船

　第4章
　　図1-4-1　真野の入江・御所入江と現在の石巻
　　図1-4-2　石巻地方と湊の分布（江戸時代）

　　写真1-4-1　江戸時代に廻船で繁栄した港町・石巻の中心部

第2部
　はじめに
　　図2-序-1　漁村集落が立地する地形形状の5つのパターン

図・表・写真一覧

## 第1章
図2-1-1　牡鹿郡の大肝入が置かれた場所と組エリア
図2-1-2　狐崎浜の集落空間
図2-1-3　月浦の集落空間
図2-1-4　荻浜の集落空間
図2-1-5　佐々木家母屋の概略平面図

写真2-1-1　震災後も町並みが残る狐崎浜
写真2-1-2　海側から見た月浦
写真2-1-3　羽山姫神社参道から湾を望む

## 第2章
図2-2-1　十五浜の集落分布
図2-2-2　現在の大須浜の集落空間
図2-2-3　阿部家の旧母屋の概略平面図

写真2-2-1　両側から斜面が迫る荒
写真2-2-2　上流方面を眺めた現在の追波川
写真2-2-3　大浜にある葉山神社の鳥居
写真2-2-4　立浜の龍沢寺の参道
写真2-2-5　大須の鎮守である八幡神社
写真2-2-6　沢が流れていた浜に続く道（左側が宮守宅）
写真2-2-7　かつて共同で使っていた「下井戸」の跡
写真2-2-8　窪地に集住する大須の家並み
写真2-2-9　阿部家の庭から見た門
写真2-2-10　江戸時代に廻船で運ばれた石
写真2-2-11　庭側にある井戸
写真2-2-12　天然スレート瓦を葺いた「広間型三間取り」の古い形式を残す家

## 第3章
図2-3-1　広田半島の地形と集落分布
図2-3-2　広田の漁家の間取り図
図2-3-3　現在の根岬の集落構成
図2-3-4　江戸時代の敷地構造が残る現在の泊の集落構成
図2-3-5　農村と漁村が共存する長洞の集落構成
図2-3-6　蒲生家の旧母屋の概略平面図

写真2-3-1　箱根山からの広田半島の全景
写真2-3-2　黒崎神社
写真2-3-3　現在の根岬集落の風景
写真2-3-4　愛宕神社から見た泊の風景
写真2-3-5　現在も林に囲まれた蒲生家の屋敷
写真2-3-6　海と深く結びついて建てられた荷渡神社

## 第4章
図2-4-1　3つのレイヤー構造からなる漁村集落の空間システム形成概念図

## 第3部
### はじめに
図3-序-1　各浜の漁業形態（S29）
図3-序-2　各浜の漁船保有状況（S29）
図3-序-3　各浜の平均漁業収入（S29）
図3-序-4　各浜の農業従事状況（S29）
図3-序-5　各浜の漁業形態（S43）
図3-序-6　各浜の漁業収入分布（S43）
図3-序-7　各浜の漁業形態（S63）
図3-序-8　各浜の漁業経営状況（S63）
図3-序-9　各浜の漁業収入分布（S63）
図3-序-10　各浜の漁家の漁場（S63）
図3-序-11　集落別にみた漁業形態と農業従事状況（S63）
図3-序-12　各浜の漁業形態（H20）
図3-序-13　各浜の漁業収入分布（H20）
図3-序-14　各浜の漁獲物の販路（H20）
図3-序-15　各浜の林野率（H20）

### 第1章
図3-1-1　牡鹿半島とその周辺の旧町村（明治22年当時）
図3-1-2　牡鹿半島の地形と浜
図3-1-3　震災前の荻浜の集落のようす
図3-1-4　荻浜の典型的な漁師住宅
図3-1-5　震災前の小積浜の集落のようす

表3-1-1　東日本大震災による牡鹿半島の各浜の被害状況

写真3-1-1　震災後，牡蠣の養殖が再開した。明け方に収穫した牡蠣を載せた船が港に戻ってきた。
写真3-1-2　共同の作業小屋で牡蠣の殻むきをおこなっている。
写真3-1-3　小積地区に戻ってきた獅子舞の頭

### 第2章
図3-2-1　住まいのようす
図3-2-2　大須の浜の名前と隣接地区との境界線
図3-2-3　大須集落周辺の組割りと土地利用

表3-2-1　雄勝町各地区の被害の状況

写真3-2-1　台風の前日，浜に打ち寄せられたヨリメを集めている
写真3-2-2　ヨリメを道路端に干しながら根を切り調製している女性
写真3-2-3　大須港に係留された不動丸と勝丸
写真3-2-4　阿部さんと製作中のFRP船
写真3-2-5　大須地区の斜面につくられた畑
写真3-2-6　もぐりの人にウニを採ってもらい，漁協に販売する
写真3-2-7　共同採りで採ったウニを浜で買い，帰途につく女性たち

## 第3章

図3-3-1　広田町の人口増減と災害
図3-3-2　小地域別高齢化率（平成22（2010）年国勢調査）
図3-3-3　広田町の世帯類型（平成22（2010）年国勢調査）
図3-3-4　小地域別職業別人口割合（平成22（2010）年国勢調査）

写真3-3-1　獅子舞の権現様
写真3-3-2　箱メガネを覗きアワビを採る
写真3-3-3　アワビ取りのカギ
写真3-3-4　長洞仮設住宅の入り口
写真3-3-5　なでしこのメンバーの写真付き塩蔵ワカメ

# 「3.11」からの再生

――三陸の港町・漁村の価値と可能性――

# 序論　グローバリゼーション・ダイナミズムと
　　　日本の「二重の危機」からの再生
　　　　──「3.11」東北震災被災地の視点から

河 村 哲 二

## はじめに

　この間，日本は，バブル経済とその崩壊，大型金融破綻と経済停滞の「失われた二〇年」と，経済グローバル化に翻弄され，アメリカ発のグローバル金融危機のショックさめやらぬ中，再び襲った大震災・津波被災と福島原発危機によって，「二重の危機」に直面している。すでに各所で論じてきたが（とくに河村，2013），2008年秋のいわゆる「リーマン・ショック」前後からとみに深刻さを増し，今やEU・ユーロ圏の財政金融危機によって「第二幕」が進んだグローバル金融危機は，80年代からほぼ30年間大きく進んできた経済グローバル化を通じて出現したアメリカを軸とする「グローバル成長連関」そのものの深刻な危機として世界的な経済システムの持続可能性の危機であり，日本経済も輸出の減退や極端な円高の進行などその深刻な影響を受けている。そこに加わった大震災・津波被災と福島原発危機は，明治以来の近代日本の社会経済・国家システムの現状の根本的な問題を顕わにしている。この「二重の危機」からどう再生すべきなのか？　そこには，グローバリゼーションと地域の複眼的視点が不可欠であり，とりわけ東北の大地震・津波被災地からの視点がきわめて重要である。

　90年代以降とみに顕著となったグローバリゼーションは，各国・各地域の政治・経済・社会，さらに文化面まで，非常に広範な分野におよぶ特徴的な現象として，その実態や影響，賛否をめぐり世界的に大論争を巻き起こし，多方面からの多様な研究蓄積を生んできた。グローバリゼーションのダ

イナミズムは，とりわけ中国などBRICs諸国やアジアなど新興諸国の顕著な経済発展の促進を含む，グローバルな経済成長の枠組みとして「グローバル成長連関」を出現させる一方で，資源制約や地球環境問題の深刻化，頻発する通貨金融危機や地政学的な政治軍事的危機を伴い，幅広い反グローバリズムの潮流も生んできた。日本も，そうしたグローバリゼーションの進展に翻弄され，バブル経済の崩壊後，経済停滞の「失われた20年」を過ごし，産業空洞化，地域経済・コミュニティの疲弊が深刻化していった。今，「グローバル成長連関」そのものが破綻してグローバル金融危機・経済危機が発生し，その衝撃の中で，EU・ユーロ危機で「第二幕」を迎え，これまで顕著な成長を続けてきた中国や，インド，ブラジルも，経済の減速が目立ってきている。日本は，そうしたグローバル金融危機・経済危機の影響を脱せないまま，「千年に一度」の大震災・大津波被災とチェルノブイリ事故に匹敵する深刻な福島原発危機と放射能汚染に見舞われた。その意味で「二重の危機」に直面している。

「二重の危機」を超えて，被災地の復興・再生を図り，原発危機から社会経済の再生を果たし，持続的な未来を開くのか，いかに長期を要するとしても，持続可能な未来に向けた日本の社会経済・政治システム全体の再生を図る方向を見定める必要が大きく高まっている。

## 1　日本の「二重の危機」

### （1）グローバル金融危機・経済危機とその本質

日本の「二重の危機」として，グローバルなレベルで日本が直面しているのは「百年に一度」のグローバル金融危機・経済危機である。「百年に一度」の危機，あるいは「大恐慌以来最悪」という認識は，2008年9月のリーマン・ブラザーズ破綻時に，グリーンスパン前連邦準備制度理事会議長によって表明されたものであるが，それは，今回のグローバル金融危機・経済危機が，規模・深刻度ともに1930年代の世界大恐慌以来の危機の実質を備えたものとの認識を示したものであった。しかしより限定して言えば，別稿でも明ら

かにしてきたたように（河村，2009, 2010　河村他編，2013など），今回のグローバル金融危機・経済危機は，グローバル資本主義化の趨勢の中で90年代に明確に姿を現した，＜アメリカ－新興経済＞の連関を軸とした「グローバル成長連関」そのものの危機である。国際基軸通貨ドルの機能によって，グローバル金融センター・ニューヨークに累積するドルを原資として進行した膨大な金融膨張と金融市場のカジノ化を拡大の「エンジン」とした「グローバル成長連関」が，金融システムの制度欠陥を通じた金融バブルの発展と崩壊によって破綻し，グローバルな規模の金融危機・経済危機に発展したものである（河村，2010）。その意味で，資本主義のグローバル・システム（資本蓄積の構造とメカニズム）の現状の中心的関係そのものの危機ととらえるべきものである[1]。

こうしたグローバルな規模での経済システムの危機の第一幕においては，アメリカ，ヨーロッパ，中国，日本など主要国の異例に大規模な政府財政支出の発動（2008年11月のG20声明から本格化）と，主要中央銀行による「非伝統的」な手法による無制限ともいえる金融緩和措置（QE）を中心とする各種の緊急対策が，金融システム破綻から経済恐慌に至るプロセス（「世界大恐慌」型の累積的縮小とデフレ・スパイラル）をかろうじて食い止め，2010年初めから回復に向かうかに現れた。そうした各国の国家的対応は，いわば「市場の失敗」を国家が代替することによって危機に対処するという，1930年代世界大恐慌と第二次大戦の戦時経済を経た戦後現代経済の特質が，深刻な経済危機によって顕在化したものである。しかしその結果，「市場の危機」が「国家財政危機」に形を変えて，危機そのものは続いている。危機そのものが解消されるには到っていない。「市場の失敗」を国家システムで代替して補完する関係は，今や大きな限界に直面している。

その点は，第一に，とりわけ，経済危機対策による巨額の財政赤字と国家債務の累積問題が深刻化していることに端的に現れている。危機の第二幕の最大の震源となっているヨーロッパでは，EU・ユーロゾーンの「弱い環」である周辺諸国PIIGS（ポルトガル，アイルランド，イタリア，ギリシヤ，スペイン）の財政危機が深刻化し，とりわけギリシヤの財政危機がヨーロッパ

金融不安を大きく拡大した。ヨーロッパの危機は，通貨統合と各国財政主権が代表する国民国家枠組みとの齟齬という，EU・ユーロによるヨーロッパ統合そのものが内包する矛盾を大きく顕在化させ，EU・ユーロの解体さえ危惧される事態となっている。アメリカも，緊急景気対策と各種の金融救済措置を中心に2009年度以来連続1兆ドルを超える財政赤字を生じ，連邦政府債務が累増して2011年前半には法定国家債務上限に到達した。財政赤字と国家債務削減を巡り，民主・共和両党の対立が激化し，政治的アポリア状態に陥っており，先送りが繰り返されているが，「財政の崖」問題はオバマ再選後の最大の政治懸案となっている。足下の日本の国家債務問題も，実に深刻である。80年代「バブル経済」崩壊後の「失われた二〇年」を経て，今やGDPの二倍の1千兆円に達する国家債務は，先進国中最悪である。第二次大戦期をも超える，未曾有の事態となっている。

　第二に，アメリカの連邦準備銀行，ヨーロッパ中央銀行（ECB），さらに日銀など主要中央銀行の異例に大規模な金融緩和・流動性注入も，大きな限界を示している。主要国中央銀行の「ゼロ金利」・民間債権買い入れスキームや大規模な「量的緩和」など，戦時を除けば異例の非常措置である「非伝統的」金融危機への対応措置は，大規模な金融破綻を辛うじて回避させ，さらにグローバル成長連関の拡大のエンジンであったアメリカその他の民間金融部門の機能不全を肩代わりして支える機能を果たしているが，「グローバル成長連関」そのものが機能不全状態に陥り，またアメリカ，EU，日本など主要国の財政制約が極端に厳しくなっている現状では，まさにケインズの言う「流動性の罠」の状態にある。加えてそうして措置は，グローバルな資金過剰を温存し続け，原油・食料・原材料等の投機的高騰と新興国バブル（とくに中国沿海部やベトナムなど）を生む大きな副作用を生じた。エジプトやその他中東の民衆蜂起も，食料価格の高騰を重要な一因とする。その意味ではこれもグローバル金融膨張とその破綻による金融危機・経済危機の一連のプロセスの一部である。しかし，今やEU・ユーロゾーンの財政危機と金融不安による不況圧力の影響で，中国，インド，ブラジルその他の新興経済の減速と「バブル」崩壊懸念が拡大し，大きなほころびが出ている。

こうした意味で，今や，現代国家の危機管理機能の限界が大きく顕在化している。グローバル危機からの再生の軸は，「国家 対 市場」の構図では捉えきれない事態が進んでいるといってよい。グローバル資本主義の基本的ダイナミズムの本質は，「市場 対 コミュニティ」の対抗関係にあることを捉えれば，社会経済システムの真の再生の鍵となるのは，民間・ローカル（地域）の自立的再生にあり，その最も基礎となるのはローカル・コミュニティである。グローバル金融危機・経済危機は，その点をグローバルな規模で明らかにしているといってよい。

(2)「3.11」が開示している問題

日本は，グローバル・インパクトとしてこうした事態が進行するなか「3.11」の衝撃が襲った。いわゆる東日本大震災はマグニチュード9.0の史上最大級の巨大地震であり，869年の貞観地震以来とされる数百年〜千年に一度の大津波被災をもたらした。膨大な被災と社会経済への打撃，行方不明者を含め2万人余，避難者数十万人に及ぶ膨大な数の犠牲者・被災者と地域の壊滅的な打撃を生じた。加えて福島原発危機は，それまで最悪の原発事故であるチェルノブイリをも超えかねない深刻な事態となった。周辺部の深刻な放射能汚染と数十万の緊急避難を生じ，また福島第一原発の危機管理もいまだ本質的には綱渡り状況にある。まして廃炉・解体処理の見通しも立っていない。大震災・津波被災，原発危機は，自動車・電機その他，日本のグローバル企業のサプライチェーンを寸断し，国内・海外工場で大幅な減産を余儀なくした。電力不足と相まって，重要部品等の生産停止や大幅な減産の影響はグローバルに及び，日本経済のみならず，アメリカ経済の回復にも影響を与えた[2]。しかし，こうした日本の「3.11」による危機は，単に大規模な自然災害による被災問題に止まるものではない。「3.11」が明らかにした問題は，大規模な「自然災害」による直接的被災を超えて，日本の社会経済・政治システムの根本にまで及ぶものである。それは，明治以来，現在に至る国民国家日本の社会経済・国家のあり方の根幹の問題をも顕わにしている。

第一に，ここ20〜30年間，顕著に進行してきた経済グローバル化のイン

パクトにより生じた社会・経済の大きな変容によって，問題が大きく加重されている。今回の大震災・津波被災と原発危機の中心となっている東北は，「グローバル成長連関」と連関しながら，量産拠点の海外移転に伴う産業空洞化・産業集積の再配置と企業と雇用の制度不備の拡大と並行しながら，東京を軸とするグローバル・シティ機能への依存の拡大と農村をはじめ地域とローカル・コミュニティの疲弊（高齢化，限界集落，シャッター商店街の拡大等）が進行し，それが，津波被災と原発危機問題をより深刻化している。

第二に，「二重の危機」に対処すべき日本国家の中枢機構は，グローバル化に翻弄され，「バブル経済」崩壊後の「失われた20年」とグローバル金融危機・経済危機による厳しい財政危機のもとで，日本の中央政府の危機管理能力，さらに統治能力全体の限界を顕わにした。大震災・津波被災と福島原発危機に対応すべき国家中枢の行政機構・組織が乱立し，深刻な原発危機・放射能汚染の拡大に対しても，場当たり的対応や情報隠蔽が拡大し，中央政府レベルの組織体制の不備と，自民・民主，その他，党利党略優先の政治プロセスばかりが目立つ事態となった。被災現場では，瓦礫撤去・仮設住宅建設は大幅に遅れ，ほとんど生活再建の目途が立たない状況におかれてきた。福島原発危機による深刻な放射能汚染地域にある津波被災地は，放置されざるを得ない状況が続いている。また，震災・津波被災と原発危機からの復興・再生構想も混迷を続け，震災後2年近くを経ても，方向性さえ曖昧である。そこには，「第一の危機」ですでに限界が顕わになった企業・金融のグローバル化のロジックに対応したグローバル化「成長路線」ばかりが目立ち，それ代わるべき有効な国家・社会経済システムの再生への理念が欠けている。しかも，市町村のさらに下にある「字・大字」レベルで復興・再生に向けた自助努力の動きは幅広くあるが，本来，復旧・復興・再生の最も基本をなすはずの日々の暮らしに密着した復旧・復興・再生へのニーズと，中央政府・官僚機構から都道府県・市町村まで縦割りに降りてくる各種の措置には，大きな断絶があり，それが大きな遅れを生んでいることが，各所の現地調査で明らかになった[3]。

むろん，政府の財源問題は実に深刻である。80年代末のバブル経済の崩

壊後の「失われた二〇年」で累積し,「第一の危機」(グローバル金融危機・経済危機)への対策でさらに深刻化した巨額の財政赤字と国家債務累増が,震災・原発危機対策が加わって一段と大きく拡大し,財政再建が無策に過ぎれば財政破綻は目前である。この間,日本の社会経済問題として進んできた,少子高齢化,過疎化による地方の疲弊と地域コミュニティの解体,都市の孤老問題,格差拡大・非正規雇用問題によるワーキングプアと経済停滞など,各種の要因が複合した社会保障・年金制度の問題があり,中央主導の大震災津波・原発危機被災地の復興・再建策は,財源問題から大きく限界を画されている。加えて,中央集権的な官僚機構の縦割り組織による弊害が目立つ。TPPへの対応,「新成長戦略」,原発危機後のエネルギー政策,地域・地方再生問題どれをとっても,「決められない政治」として,政治システムそのものがアポリアから容易には脱却できないままに推移した。12月総選挙の大勝を受けた安倍政権の誕生は,そうした事態あるいは日本の国家中枢の統治・管理能力そのものが重大な危機に瀕しているといった懸念の国民的な表れとみることもできよう。しかし,安倍政権が掲げる公共投資依存型の「デフレ脱却」政策は「失われた二〇年」で機能しなかったものであり,財政をさらに悪化させる。日銀の「戦時経済型」の金融量的緩和指向は,経済グローバル化の中では非常にリスクが高い。

## 2　日本の「二重の危機」の歴史的位相と東北

### (1) 日本の近代化・工業化プロセスの歴史的位相と東北

　しかし,より根本的な問題は,今回の大震災・原発危機が,資本主義化・工業化を軸に展開してきた,明治以来の近代国民国家形成プロセスで形作られてきた日本の社会経済・国家システムの根本問題を開示した点にある。それはすでに,この間の経済グローバル化に翻弄されグローバル金融危機によってかなり顕わになっていた。確かに,大震災・大津波そのものは史上最大級の自然災害であるには違いない。しかし,その被災状況は,単純に自然災害に還元できない。日本中央政府・国家システムの中層部の統治能力が大

きく限界を示していることは言うまでもないが，さらに，さかのぼってみれば，日本の近代化プロセスで曲折を経ながら現在に到っている社会経済・国家システムそのものがトータルに問題となっている事態である。むしろ，大震災・津波被災と福島原発危機からの復興・再生の方向を見定めるには，中心地である東北がそうした問題を集約的に示しているという視点が不可欠であろう。

　そうした視点からすると，日本の近代化・資本主義化のプロセスの三つの主な歴史的位相が現れてくる。そうした経緯を踏まえて，被災地がおかれている現状のベースを捉える必要がある。第一に，戦前の近代国民国家の形成とその帰結（破綻）という問題，第二に，戦後パックス・アメリカーナ（アメリカを軸にした戦後の世界政治経済体制）との関連という問題，第三に，過去30年間に大きく進行してきたグローバル資本主義化との関連という三つの位相である。それは，最近のTPP問題や「新成長戦略」を始め最近の経済グローバル化への国家的対応の問題や，沖縄基地問題や尖閣・竹島問題，日米安保など主権国家日本が戦後以来置かれている安全保障問題にも深く通底している。

　最初の二つの位相を簡単に概括すれば，明治国家の形成から第二次大戦までの近代化のプロセスでは，パックス・ブリタニカの世界政治経済体制のもとで，日本は，富国強兵と主権国家の確立，そのための資本主義システムの確立（＝殖産興業）をめざし，中央集権的な天皇制国家が形成された。その中で東北は，食料と兵士の供給基地と位置づけられた。この方向性は，第一次大戦を経て，さらに関東大震災，昭和恐慌，世界大恐慌の一連のプロセスで破綻してしまった。その出口を求めて，中国侵略，さらには太平洋戦争へと突入し，アジアを巻き込んだ大災厄を日本の社会経済にもたらした。この一連のプロセスは，日本の「近代化」・近代国民国家形成の第一段階の行き詰まりと破綻を意味するものであった。そうした経験の深刻な反省に立って築かれるべき戦後日本の社会経済・国家システムの再出発は，結局は，第二次世界大戦の帰結によって形成・確立された戦後パックス・アメリカーナ体制に組み込まれながら，高度経済成長を主要な原理として構築された。その結

果，世界第二位の経済大国の地位を達成したが，その中で長い年月をかけて蓄積されてきた地方の基盤を食いつぶしていった。ここでも東北は，労働力や食料供給、輸出用量産工場など，産業後背地として利用された[4]。

## (2) 経済グローバリゼーションのダイナミズムと日本の社会経済的変容

しかし，東北被災地の復興・再生にとって，なによりもまず直接に問題となるのは，第三の「グローバル資本主義化」との関連である。

第一に，戦後アメリカの持続的成長を支えた政治経済システムが機能不全に陥り，70年代を境にして，アメリカが主導して確立された戦後パックス・アメリカーナの政治経済秩序の衰退と転換が大きく進行するなか，企業・金融・情報のグローバル化と新自由主義的転換を主要経路とするグローバル資本主義化のダイナミズムが大きく作用し，戦後企業体制を軸としたそれまでの国内的成長連関に代わって，「グローバル・シティ」連関がアメリカ国民経済の成長の要として発展した。

国際基軸通貨ドルの地位によりグローバル金融センター・ニューヨークには，何よりも金融機能が集積し，また，「成長するアジア」のゲートウェイであるロサンゼルス，あるいは世界最大のIT集積を要するサンフランシスコ＝シリコンバレーといった中核都市には，グローバル企業の本社機能（グローバル事業の統括と経営企画・管理機能，研究開発など）が集積し，その周辺には専門ビジネスサービス（法務，会計，金融，コンサルタント，情報，人材派遣など）やビルメンテ・清掃などの雑多な関連業務も集積する。さらには都市機能の拡大と関連した，ショッピングセンターや商業施設，レストラン，アミューズメント，エンターテインメント，公共施設，インフラ建設や住宅建築なども拡大していった。ビジネス関連の専門職ばかりでなく，建設・建築労働者や，都市機能を支える雑多な職務が増大し，それを目指して，全米や中南米等やアジアなど世界的な労働力・移民流入が進んだ。こうして，グローバル・シティ機能の中枢がグローバル企業・金融のグローバルな利益・所得形成によって支えられるとともに，内需拡大をリードする中心的な連関を形成する。こうした「グローバル・シティ」機能[5]とそれをめぐっ

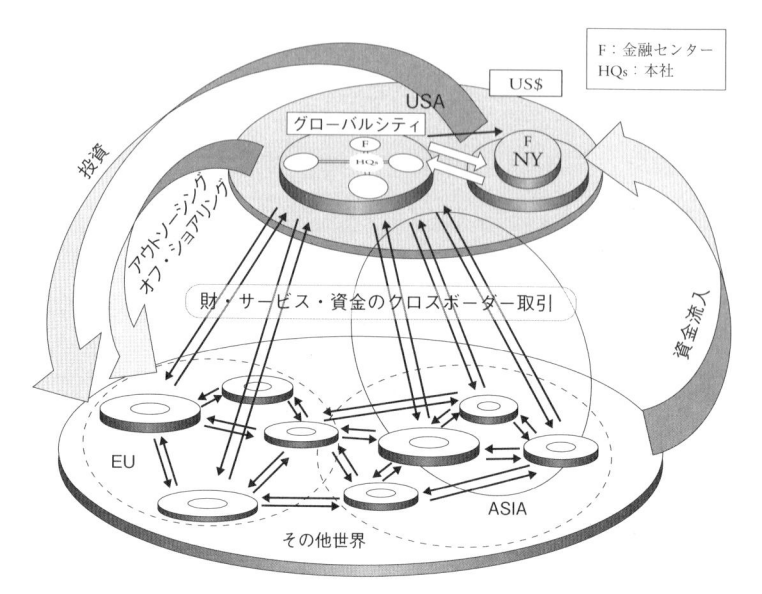

**図序-1** アメリカを軸とする《グローバル成長連関》

て形成された経済連関が，グローバル資本主義化時代のアメリカの経済成長の中心的な場となった。

　第二に，新帝国循環を基本構造として，グローバル金融センター・ニューヨークに累積するドルを原資とした膨大な金融膨張（ファイナンシャライゼーション）が投機的活動を伴いながら，全体の拡大の「エンジン」となる経済成長のグローバルな枠組みが出現した。そうした「グローバル成長連関」の金融メカニズムの欠陥と制度不備がアメリカ発の金融危機を引き起こし，そうした「グローバル成長連関」（その構図については，図序-1）そのものが危機に瀕する事態となったのである[5]。

　こうしたアメリカを軸とする「グローバル成長連関」の発展と密接に絡んだ経済グローバル化のインパクトを通じて，この間の20〜30年間，戦後日本の社会経済の大きな変容が進んだ。日本が直面している「二重の危機」は，この間の市場ロジックによる企業・金融・情報のグローバル化・新自由主義イデオロギーによる経済グローバル化と地方・現場との関係に横たわっていた，日本全体に共通するかなり根本的な問題を顕わにした。とりわけ，震

災・原発危機による東北の被災の問題は，この間の経済グローバル化による産業的・社会経済的変容の上に「百年に一度」のグローバル金融危機・経済危機の打撃が加わった状況の中で発生したため，問題が大きく加重されている。東北の震災・津波と原発危機被災地が抱える問題は，戦後日本の国家システム・社会経済システムの限界を顕わにすると共に，グローバル化（およびその危機）が引き起こしている日本の「二重の危機」を集約的に顕在化させているといってよい。

「グローバル成長連関」への日本経済の依存の拡大を通じ，この間の経済グローバル化による日本の社会経済的な変容に作用してきた最大のダイナミズムは，「グローバル・シティ」機能を拡大する東京・首都圏への人口・富の一極的集中と地方経済の疲弊という動向である。企業のグローバル化の進行によって，一方では，自動車，電機，一般機械など，主要製造企業の量産工場の海外移転が加速した。それに伴い，製造のサプライチェーンを担うサプライヤーの製造拠点の海外移転も加速した。立地地方を中心としたいわゆる産業空洞化という事態である。そうした企業の製造・事業活動の海外移転に伴い，日本国内の事業拠点の重点は，グローバル事業を経営管理・統括する本社機能と，基本設計開発機能，基礎技術・要素技術開発機能，あるいは製造機能も量産試作前までの段階に大きくシフトする。そうした機能は，グローバル・シティ機能をますます拡大してきた東京・首都圏や，またそのサブ的機能によるミニ・グローバルシティ化する地方中核都市に集積する[6]。

その反面，周辺的地域経済は疲弊する。人口構成や職種構成にも大きな変化を生じる。量産製造拠点の海外移転に伴い，生産機能はますます基幹部品や高機能部品に限定されてゆくが，こうした生産は雇用量が低く，人材にも偏りがある。雇用は，高度専門職（技術者，エンジニア）や関連したビジネス専門職（法務，会計，IT・システムエンジニア，その他のビジネスサービス）に偏り，製造関連の現場作業の雇用は減退する。とりわけ技能水準の高度化の可能性の高い若年層は，高等教育や職業訓練機会や，あるいは雇用機会そのものを求めて，首都圏や大都市圏・地方中核都市に移動する。高度専門職・専門ビジネスサービスだけでなく，グローバル・シティ，サブ・グ

ローバル・シティ機能の集積は，娯楽・歓楽街の拡大や，住宅建築，公共施設（各種公共施設の建設・維持管理，清掃，ビルメンテナンスなどを含む）などの都市機能の拡大による雑多な職務が拡大する。その裏面では，地域コミュニティは高齢化と過疎化が進行し，限界集落や耕作放棄地が広がる。

　地理的な関係や集積の不完全でサブ的なミニ・グローバルシティ機能から外れてくる地方の中小都市は，所得・需要が減退して衰退しいわゆる「シャッター商店街」が拡大する。農業も，大きな変容を免れない。農産物市場がますます東京・首都圏や大都市圏への依存度を高め，近郊農業化や園芸農業化が進行する一方，保守政治の集票システムと関連した中央政府の農業保護政策を通じたコメ依存と兼業農家が日本農業の中心を占める趨勢が進んだ。

　この間，バブル経済とその崩壊後の「失われた二〇年」と企業・金融が主導するグローバル化によって空洞化し，疲弊した地方経済は，膨張する「グローバル・シティ」東京・首都圏への依存を強めると同時に，東京・首都圏と地方中核都市とを結ぶ高速道路・新幹線，空港，港湾施設などの建設や，その他中央財政の配分に頼った各種の公共投資への依存をますます高めてきた。原発はその典型である。ますます「グローバル・シティ」機能の集積を加速する東京・首都圏の電力需要と関連した原発問題は，そうした趨勢のロジックをより強く現している。福島原発は，グローバル・シティ機能の日本最大の集積地として膨張する東京・首都圏の電力の重要部分を支えたが，立地する双葉郡やその周辺地域は高齢化や過疎に悩まされてきた地域であった。

　その一方で，さまざまに指摘されているように，いわゆる「原子力ムラ」（マスメディアのいう，中央官僚・政治家・学者・マスメディアが一体化した原発推進の複合体）は安全神話を説き，福島原発危機直前まで，日本の電力需要の50％までを原子力発電に依存するグローバル成長に沿ったシナリオを強力に推進してきた。これは，日本の「二重の危機」が日本の社会経済・国家システムそのものに根本的な組み替えを要するものであることを，如実に示す典型例である。しかも同じ問題は、日本の安全保障体制の現状という問題も絡み，沖縄問題を含め，実に広範に及ぶものである。研究史的観点から言えば，問題の核心は，国民経済全体の電源を原子力発電に依存すると

いう原発問題の本質にあるのは、核・原子力技術が、軍事と結合した現代の巨大技術であることである。アメリカでは、第二次大戦期の実用化開発の当初から、核兵器体系を軸にした核技術は、国家安全保障と軍事戦略と一体の国家管理下にあった (Zachary, 1997, Stewart, 1946 など)。日本では周知のように、主に民間電力会社が直接の管理運営を担う、国策・民営で推進されてきた。それは、脱軍事化を掲げつつ、核抑止のロジックを潜在化させた戦後日本の国家のあり方を示していると見ることが可能であろう。福島原発危機によって、そうしたいわば矛盾と限界が顕わになっているといえよう[7]。

　むろん、東京・首都圏および大都市圏・地方中核都市への集中、地方経済の疲弊と衰退、農業の近郊農業化・園芸農業化と高齢化・過疎化、ローカル・コミュニティの衰退という趨勢は、一面では、高度成長期から進行してきたものであるが、グローバル化のダイナミズムの作用が強まるグローバル化の時代と、輸出量産工場を軸とした輸出主導型の高度成長期モデルとは大きく異なるダイナミズムが作用しているとみなければならない。今回の震災・津波被災と原発危機によって、そうした問題は、高度成長期にも相対的に開発が遅れた東北に集約的に顕在化したが、実際には、「二重の危機」は、この間の市場ロジックによる企業・金融・情報のグローバル化・新自由主義イデオロギーと地方・地場の関係という、日本全体に共通する問題を顕わにしているのである。

### (3)「グローバル成長連関」のダイナミズムと東北の社会経済的変容

　東北のこの間の産業的変容は、表序-1に要約的に示しておくが、「百年に一度」のグローバル金融危機・経済危機の打撃によって、問題が大きく加重されていることが改めて確認できる。この間の企業のグローバル化は日本の製造業の量産工場の海外移転を加速したが、とりわけ東北でも産業空洞化が言われて久しい。他方では、東京を筆頭に、「グローバル・シティ」には本社機能が集積し、東京・首都圏への一極集中がますます強まってゆくのと並行して、東北では、仙台への集中が進行した。主要製造企業の量産工場の海外移転と、国内拠点の基本設計開発機能、基礎技術・要素技術開発

**表序-1** 東北地方の工業集積および農業の変遷の概要（震災前まで）

```
＜製造工業＞
  高度成長期まで：国内他地域と比べ工業化に遅れ...
      －沿岸部：水産加工業
      －製造業：量産品や汎用品の組立が中心
  経済グローバル化時代
  ・1980年代：
        ――東北新幹線の開業や東北自動車道の全通⇒首都圏から多数の工場進出が加速
        ――とくに電子部品や半導体などの工場進出：九州地方のシリコンアイランドに対し、「シリコンロード」
  ・1990年代～：
        ＊ 円高進行で、中国等アジア諸国への量産生産機能移転が相次ぐ・アジアとの競争に直面
          ⇒電子部品や情報機器などで製造事業所の閉鎖や縮小が続く
        ＊ キー・デバイス品へのシフト（⇒震災・津波被害が世界のサプライチェーンに深刻な影響
          例：ルネサスの常陸那珂工場のマイコンチップ）
        ＊ 自動車関連産業集積の進行：プリウス等の高付加価値品・基幹部品工場
          ――1993年関東自動車工業の岩手工場（岩手県胆沢郡金ヶ崎町）
          ――1997年トヨタ自動車東北（宮城県黒川郡大和町）の操業開始
          ⇒各種自動車部品等の関連産業の基幹部品の工場立地が急速に進展。

  ※2008年10月時点の東北の自動車関連企業：1058社の自動車関連企業
      ～岩手県199社・宮城県169社・福島県280社＝3県合計648社
      ・2011年1月：セントラル自動車の宮城工場（新本社工場）を本格稼動（宮城県黒川郡大衡村第二仙台北部中核工業団地内）
  出所）主として、野村総研「産業復興の考え方」（「緊急提言第11回」）2011年5月19日
      （www.nri.co.jp/opinion/rreport/pdf/201105_fukkou11.pdf）。

＜農林水産業＞
  ・米作依存（仙台平野の例）
  ・首都圏市場への依存：園芸・近郊農業化

  出所）農林水産省東北農政局『東北　食料・農業・農村情勢報告』平成22年度版第1部「東北食料・農業・農村の動向」
      （www.maff.go.jp/tohoku/seisaku/zyousei/file/pdf/07_01.pdf）など。
```

機能へのシフトや基幹部品や高機能部品への生産のシフトの進行。人材・雇用の偏りと若年層の大都市圏・地方中核都市への移動，周辺的地域の地域コミュニティの高齢化と過疎化，限界集落や耕作放棄地の拡大と地域経済の疲弊，シャッター商店街の拡大。また，農業や漁業・水産加工の東京・首都圏市場への依存の増大。その一方，バブル経済とその崩壊後の「失われた二〇年」と企業・金融が主導するグローバル化によって疲弊した周辺地方経済は，ますます，高速道路，新幹線，港湾施設の建設など，公共投資依存を高めた。その典型が，福島原発をはじめ，東北各地の原発であった。こうした趨勢が，東北で大きく進んできたのである[8]。

こうした構造的問題をかかえた東北経済に対する，グローバル金融危機・経済危機の影響は極めて大きかった。岩手，宮城，福島3県の製造業の従業者数は，2007-2009年に，約5万人（12％）減り，工業出荷額は，約2.7兆円（22％）減少した。中でも，電気系3業種（電子部品・デバイス・電子回路製造業，電気機械器具製造業，情報通信機械器具製造業）の減少度合いが大き

く，従業者数約2.3万人（22％）減，工業出荷額約1兆円（29％）減となった。また，自動車産業が大部分を占める輸送用機械器具製造業でも，従業者数が約2400人（9％）減，工業出荷額は約3,000億円（26％）も減少した（「工業統計調査」より，野村総研，2011[9]）。こうして，グローバル金融危機・経済危機によって，内陸部の製造業が大きな危機に直面していたところに，大震災・津波被災と原発危機が襲って産業的・経済苦境が大きく加重されたのである。

　農・漁業と製造設備・施設への直接的被災，送電網・原発危機を含む停電や電力不足，道路・鉄道・港湾施設等の破壊による社会インフラの毀損に加え，福島原発危機による広範な放射能汚染による避難が工業基盤を直撃した。その影響は広範におよび，とくにグローバル・サプライチェーンの寸断を通じ，国・内外に広範な影響を及ぼし，1–2月比で4月には，国内自動車生産台数は4月80％も減少し，海外生産が15％減少した。また世界の生産台数は，13％減となった。こうして広範な影響でアメリカの成長率さえも押し下げられたことが報告されている[10]。東北の生産額も全国平均2011年の3–8月比が8.5％減と比べ，18.8％減（同期の生産減は，東海で14.9％，関東で9.3％減）[12]と大幅となった。

## 3　持続的未来の再生への道——くらしと文化の再生産圏・生活圏の再興

### （1）「日本の二重の危機」と中央集権的国民国家フレームワークの限界

　東北の大震災・津波，福島原発危機の被災地は，こうして，この間の経済グローバル化による地域の社会経済的疲弊とコミュニティの空洞化の趨勢の中で，さらにグローバル・金融危機の深刻な影響と相まった，「二重の危機」いう文脈におかれている。そのためその復興と再生は，単に「旧に復する」だけの「復旧」では，果たされない。しかも，「二重の危機」がもたらしている問題の根本には，近代日本のプロセスの歴史的帰結である社会経済・国家システムの現状そのものに起因するものであるため，危機からの復興と再生には，経済成長の仕組みや，さらには関連した社会経済・国家システムそのものに，根本的な組み替えを要することが大きな課題として浮上している。

今や，日本の近代化のロジックそのものが，鋭く問い直されているが，こうした問題の根本が，必ずしも明確にとらえられていないことが大きな問題である。

　これまで「二重の危機」に対応すべくTPP推進派の日本全体の「新成長戦略」や，あるいは津波被災地の野菜工場などのハイテク事業誘致，「スマートシティ」構想など，さまざまな復興・再生シナリオが提起されてきた。典型例として，経団連（日本経済団体連合会『復興・創生マスタープラン――再び世界に誇れる日本を目指して』2011年5月27日米倉弘昌経団連会長による構想（『文芸春秋』2011年5月号）や経産省の復興構想（東北経済産業局 産業復興アクションプラン東北「世界の産業モデルを目指した東北の再生」平成23年7月）があるが，その基本は「グローバル成長連関」への対応戦略をさらに推進することで復興を遂げるシナリオである。しかし，この間のグローバル化の趨勢の中での東北の社会経済の状況を見れば，東北被災地や，まして日本全体の持続可能な未来を開く復興・再生にはならないであろう。

　第一に，「日本」全体の再生を掲げながら，その実，グローバル企業・金融の市場経済ロジックを軸とした路線である。地方・ローカルの社会経済はそこにぶら下がる形（トリックルダウン型）の再生シナリオに過ぎない。これまでの趨勢を逆転するというよりは，そのシナリオが目指すという日本の新しい「成長」の鍵となる地域と現場の疲弊はむしろ促進される。第二に，「新成長戦略」と称するものは，「第一の危機」ですでに大きくその限界を顕わにした「グローバル成長連関」への依存を夢想し，あるいは新興経済に依拠したシナリオに過ぎない[12]。バブル崩壊後，繰り返し中央政府の赤字財政支出に依存して場当たり的に対応しながら，こうしたロジックによる成長戦略を推進してきたこれまでの日本再生シナリオは，膨大な政府債務を累積したまま「失われた二〇年」を経過してきた。中央集権国家システムと官僚国家による戦後高度成長システム（＝「日本株式会社」――官民一体の国民経済型経済成長モデル）はグローバル資本主義化によってすでに遠い過去のものとなっている。そうした認識が重要であろう。

## （2）「二重の危機」下の大震災・津波被災地の復興と再生への途
### ——「衣・食・住・生業・文化」一体の「字・大字」からの再生

　こうした点を総合的に勘案すれば，「二重の危機」から脱却し，持続可能な未来を築く基本戦略は，グローバルに開かれた「衣・食・住・職（生業）・文化」が一体となった基本的生活圏・再生産圏の再生にあるといえよう。これは，グローバル金融危機・経済危機によって，経済グローバル化のダイナミズムで毀損され，危機に陥っている世界各地の地域・ローカルの再生の課題として，むしろグローバルな課題としてすでに開示されていた。そうした形で，地域と地場の生活圏・再生産圏を基礎にして，日本の国家・社会経済システムを作り変えることが，本当の「成長」を生む。数百年の風雪に耐えた「字・大字」[13]を基礎単位として，そこに埋もれている「良いもの」を核にして，本当の「ローカル」を再生することこそがその基盤である。日本の近代化，市場経済，その他潜在化した暮らし方と知恵を発掘し，再生することが不可欠である。実際には，これは，全国で，掘り起こせばいくらでもある。

　鍵となるのは，地産地消型経済圏，長期的文化・生活価値，生業（なりわい），自然条件・地理条件に根ざす農業・伝統食，住居と林業および地場産業・中小企業の再生産圏・生活圏である。さらにそうした関係を有機的に組み込んだ，地域生活圏・文化圏のネットワーク・情報の「ノード」機能＝結節点としての地方都市機能とそのネットワークの再興である。震災津波・原発被災は，そうした関係の再興にとっての東北の豊かな基盤を改めて明らかにした。それが被災地復興・再生の鍵となる。

　ここで大きく問題となるのは，国民国家「日本」というフレームワークの呪縛を解くことが必要なことであろう。欧米列強の植民地主義インパクトのもとで近代国民国家の形成に踏み出した明治期から，中央集権的な「一つの日本」という，いわばイデオロギー的呪縛が強力に作用してきた。戦前日本の近代化と資本主義化プロセスは，1930年代の第一次大戦後・世界大恐慌期に直面した危機を，天皇制と「国体」イデオロギーによる戦時総動員とアジア侵略・総力戦突入によって解決を図り，アジアおよび国内の民衆に多大な災厄をもたらし，最終的には破綻したといってよい[14]。今，企業の競争

力がないと「日本」がダメになり，われわれの生活もないと強調されている。そうした言説の呪縛から，われわれは自らを解き放たなくてはならない[15]。

　グローバリゼーションは，むしろ近代国民国家の擬制性を開示し，相対化させている[16]。原発依存，農業の大規模化，中小漁港の集約といった復興シナリオは，グローバル資本主義モデルに順応させる，国民国家日本の国民経済の再生シナリオにすぎない。しかし，これでは日本の社会経済の持続的な未来がないことは，今回の大震災・津波被災と原発危機から二年を経た東北の被災地の「復興」の実状が示しているといってよいであろう。

　むろん，この間，被災地復興・再生に向けて，「地域に任せろ」・「現場の声を訊け」・「地域重視の復興再生シナリオ」といった主張が幅広く聞かれる。それ自体は正しいが，しかし，行き着く先のビジョンと具体的な内実は曖昧であり，部分的である。その意味で，かけ声倒れに終わっており，実際には，各被災地の県レベルやさらには市町村レベルでさえ，復興構想や計画策定，また具体的な復旧や復興施策の行政的執行段階で，現場との齟齬や断絶が目立つ。

　むろん国民国家システムそのものは，グローバリゼーションのダイナミズムのもとでさまざまな限界や変容を示しているとはいえ，社会経済の再生を図る上でも，またそれを大きく阻害する面でも，非常に大きな役割を果たす。しかし，「衣・食・住・職（生業）・文化」が一体となった基本的生活圏・再生産圏という関係は，「字・大字」レベルに実体がある。そうした実体的関係は，近代国民国家では，抽象化されて国民国家として擬制的に総括されて表象されている。その間にある中間組織は，企業であれ，協同組合であれ，地方自治体であれ，パーシャルな機能主義的な存在である。その機能は，それが位置づけられているコンテキストの「ロジック」によって決まる。

　したがって最も重要なのは，紆余曲折を経ながら展開してきた日本の近代化・資本主義化のプロセスの中で，主権国家日本のかつての対外軍事力強化や，あるいは市場経済ロジックを体現する資本主義企業とその利害を軸とした中央政府－地方自治体機能によって，毀損され，あるいは断片化され，潜在化させられてきた，「衣・食・住・職（生業）・文化」が一体となった基本

的生活圏・再生産圏を,「字・大字」レベルから再興し,それを実現するために国民国家日本の社会経済・政治システムの現状を組み替えることが求められていることであろう。地場産業は,グローバル企業の下請け組織されるのではなく,農業・水産業・林業は,「グローバル・シティ」東京やグローバル市場を指向するのではなく,地場の連関を軸として再生産圏を生活圏と連関させて作り直す。それを核として,国家システム・社会経済システムをいわば下から組み替え直すことが強く求められているといえよう。それこそが,さまざまに危機に瀕している近代国民国家とナショナリズムの呪縛から脱却し,グローバルに開かれた社会経済を再興する道となるはずである。

　その関連では,第一に,現在のグローバリゼーションがもつもう一つのダイナミズムの作用によって,そのための現実的な基盤がむしろ大きく拡大していることが強調されてよいであろう。グローバリゼーションは,一見強固にみえる「近代国民国家」フレームワークの相対化・流動化を進行させ,近代以前からの長期歴史的な「埋もれた」生活圏・生活価値,社会経済関係がさまざまに顕現し,市場経済ロジックの圧力に対する抵抗や対抗運動を幅広く生み出し,「反グローバリズム」の潮流のベースを与えている。その相互理解と相互連関が,情報グローバル化に促進されて,まさにグローバルなレベルでも,さまざまに顕在化してきている。そうした動きを通じて,これまでの歴史的経緯の中で培われながら,グローバルな企業・金融の市場経済ロジックのインパクトによって断片化され,毀損され,周辺化され,あるいは解体の危機に瀕しているローカルな生活圏・生活価値を軸として,ローカル・コミュニティ原理の再興とその新たな連関によって社会経済・政治システムを再建する可能性を,世界各所で広く拡大させているとみることができる[17]。

　その関連では第二に,とりわけ強調されてよいのは,この間のグローバリゼーションのプロセスで明らかになってきている,企業・金融・情報のグローバル化と政府機能の新自由主義的転換を主要経路するグローバリゼーションのインパクトに対し,各国・各地域の既存諸条件との軋轢や対抗がせめぎ合う中で,新たな制度形成・システム形成がグローバル,ローカルに進行するという関係が,まさにグローバルな規模で進行していることである。

こうしたグローバリゼーションの「ハイブリダイゼーション」[18]の基本ダイナミズムの視点で見ると，日本の「二重の危機」からの復興と再生の道は，国民国家の枠組みを超えて，日本の近代化のプロセスで社会の中に埋もれ毀損された数百年間――せめては戦後数世代――に培われた，地域に根差す生活圏と生活価値の「よいもの」――しかも閉鎖的な因習を打破したグローバルに開かれた――が，「二重の危機」を超えて，日本の社会経済・国家システムの現状を根本から組み替える基本的な基盤となるものである。とりわけ，「衣・食・住・職（生業）・文化」を統合した社会の基本単位である「字・大字」のレベルにこそ，社会経済の持続可能な再生のもっとも基本的な基盤を見出すことができる。理念的・実態的に「再現」されたその基本像を基準として，日本の社会経済・国家システムの現状を根本的に組み替えること，それこそが，近代国民国家形成とその変遷のプロセスで破局も経験し，今また「二重の危機」に直面するわれわれが，近代国民国家の枠組みを超えて，日本列島という領域の広がりのなかで，それぞれに固有の自然風土と歴史の累積に培われた生活価値と文化を基盤とした固有の社会経済的歴史と風土に根差しつつ，「持続的未来の再生」に向けて，グローバルに発信すべき未来への提起となるものであろう。こうした視点こそが，今や大きく求められているといえよう。

　本書は，東北被災地の復興・再生に向けて，歴史重層的に多面的に形成されてきた東北・三陸海岸の産業都市や港町（釜石や石巻），浜や漁村（「字・大字」レベル）の地場コミュニティ，生活空間・暮らしのあり方の被災前の姿を歴史・実態的に再現する試みとなっている。そこに見出されるのは，遙か歴史的な関係にさまざまに影響を受け，また近代化のプロセスで変容を被り，限界化されまたは断片化され，周辺化されながらも，あるいは，過去の津波被災を乗り越えてきた経験も含め，食と農のあり方・漁業のあり方，なりわいとしての地場産業のあり方やネットワーク，また，住居と居住空間のあり方と山・林との関係，信仰や芸能，祭りが織りなす，多様で豊かな生活空間や暮らしのあり方と生活価値が，それぞれの固有性をもって「字・大字レベル」で連綿と受け継がれてきている姿である。そこにこそ，グローバリ

ゼーションのダイナミズムによる圧力のもとで，持続的な社会経済の未来を開く，豊かな基盤があることがわかる。

● 注
1）この点は，各所で論じているが，とくに河村，2010　Kawamura, 2012 をみよ。
2）東日本大震災・津波，福島原発危機の事態の推移や被災実態については，報道や現地報告を含め膨大な数に上っているが，さしあたり，内閣府，2011 の第2章をみよ。
3）法政大学サステイナビリティ研究教育機構「総合研究プロジェクト」震災・原発特別研究班「政治経済チーム」および法政大学震災支援助成金のメンバーとその研究協力者による震災・津波被災地とその周辺地域の現地実態調査（2011年6月, 12年2月）。
4）日本の明治維新による「東北」の出現と，日本の近代化のなかでの工業化・産業発展における位置づけとその変遷を，近代以前からの歴史的ベースに遡りながら論じ，本稿と同様の視点からの議論として，半田，2012 がある。あわせて参照されたい。
5）グローバル企業の本社機能を軸とする「グローバル・シティ」とその都市機能の発展については，90年代初めクリントン政権の労働長官を務めたライシュが事実上提起し，その後，サスキア・サッセンが中心となって，幅広く論じられている。Reich, 1991, Sassen, 2001. なお，「グローバル成長連関」，グローバル・シティ等について，本章と同趣旨で，各所で論じてきた。最近のものとしては，河村，2013。とくにグローバル金融危機との関係については，Kawamura, 2012 をみよ。
6）日本企業のグローバル化とそれが国内経済に与える影響については，80年代後半から，著者が関わってきた，文部省科学研究費補助金や私立大学研究高度化特別助成金（オープン・リサーチセンター事業），経済産業省（現）などの資金により世界各地の日系海外数百工場およびその関連での国内企業本社や工場開発拠点などの現地実態調査に基づくものである。煩瑣となるので，出所・典拠は省略する。
7）こうした点については，各種の詳しい検証や議論が進んでおり，福島原発危機そのものの原因についても立ち入った検討を要するが，さしあたり柴田他，2012年などをみよ。
8）被災前の東北農業の近郊農業化・園芸農業化を含め，大震災・津波被災，原発危機直前の東北農業の状況については，農林水産省東北農政局，2010．サブ・グローバル・シティ仙台を擁する宮城県の園芸農業化については，宮城県農林水産部農産園芸環境課，2011．IV をみよ。
9）表1とも関連するが，野村総研，2011（「産業復興の考え方」）では，被災地産業復興のビジョンは，未来志向で描かれており，その実現のための具体的手段についてもほぼ提起はされている。しかし，本稿が提起したいのは，そうしたビジョンが，何を実現の目的としているのか，その担い手となる主体と基盤は何であるかという点にある。
10）さしあたり，U.S. CRS, Canis, 2011 をみよ。
11）大震災・津波，原発被災の東北および全国的な産業的影響については，内閣府，2011 が包括にまとめている。また，野村総研，2011, U.S. CRS, Canis, 2011 もみよ。こうしたグローバルな影響については，2011年8－9月の中国現地調査における日系現地企業等聴き取り調査でも，とくに JIT 方式のサプライ・チェーン・マネジメントの影響で，沿海部で4〜6月にかけて，生産停止・稼働率の大幅な低下を生じたことが確認

された。現地部品等の輸送距離が長いため在庫対応で影響が緩和されたというが，生産が40〜50％減少した事例が確認できた。文部科学省科学研究費補助金基盤研究(A)「海外学術調査」(2009－12年度，研究代表：河村哲二)，2011年8－9月中国現地実態調査による。

12) 続いて論じる「字・大字」からの社会経済的再生は，実際には，日本の「新成長戦略」との関連でいえば，産業空洞化危機のなかのグローバル企業戦略として競争力の源泉のベースの再建という意味を持つであろう。それは，現場を支える人材・労働力(日本のグローバル企業の競争力の最大の源泉)である企業の外での暮らしと活力のベースを再建するものであるからである。それは，研究開発力とその人材形成を通じ要素技術・生産革新の発信基地とする重要ベースとなる。そこで培われてきた「文化力」は日本製品・サービスの製品開発・デザインの――「日本的」なものの発信の幅広い基盤を提供してきた。また，グローバル・サプライチェーンをも支える中小企業・地場産業企業の事業の深く広いベースを形成するものである。こうした関連では，日本の代表的グローバル企業であるトヨタ自動車が「トヨタ東日本」として東北(宮城県)に，本格的に量産工場進出を行ったことは，「ものづくり」における競争力の源泉として，東北の伝統的な地域力・地場力に注目している現れとして，大変興味深いものがある。主に，震災原発特別研究班の「政治経済チーム」の現地聴き取り調査によるが，日本経済新聞，2011もみよ。

なお，藤本隆宏氏は，今回の震災・津波からの復旧が比較的早かったこととも含めて，「企業論」の視点から，日本型経営・生産システムの「現場力」を強調している。とくに，次の指摘は示唆に富む。「人間が暮らし，人間が働く現場があって初めて人はそこに住もうかという気持ちになり，企業ももう一度そこに工場を持って行ってみようかという気になるわけです。」藤本隆宏，2011，13頁。

日本の農林水産業の競争力としてみれば，自由化(グローバル化)の中で，他国・地域では作れない地場食材・農産物，建材・資材，伝統生活器具などの基盤が地場にある。その「文化力」や景観は観光資源としてグローバルな「観光」の核となる。社会全体としても，福祉・子育て・老後生活のあり方は，地場コミュニティの再建以外に持続性がない。こうした点を指摘できるであろう。そうした地場の知恵に真摯に学ぶ必要が大きく高まっている。中央政府の非常に厳しい財政制約下の「新成長戦略」における優先順位は明らかであろう。

13) ここでいう「字・大字」とは，およその概念として，明治の市町村令により市町村が設置されて，明治維新以前の「自然集落」が「字・小字」となり，さらに第二次大戦後の昭和の市町村合併で，それまでの町村が「大字」になり，さらに最近の平成の市町村合併によって，公式の市町村制による行政からみると，中央行政機構の末端としての市町村からさらに距離が遠くなった，より生活実態に即した最も基礎的な生活単位としてのローカル・コミュニティのことである。その意味で，通常言われている「基礎自治体」という概念とは異なる。むしろ，Smithのいう近代国民国家(ネイション)の基層をなす無数の「エトニ」(エスニック共同体，Smith, 1986)に近い概念――むろん多くの違いがあり，その点は立ち入って明らかにされる必要がある――の最小単位を想定する試みとして用いている。

14) この点について数多くの論稿があるが，「3.11」との関連で論じたものとして，菅，2012をみよ。

15) かつて提起された「内発的発展論」(鶴見，1996など)についていえば，「内発」とい

う場合の「内部」とは何であるのか，その担い手と行き着く先が問題である．それが，西洋近代国民国家イデオロギーによる(あるいはそれに対抗した)，知的エリート層や中央官僚レベルの運動として，近代国民国家と国民経済の確立を目指すものである限りでは，むしろスミス(Smith, 1998)のいう支配的な「エトニ」による統合と一様化を目指すものとなり，本稿がいう「衣・食・住・職(生業)・文化」が一体となった実体として存在する多様なローカリティの生活価値と生活圏を，多様性のままに実現するものとはならない．とくに日本の近代化の文脈からすれば，「二重の危機」からの再生の方向とはならないであろう．

16) サッセンは，グローバリゼーションによる国民国家フレームワークの変容について，とくに「サブ・ナショナル」(国民国家の枠組みの内部)レベルでもさまざまな制度変容が生じていることを論じている．Sassen, 2006．また，同，1996もみよ．

17) グローバリゼーションのインパクトは，現地の既存の制度に対して，大きな解体圧力を生じるとはいえ，それは単純に既存制度を破壊するのではなく，各国・各地域で，政治的，経済的，社会的，文化的な対抗や抵抗を幅広く生み出す．それは，新たな制度群の形成やさらに新たなシステム形成を導く「ハイブリダイゼーション」ダイナミズムの重要な前提となるものである．この間の反グローバリゼーションのさまざまな潮流に関する事例的研究は数多いが，こうしたダイナミズムとその具体的事例の代表的研究としては，Mittelman[2000]がある．その他，グローバリゼーション批判，あるいは新自由主義批判の非常に多くの議論があるが，代表例として，Stiglitz[2003]をみよ．

18) グローバル化インパクトと制度・システム形成のハイブリダイゼーション・ダイナミズムについては，河村他編，2013．また，Kawamura, 2011, Boyer, 2008もみよ．

## ●参考文献

河村哲二(2010)「現代資本主義の『グローバル資本主義化』とグローバル金融危機」斎藤叫編著『世界金融危機の歴史的位相』日本経済評論社，第4章

河村哲二(2011)「国民国家日本の「二重の危機」と再生への展望」『アソシエ』2011年7月号

河村哲二・陣内秀信・仁科伸子編著(2013)『持続的未来の探求——3.11を超えて』御茶の水書房

経済産業省(2010)『通商白書』(2010年度版)(http://www.nri.co.jp/opinion/r_report/pdf/201105_fukkou11.pdf).

菅孝行(2012)「日本近代化の装置としての天皇制」(本山美彦他編著『『3.11』から一年』御茶の水書房，2012年所収)

柴田鉄治・横山裕道・堤佳辰・高木靭生・荒川文生・桶田敦・林衛・林勝彦・小出五郎，日本科学技術ジャーナリスト会議編(2012)『4つの「原発事故調」を比較・検証する』水曜社

鶴見和子(1996)『内発的発展論の展開』筑摩書房

内閣府(2011)『地域の経済2011－震災からの復興，地域の再生－』(http://www5.cao.go.jp/j-j/cr/cr11/pdf/chr11_2-1.pdf)

農林水産省東北農政局(2011)『東北　食料・農業・農村情勢報告』　平成22年度版　第1部「東北食料・農業・農村の動向」(www.maff.go.jp/tohoku/seisaku/zyousei/file/pdf/07_01.pdf)

野村総合研究所(2011)「産業復興の考え方」(「緊急提言第11回」)2011年5月19日(http://www.nri.co.jp/opinion/r_report/pdf/201105_fukkou11.pdf)

半田正樹(2012)「東日本大震災・原発危機」(本山美彦他編著『『3.11』から一年』御茶の水書房，2012年所収)

藤本隆宏(2011)「東日本大震災と日本のものづくり現場力」IMF JC 2011 Autumn (http://www.jcmetal.jp/public/kikanshi2/ 302_2011autumn/pdf/p6-13.pdf)

藤本隆宏(2012)『ものづくりからの復活』日本経済新聞社

宮城県農林水産部農産園芸環境課(2007)『みやぎ園芸特産振興戦略プラン』IV「基本方針別振興方策と目標」(http://www.pref.miyagi.jp/noenkan/engeisinkou/sesaku/planrenewal/kihonhoushin.pdf)

本山美彦・川本祥一・大野和興・三上治・河村哲二編著(2012)『『3.11』から一年』，御茶の水書房

Boyer Rober, et al, eds.[1998], *Between Imitation and Innovation,* Oxford University Press.

Hounshell, David [1996], "The Evolution of Industrial Research in the United States," in Richard S. Rosenbloom and William J. Spencer eds., *Engines of Innovation: U.S. Industrial Research at the End of an Era,* Harvard Business Press, 1996.

Kawamura Tetsuji [2012], "The Global Financial Crisis: The Instability of U.S.-Centered Global Capitalism," in K. Yagi, N. Yokokawa, S. Hagiwara and G. Dymski, eds., *Crises of Global Economies and the Future of Capitalism,* Routledge.

Kawamura, Tetsuji, ed.[2011], *Hybrid Factories in the U.S. under the Global Economy,* Oxford University Press.

Mittelman, James H. [2000], *The Globalization Syndrome: Transformation and Resistance,* Princeton University (田口富久治・柳原克行・松下冽・中谷義和訳『グローバル化シンドローム』法政大学出版局，2002年)。

Reich, Robert [1991], *Work of Nations,* Vintage Books (中谷巌『ザ・ワーク・オブ・ネーションズ——21世紀資本主義のイメージ』ダイヤモンド社，1991年)。

Sassen, Saskia [1996], *Losing Control?,* Columbia University Press (伊豫谷登士翁訳『グローバリゼーションの時代——国家主権のゆくえ』平凡社，1999年)。

Sassen, Saskia [2006], *Territory, Authority, Rights: From Medieval to Global Assemblages,* Princeton University Press (伊豫谷登士翁監修・伊藤茂訳『領土・権威・諸権利——グローバリゼーション・スタディーズの現在』明石書店，2011年)

Smith, Anthony D. [1986], *The Ethnic Origins of Nations,* Blackwell Publishers (巣山靖司・高城和義・河野弥生・岡野内正・南野泰義・岡田新訳『ネイションとエスニシティ——歴史社会学的考察』名古屋大学出版会，1999年)。

Stewart, Irvin [1946], *Organizing Scientific Research for War – The Administrative History of the Office of Scientific Research and Development,* Little, Brown and Company.

Stiglitz, Joseph [2003], *The Globalization and Its Discontents,* W. W. Norton & Company (鈴木主税訳『世界を不幸にしたグローバリゼーションの正体』，徳間書店，2002年)。

U.S. Congressional Research Service, Bill Canis [2011], "The Motor Vehicle Supply Chain: Effects of the Japanese Earthquake and Tsunami," *Congressional Research Service Report* 7-5700, May 23, 2011 (http://www.fas.org/sgp/crs/misc/R41831.pdf).

Zachary, G. Pascal [1999], *Endless Frontier – Vannevar Bush: Engineer of the American Century,* MIT edition, The MIT Press.

# 序章　三陸の港町・漁村の価値と可能性に向けて

岡 本 哲 志

## 1　「3.11」が問いかけるもの

### 近代化の恩恵とは

　「3.11」は私たちに何を問いかけているのだろうか。丸2年が過ぎた今，改めて現実を見つめ直す必要がある。その問いは，いまだ解けていないように思われるからだ。むしろ，そのことに耳を塞ぎ，疲弊する社会や経済などを牽引してきた既存システムを復活させる動きが目につく。巨大な地震津波の被害を前に，復旧，復興，再生という言葉が飛び交う。今日までの歴史や記憶の痕跡を消し去るかのように，整地され，何も無い場が広がる現状に直面する。記憶を消し去った土地の上に建物が建ち，緑地が設けられた時，長い歴史に裏打ちされた文化はその場所に再起するのだろうか。「3.11」後1年が過ぎたころ，三陸鉄道に勤める方が「建物の基礎があり，瓦礫が残る三陸の今を見てほしい」と叫ぶように語った言葉が重なる。

　明治維新以降，日本がまい進した近代化は，様々な発展を遂げ，私たちの生活を豊かにした。確かに，蛇口をひねればふんだんに水が使え，夜の暗さを解消し，冬の寒さや夏の暑さを家の中では守ってくれ，あり余るほどの食材を口にすることが可能になった。交通や電信の発達は，凄まじいものがあり，そのスピードが現代生活の利便性に結びついていると確信してきた。しかも，永遠に得られるかのように。

　高度成長期を経験した日本社会は，ある時地球環境の問題が前に大きくはだかる。それは，資源の有限性だけでなく，これまでのライフスタイルへの

問いでもあった。もう20年も前になるだろうか，エネルギー問題が起きて覚悟しなければならなくなった時，一体私たちはどこまで生活レベルを歴史的に引き戻せるのかを議論した覚えがある。ある人は，高度成長期以前に立ち返ることは不可能だと言及した。現実に享受する恩恵をベースに考えた正論だった。しかしながら，今受けている恩恵のもっと基本を問うことからはじめなければ，真の豊かさへの眼差しは閉ざされてしまうように思えた。

それから20年近い歳月が過ぎ，「3.11」が起きた。グローバル化した国際社会で金融危機など経済的な破状を見せるなか，爆発事故の起きた原子力発電所を含め，この度の巨大な地震津波は，日本社会に大きな衝撃を与え，日本の近代以降の発展が東北に依存してきた現実も浮き彫りにした。

### 東北3県の都市人口と鉄道

「3.11」によって，普段あまり知ろうとしなかった東北の多くの現実が，目に見えるかたちでさらけだされた。東北3県（福島県・宮城県・岩手県）を都市人口と鉄道で見た時，何が見えてくるのか。2011年3月11日に起きた東日本大震災で多くの被害を受けたこの3県の都市人口を調べると，現在（2012年時点の推計人口）100万人規模の市は仙台市だけである。この数字は，東京都の特別区を除いた道府県のなかで11番目に多い市であり，3県全体で飛び抜けた都市人口規模を誇る。中核市である30万人規模になると，全国で84市あるが，3県では福島県のいわき市（全国61番目），郡山市（全国64番目），福島市（全国74番目），そして岩手県の盛岡市（全国73番目）の4市に過ぎない。常磐線沿線のいわき市を除く3市は，仙台市とともに東北新幹線が停車する駅を持つ。

さらに全国に289市ある10万人規模の都市人口に対象を拡大してみても，3県は意外に少ない。福島県が会津若松市，宮城県が石巻市と大崎市，岩手県が一関市・奥州市・花巻市と，6市にとどまる。しかも，東北新幹線が通らない市は，会津若松市と石巻市が先のいわき市に加わるだけだ。東北新幹線は，ほぼ東北本線や旧奥州街道と並走し，阿武隈川と北上川とも重なる。特に，陸上で大量に物や人を運ぶ，近代以降に試みられた鉄道の敷設は内陸

の南北軸をより強固なものにしてきた。

　地震後に発生した巨大津波は，海側に広がる平坦地を市街化し被害を増大させた仙台市を除けば，内陸の中核都市と無縁だった。新幹線や高速道路が復旧すれば，普段から東京に顔を向けるこれらの都市は，素早く日常へシフトした。内陸部にある仙台市の中心市街地も同様だった。三陸の都市や集落との温度差が，震災以前よりも広がる。復興予算も，復興景気も，新幹線の沿線で止まり，必要最低限のことですら三陸へ届くには時間を要した。

　物や人の大動脈となる内陸の南北軸の構造は，近代にはじまったことではない。だが，きめ細かく展開していた舟運という切り口が失われた以降は，三陸の海側と内陸側との乖離が目立つようになった。特に，海と川を結ぶ要だった石巻におけるポテンシャルの低下は，それを決定的なものにした。さらに「3.11」が起き，孤立する三陸沿岸の都市と集落が明確化する。

　太平洋沿岸に立地する都市は，江戸時代に港町として繁栄した石巻市を除けば，10万人を超える都市人口を要する市は見あたらない。特にリアス式海岸に面する都市は，気仙沼市，宮古市が5万人を超えるだけである。鉄鉱産業で繁栄し，1970年代に7万人を超えていた釜石市は，平成24（2012）年に4万人を僅かに切る規模まで減少した。その他は1～2万人規模の市町村である。そのなかに数百人規模の漁村集落が沿岸部に数多く分布する。リアス式の三陸沿岸は，大規模な人口を抱える地理的環境にないとわかる。

**東北の文化という観点から**

　被災地を歩いてみて感じたことの一つに，そもそも戦後の日本は本当の意味で文化を構築してきたのかという思いである。さらに，効率性が優先する経済の上に乗った文化が持続可能なのかという疑問も加わる。

　現在，地方の大きな祭りは，経済と観光を抜きにしては語れない。それはそれで，都市や町の活性化を願う視点からは意味があろう。だが，それはあくまでも人に見せる祭りであって，すべてがその方向に向かう必要があるかといえば，そうではない。奇しくも「3.11」により，多くの人たちが三陸の伝統的な祭りに接する機会を得た。本来の祭りは，地域の人の命を守り，紡ぐ

祭りであり，人に見せるものではないと改めて気づかされる。

しかしながら，近年はそうした地域の祭りの意義が薄れつつあった。そのなかで「3.11」が起き，地域の連帯を深めるために行われてきた祭りの意義が問い直される切っ掛けとなっているのではないかと感じる。文化は経済を基盤にして成り立つものではなく，あくまでも文化があってこその経済である。文化のないところに，持続可能な経済は成立し得ない。これまでは，経済原理だけで文化を生みだせると錯覚していたに過ぎない。

後に第2部の各論で詳しく展開するが，例えば雄勝には，600年以上の歴史をもつ神楽が継承されており，1年を通じて場所と日時を変えながら雄勝半島と雄勝湾をめぐるように神楽を舞う祭りが催される。祭りを行うことで地域の絆を深め，同時に祭りが災害を最小限に押さえる仕組みの一つにもなってきた。本書は，このような祭りの基本が生きる集落構造の仕組みを探る。

**図序-2** 東北三県の地形と対象エリア

### 三陸の地理的環境と対象エリア

東北地方は，岩手山，栗駒山，蔵王山といった標高1,500mを越える山々からなる奥羽山脈が北から南に背骨となり，越後山脈まで連なる。この山脈が東の太平洋側と西の日本海側のエリアに大きく二分する（図序-2）。奥羽山脈の東側は，北上川と阿武隈川が流域の大半を山脈と平行して最後下流域で向きを変え太平洋に向かう。これらの大河と太平洋の間には，さらに北上山地（高地），阿武隈山地（高地）が南北に割り込むように横たわる。唯一の広大な平野は，2本の大河が太平洋に流れ出る仙台平野だけである。内陸部を流れる二つの大河の流域は，南北に幾つかの盆地が連なり，細長い比較

的平坦な平地をつくりだす。

　仙台平野を除くと，太平洋側の海岸線は広く平坦な土地をあまり望めない。また，海岸線の地形は，北上山地側と阿武隈山地側とで大きな違いを見せる。宮城県と岩手県の海岸線は，北上山地が海まで迫り出し，リアス式海岸といわれる鋸歯状に入り組む特色ある地形形状となる。一方福島県の海岸線は，凹凸が少なく，砂浜の海岸線が比較的多く見られる。また，阿武隈山地の裾野は，20m程度の平坦な台地が海岸線近くまで迫り出し広がる。そのために，天然の良港が少なく，松川浦，請戸，小名浜など港の数も少ない。

　この2つの特徴的な地域のなかで，本書は，宮城県・岩手県の東東北にフォーカスする。だが，東東北にエリアを限ってもまだ相当広く，フィールド調査，ヒアリングを主体に研究を組み立てる基本方針から，宮城県・岩手県全域を網羅的に論ずることは困難であった。初期の段階は，国土地理院が配信するインターネットで三陸沿岸の空中写真すべてに目を通し，地形形状，集落のあり方，被災状況を把握し，縦断的に一つ一つの都市や集落を訪ね確認した。この過程で，港部分を除きほとんど被災していない集落に出合い，気持ちが引きつけられた。この時点で，幾つかの候補地を選びだした。本書では扱うことができなかった，都市でいえば宮古，気仙沼，陸前高田，漁村集落でいえば山田町の船越，田ノ浜，釜石市の唐丹なども，この時点で候補としてあげられ再び訪れた場所だ。

　本書にかかわった著者は，個別に，あるいはチームを組み，「3.11」以降何度も三陸沿岸の都市と集落を訪れ，地元の方々に話をうかがい，それらの空間を把握するためにフィールド調査を重ねてきた。初期のころは，被災した都市，集落をくまなく訪れたが，次第に腰を据えてフィールド調査をする場所が固まってきた。一つは，東北の中心的な港町・石巻と鉄の街として知られる産業都市・釜石（大槌も含む）を調査研究対象とした。いま一つは，三陸の半島，牡鹿半島，雄勝半島，広田半島に点在する漁村集落である。

## 2　第1部〜第3部の狙い

**石巻と釜石という二つの都市の場所性と風土性**

　政治・経済の論点を受け，次に異なる二つの地域社会の価値を発見する試みとなる。一つは衰退する地方都市，いま一つは限界集落といわれる漁村集落への眼差しである。

　第1部では，近世，近代の東東北の中心的役割を担った石巻と釜石に焦点をあてる。歴史を読み解くことで，これらの都市が置かれた「場所性」と「風土性」に根ざして成立してきた価値を探る。まず，安倍氏，奥州藤原氏に見る東東北の基層の歴史からはじまり，鎌倉幕府の東国支配とその後の盛岡藩・仙台藩の二大大名の統治のあり方を示す。次に，近代化へと続くプロセスを描くなかで，二つの都市へ集約し，必然のなかで誕生した都市像を描く。

　ここでの問題意識は，産業を生みだしてきたそれぞれの場所の価値から成立した二つの都市が，ある時代の要請を失った時，都市の命脈も終わるのだろうかという点である。確かに，ある時代の経済的要請だけで成立した都市の寿命は短い。だが，もっと本質的な基層の上に都市の存立意義を問い直す時，また別の要請する価値が見え，新たな方向への可能性が開ける。石巻と釜石においては，要請する側の価値が喪失した現実と，この二つの都市の歴史的プロセスから見えてきた「場所性」と「風土性」に裏打ちされた価値を示す試みといえる。


**プリミティブな漁村集落に着目する**

　いま一つの漁村集落への眼差しでは，三陸特有のリアス式海岸に立地する漁村集落に焦点をあてる。それらの漁村集落も，3.11で多くが壊滅的な被害を受けた。同時に，巨大津波の来襲にもかかわらず港以外ほとんど被災していない漁村集落も幾つか見受けられた。本書は，特に被災を免れた漁村集落に多くの時間を割き，フィールド調査とヒアリングを重ねた。三陸のプリミティブな集落空間がどのようにでき発展し，そこでいとなまれる暮らしや生業がどのように変化し今日に至ったのかについて，現存する集落空間から

読み解く立場を重要視したいと考えたからである。多くの家屋が津波に流された漁村集落を理解し，その場の価値を示す手立てとしては，ほとんど被災しなかった集落の密着的な調査は必要であり，重要だと感じていた。むしろ，歴史や文化をベースに成立する集落のあり方を明らかにしなければ，現代の様々な仕組みを単に押し付けるだけになってしまう恐れがある。さらに，巨大津波で集落空間を失っただけでなく，歴史的に築きあげてきた生活文化としての基本的な価値を根こそぎ消し去る可能性もあるからだ。プリミティブな空間や社会の仕組みを消し去ることは，近代以降の日本の社会や政治・経済システムの疲弊から，再構築する手立てを失うことにも通じる。

**持続可能な漁村集落空間の仕組みに迫る**

本書の第2部と第3部では，三つの半島，牡鹿半島，雄勝半島，広田半島に点在する集落に焦点をあてた。また，歴史と空間の仕組みを扱う第2部と，暮らしと生業を扱う第3部とは，関係性を深めながら論を個別に展開する。

第2部では，リアス式海岸という三陸特有の地理的環境を踏まえ，各集落がたどってきた歴史とその空間の仕組みを明らかにする。牡鹿半島では，浜の有力者となっていく人たちの動向を追うことで，今日の牡鹿半島の地域的仕組みを築いた原点に目を向けた。同時に，近世に浜として頭角を現す狐崎浜と月浦，明治期に石巻の外港として繁栄する荻浜の集落空間の仕組みを読み解く。最後に，石巻地方の居住空間の変容過程と特色を明らかにする。

雄勝半島では，追波川の舟運と東廻り航路の海運に触れ，廻船で地位を築く名振の永沼家と大須の阿部家に着目した。十五浜と呼ばれた雄勝半島の各浜のなかで，大浜の石神社は，古い歴史を誇り，雄勝半島にある浜々の精神的支えとなる雄勝法印神楽の中心的な役割を担ってきた。石神社の千葉宮司家の伝説を繙くことで，山岳信仰と海民の生活が融合した十五浜独特の地域文化を探る。最後に3.11でほとんど津波被害を受けなかった大須に着目した。地元の方々のヒアリングとフィールド調査で明らかになった集落の形成プロセスとその空間構成，居住のあり方などを克明に記載し，持続可能な漁村集落空間の仕組みに迫る。

広田半島は，高い山があるわけではないが，豊富な水源を持つ。この半島の沿岸に幾つもの漁村集落が分布する。これらの集落を幾度か訪れるなかで，三つの特徴的な集落が浮かび上がった。それは，根岬，泊，長洞である。同じ半島にありながら，集落を構成する空間的な仕組みが異なる。プリミティブな集落の空間構成を残す根岬，江戸時代の廻船で飛躍した泊，漁業と農業を共存させてきた長洞。興味深いことに，被災した状況もそれぞれ違う。これらの比較から，三つの集落が時代性から得てきた空間表現の価値と，将来に向けた集落空間のあり方の可能性を探る。

**暮らしと生業の価値を求めて**

　第3部は，第2部（第1部の大槌も含む）で扱った漁村集落から，地元の方々へ多くのヒアリング調査を試み，各集落の暮らしと生業のあり方を明らかにしたものだ。三つの半島にある集落は，過疎地であり，限界集落と呼ばれる範疇に多くが入る。津波でほとんどの家が流された集落も少なくない。ただ，3.11以降に人口1〜2万の都市の麻痺状態が続くなか，過疎化する漁村集落がいち早く生業である漁業を再開した。その力強さは，被災地を訪れた私たちを驚かせ，どこか勇気づけられた。

　三陸の漁村集落は，過疎ゆえの医療施設不足を除けば，生活する上で必要なものはまだ身近で調達できる。地震津波で，電気・ガス・水道が止まった時，沢の水を利用した簡易水道を自力でつくり，裏山の山林から燃料の薪を確保した。ただ漁村集落も，現代的な文明への移行とともに，外に出た若者のほとんどが帰ってこない。失われつつある漁村集落での暮らしや生業は，現代社会において本当に不要なのか。それが「3.11」の問いであるように思う。

　三つの半島の漁村集落に入り込み，多くの人たちから話を聞くなかで，近代以降現代までに，すでに失ったはずの暮らしや生業が生き続けていることに驚かされる。細々と生き延びてきたという視点はあたらない。本書は，失われるものの記述ではない。むしろ，現代人が失ってきた価値が生きた暮らしや生業として存在し，将来の再生に向かう重要なファクターであることを認識し，紡ぎ出す作業である。

〈第1部　三陸の港町と産業都市に焦点をあてて〉

# はじめに

岡 本 哲 志

## 1　三陸の人口に見る地域性

「序章」で見てきた人口をいま一度確認しておきたい。宮城県と岩手県，この東東北2県の都市人口は，仙台市が100万人規模でトップにあり，中核市に指定される盛岡市が30万人規模で次に続き，その他は10万人規模の都市に過ぎない。その数も5市だけで，宮城県が石巻市と大崎市，岩手県が一関市・奥州市・花巻市にとどまる。この都市人口の配置から，主に北上川沿いの盆地である内陸側に主要な都市が立地しているとわかる。太平洋沿岸の都市は，近世以前に港町として繁栄し，戦後内港とともに漁港，工業港を構築した石巻市だけである。三陸の沿岸部には，大規模な都市人口を抱える市がない。

特に北上山地が海に迫り出すリアス式海岸沿いは，10万人を超える都市人口を抱える市はなく，せいぜい5万人を超える気仙沼市，宮古市が目につく程度である。鉄道が敷設されるまで，内陸の都市との関係は密ではなく，船を使った海との結びつきによって広域との交流が古くから行われてきた。これらの都市の多くは漁業を主体とする加工業が主な産業である。そのなかで，釜石市は鉄鉱産業として繁栄し，戦後ピーク時に8万人を超えていた。しかしながら，鉄鋼業が日本の基幹産業から後退していくと，釜石の産業が衰退し，平成24(2012)年には4万人を僅かに切る規模にまで減少する。鉄の生産をベースに発展した第2次産業を主体とする都市も，三陸の地理的環境では都市人口を爆発的に拡大させることがなかった。

その他は1～2万人規模の市町村が大半を占める。これらの都市は，鉄道や自動車による交通手段の恩恵をあまり受けることなく，内陸にある中核都市との関連で人口規模を拡大する流れも生みだすことはなかった。リアス式の三陸沿岸は，1～2万人規模の都市の存在と，数百人規模の漁村集落が沿岸部に数多く分布するだけで，大規模な人口を抱える地理的環境にない。三陸沿岸は，石巻市，気仙沼市，宮古市，釜石市などが三陸の広域的拠点都市となり，その下に雄勝半島の雄勝，広田半島の泊など，サブ拠点的な都市が位置付けられ，それらが大字字単位の各浜を束ねるかたちとなる。

## 2　三陸の地形と歴史

　このように，人口規模のあり方から東東北（宮城県，岩手県）の地域性がある程度垣間みられるが，さらに地形を重ねると都市や集落の置かれた環境がよりクリアーに見えてくる。「序章」で概観した地形に歴史を重ねながら，いま一度三陸を確認しておきたい。東東北は，奥羽山脈が北から南に全体の背骨となり，越後山脈に至るまで高い山並みが連なる。奥羽山脈の東側は，流域延長の長さを誇る北上川が山脈と平行して太平洋に流れ出る。これらの大河と太平洋の間には，さらに北上山地（高地）が南北に割り込むように横たわる。この山地を越える難しさが歴史的にあった。また，海岸線では広く平坦な土地を望めない。三陸における海岸線の地形は，北上山地が海まで迫り，リアス式海岸といわれる鋸歯状に入り組む地形形状が特色である。平野は，北上川河口の石巻平野が唯一広大な平坦地となる。

　東東北の地理的環境には，縄文時代からの人々の生活があった。平成4（1992）年に開始された青森県の三内丸山遺跡の発掘は東北認識を問い直す画期だった。海が大きく内陸に海進する縄文期では，豊富な海の幸とともに，採集だけではなく初期の農耕が行われ，大規模な集落の形成を可能にしていた。出土品のなかには，黒曜石を使った装身具があった。日本では産地が限られていることから，日本海，太平洋の船による交流が行われていたことが想像される。

はじめに

　奥羽山脈，北上山地の高い山々に遮られた内陸の交通だが，海は広域を
ネットワーク化させることを可能にし，高い文化交流が縄文期からあった。
内陸の発展は，北上川に流れ込む幾筋もの小河川を利用した組織的な農耕が
行われ，船の交通として北上川が本格的に利用されてからであろう。それら
を利用し，組織化したのが安倍氏と考えられる。しかしながら，その芽生え
はアテルイが活躍した8世紀後半にすでにあった。そして，坂上田村麻呂に
よって試みられた東北征伐はその後の東東北を大きく変化させる。西から
の強力な文化や文明の流入と，東北独自の風土性が反発し融合するかたちで，
奥州藤原氏の平泉文化が花開く。これもまた北上川舟運が南北を貫く大動脈
として位置付けられ，その最河口にある石巻に「真野の入江（古稲井湾）」と
いわれた湊を誕生させた。平泉文化が確立することによって，三陸沿岸の海
上文化と北上川の内陸文化が石巻で接点を持つことになる。

　石巻を拠点とした海と川の舟運ネットワークは，源頼朝が奥州藤原氏を滅
ぼした以降も続く，葛西氏が奥州を統治する時代はさらにその重要性を増す。
江戸時代の東北地方の主な産業は，北上川流域の農産物，三陸沿岸の水産物，
そして山に埋蔵する鉱物資源だった。江戸時代は北上川と海の廻船によって
江戸に運ばれた。この一大物流産業は，高い文化レベルを三陸沿岸の地にも
もたらせた。

　三陸沿岸は，豊富な資源に恵まれながら，飢饉と地震・津波に悩まされ続
けた歴史でもあった。さらに，江戸時代の奥州街道を基軸とする道路網と近
代以降の東北本線を大動脈とする鉄道網の発展は，北上山地が大きくはだか
り，内陸と三陸を結ぶ陸からのネットワークを妨げた。


## 3　なぜ石巻と釜石なのか

　先に見た人口規模では，石巻市が15万人ほど，釜石市が4万人を僅かに切
る。日本全国の都市人口と比べると，ほとんど埋没する人口規模である。し
かしながら，石巻は中世・近世を通じて東北の重要な拠点的港町として位置
づけられてきた長い歴史がある。また，釜石も単に近代における鉄のシンボ

39

リックな産業都市として突然と出現したわけではなく，東北の鉱業の長い歴史をベースに近代の釜石に光があてられた。すなわち，石巻も釜石も東東北という風土性の上に位置づけられ，成立・発展し，東東北の文化を築きあげてきた。単に一都市の盛衰，再生を問うだけの問題ではない。第1部で東東北の歴史を繙きながら，石巻と釜石にフォーカスする意味がここにある。

石巻は，3.11の地震津波で大きな被害を受けた。津波による浸水域は貞観11（869）年に起きた貞観の大地震とほぼエリアを同じにする。被災後の石巻を幾度か訪れて考えさせられたことは，400年以上無堤防であった石巻の河岸にコンクリートの護岸がはじめて築かれたことだ。同時に，千年に一度の脅威をコンクリートの護岸で補うだけの問題ではないとも強く感じた。石巻は，近代以降北上川の堆積土砂で内港としての機能を低下させ，一時期の野蒜，荻浜，その後の塩竈に近代港としての覇権を譲っていく。しかしながら，石巻は海とのつながりを失うことなく，戦後漁港として，工業港として生き残りを図ってきた。また商業としての内港の機能もさらに北上川河口部に突き出し，三つの異なる港を成立させた。これらはこの度の津波で甚大な被害を受け，復旧まで思いのほか時間を要した。それでも，三つの異なる港が再び機能しはじめている。今後は港町・石巻としての価値の再生へ向かうことが望まれる。

ただ心配なことは，震災以前から衰退し続ける石巻の中心市街地の存在である。高速道路ができ，商業など多くの機能が東京や仙台と結びつく高速道路のインターチェンジ付近に移行した結果である。やはりここでは，石巻が北上川と海で結ばれたネットワークの経済・文化の拠点であった価値に光をあてることが重要であると考えている。すなわち，陸の視点で東京や仙台に向くのではなく，北上川で結ばれていた平泉などの内陸側の都市や地域，海に開かれた漁港を持つ都市や漁村集落に目を向けることが将来の可能性に結び付ける道ではないかと感じるからだ。

また釜石は，現在鉄で繁栄した活気が失われて久しい。そのなかでの大規模な津波による被害となった。釜石の歴史をたどる意味は，新日鉄釜石という巨大産業が落下傘的に企業城下町を形成し，発展しただけではないという

はじめに

点がまずあげられる。釜石の鉄の産業は風土に培われた延長上にあり、その発展を支えてきた人たちは地元や周辺地域の人たちである。このことに目を向けたい。場所も人も、その歴史も匿名化される近代以降現代へ向かう構図と似て非なる点がある。釜石と大槌との関係について描き出すのも、浜々でネットワーク化された背後に隠された価値をあぶり出したいからである。

　釜石の町を歩いていて興味深いことは、あれほど産業都市化した釜石にあって、かつての漁村集落の空間的な仕組みがしっかりと共存してきたことだ。日本の港町の独特な発展プロセスとして、古代・中世・近世・近代が共存しながら一体の都市空間として成立し続ける。その仕組みを釜石に読み取ると、釜石も日本の港町の価値を受け入れてきたのだと実感できる。釜石は、単に人が住まない更地に工業都市をつくりあげたわけではない。そこに、釜石の歴史をたどる意味と、三陸における釜石の新たな可能性が潜む。

# 第1章　近世から近代への転回

岡 本 哲 志

## 1　古代・中世の歴史を概観する

### （1）安倍頼時から藤原清衡へ

　雄勝半島にある大須をはじめて訪れた時，阿部姓の多さに圧倒された。大須の阿部姓の人たちは先祖以来俘囚の長といわれる安倍氏に遡るとされる。11世紀なかごろに名を馳せた安倍頼時の代に，安倍氏は中央政府の権力が衰えるのに乗じ奥六郡（現岩手県奥州市から盛岡市にかけての地域）を占領した（図1-1-1）。これが中央の歴史に登場した安倍氏の初見である。

　平泉のすぐ北，衣川に本拠を置き地域拡大を図る安倍氏の行動に対し，朝廷が永承6（1051）年に源頼義を陸奥守兼鎮守府将軍に任命し，奥州に送り込む。だが朝廷から派遣された軍隊だけでは強大化した奥羽地方の軍事力を押さえ込む難しさがあった。三千余人の源頼義側の兵に対し，援軍として協力した出羽に勢力を張る清原武則の兵は一万人だった。清原氏のバックアップで，前九年の役（1051

図 1-1-1　安部氏の領地

〜62年)は源頼義・清原武則の連合軍が勝利した。

ただ，前九年の役で安倍氏が滅亡したかといえばそうではない。一般的に，奥州は安倍氏支配→前九年の役→出羽清原氏支配→後三年の役という流れを経て，藤原摂関家の末流を名乗る藤原清衡（1056〜1128年）が京の文化を彷彿させる都市を平泉に描きだす。しかしながら，清衡は安倍頼時の娘を母とし，前九年の役で叔父の頼時に味方して生け捕られて殺された，藤原秀郷の6代後にあたる亘理経清を父とする。

清衡の母は，夫・藤原経清の亡きあと，清衡を連れ，亡夫の敵方の清原武則の嫡子である清原武貞と再嫁する。清衡を養子に迎えてもらい，新しい夫との間に家衡が生れた。清原氏側は陸奥の安倍勢力を取り込め，安定を図ろうとしたと考えられる。戦いに敗れたとはいえ，安倍氏の人的ネットワークの勢力は強大だったのかもしれない。前九年の役に敗れた後，安倍氏の系図を見ると興味深いものがある。清衡の嫡子・基衡は，安倍頼時の3男・宗任の娘を嫁にしており，安倍氏との持続的な深いつながりがわかる。奥州の混乱のなかで，単に藤原清衡が登場したわけではない。一方，2代源頼義・3代源義家親子が戦いに勝利したわりには，その後の経緯が敗戦者のようだ。

前九年の役の後，清原家は内紛を起す。これは，出羽の直系清原氏と奥州の安倍氏との代理戦争にも見受けられる。源義家は，清原氏直系である清原真衡をはじめ支援し，清衡・家衡兄弟軍を攻めた。しかし，出陣中の真衡が発病し頓死したことで，清衡側に絶好の好機が舞い込む。この機会を利用した清衡と家衡は，戦いの責任を戦死した清衡の親族重光に転嫁し，責任のないことを主張して義家に降る。兄弟を許した義家は，清衡に胆沢・江刺・和賀の三郡，家衡に稗貫(ひえぬき)・紫築・岩手の三郡を与えた。

家衡とは後に不和となり，清衡が争いに勝利する。その結果，安倍氏の血を引く清衡が，清原氏を継承し得るただ一人の生存者となった。清原氏の遺産の全部を継承した清衡は，居館を豊田館から安倍氏の旧跡衣川の近く，平泉に移す。このことからも，安倍氏のベースの上に清衡の支配構造が模索されたとわかる。目の前の北上川を下ると，雄勝半島にある十五浜に行きあたり，そこに大須がある。清衡は，奥州において安倍氏の伝統的なネットワー

第1章　近世から近代への転回

クと領土を継続した。

### （2）源頼朝の奥州統治の方向性

　奥州藤原三代の栄華が終焉した後，源頼朝の奥州統治には，3つの方向性が見られた。1つは，奥州に鎌倉の御家人を地頭として配置し，その地頭を総括する惣地頭を置いた。2つは，陸奥国の留守職を強化したことだ。3つは，地頭を置けない地域に限ってかつての郡司を継承させた。

　1つ目の方向性は，平泉攻略後の文治5（1189）年に，鎌倉の御家人による地頭が奥羽全領域の行政権を掌握する仕組みをつくりだしたことである。加えて頼朝は，鎌倉幕府の陸奥国統治機関である惣奉行の職を設置し，葛西清重に御家人統率の役を命じ，鎌倉を頂点とするピラミッド型の統治体制を奥羽一帯に確立させた。葛西清重は，鎌倉幕府を総括する代官として奥州に君臨する。清重は，頼朝から伊沢（胆沢）・岩井（磐井）・江刺・気仙・牡鹿の五郡に，黄海・興田の二保を加えた所領，五郡二保を賜う（図1-1-2）。これらの所領は，中世東北における拠点都市として繁栄した平泉を取り込む広大なエリアだった。特に葛西清重が飛び地の牡鹿郡を賜った点に着目しておきたい。牡鹿郡には牡鹿湊と呼ばれた重要な湊があり，そこからの物流支援なしには，平泉のその後の存立はなかったし，葛西氏が奥州惣奉行の職務を行う上でも不可欠だった。さらに多賀城を加えた，2つの中核都市に再生・復興の光があてられなければ，鎌倉幕府の奥州統治は困難だったはずである。平泉を滅ぼした頼朝の政治判断として，平泉を存続させる意志がそれほど強く働いた。当時の平泉は京の都，鎌倉

図1-1-2　葛西氏の領地

〔図版作製：岡本哲志〕

45

に匹敵する大都市だったといえる。

　2つ目の方向性は，伊沢家景が陸奥国の留守職になったことだ。藤原秀衡が陸奥守であった時代は，平泉に居住したままで処理が行われた。多賀城国府の留守所において，留守職が庶務を執ったに過ぎない。文治6（1190）年，大河兼任の乱に荷担した旧来の留守職に代え，家景が新たにその職に任命される。京都で九条入道大納言光頼に仕えていた家景は，北条時政の推挙で起用されたものだ。鎌倉幕府は御家人たちに地頭として奥羽の土地を管理させたが，国衙領まで管理させることができなかった。そのためにも，陸奥国の留守職に都の政治に精通する家景を据え，都と奥州の関係を切り離す強い意図があったと思われる。

　3つ目の方向性は，地頭を置けない地域の統治である。そのような場所には，かつての郡司が領地を継承した。例えば気仙郡は，平泉滅亡後に鎌倉御家人が移住してきた形跡がなく，鎌倉の御家人たちは不便で利用価値の低い土地と判断したようで，敬遠した。頼朝は仕方なく安倍氏の流れを汲むともいわれる気仙郡を支配してきた金為時の末裔を律令制時代の職名である気仙郡司として領地継承させる。金氏は頼朝の平泉征伐の時平泉側で戦っている。だが，翌年の大河兼任の反乱では鎌倉側に属して功績をあげ，郡司の地位を回復し，地頭の権利を得た。ただ頼朝は，金氏に気仙の領地を安堵する一方で，金氏の中心拠点であった米崎にある中山館に近い高田の東館に葛西氏傘下の城主・千葉安房守を配置し，プレッシャーをかけ続けた。その結果，時代が下るとともに金氏の現地勢力は減退する。

## 2　東北の飢饉と地震津波

### （1）飢饉の履歴

　江戸時代は，全期を通じて寒冷な時代であり，凶作や飢饉が絶えなかった。そのなかで被害が甚大であった飢饉を「江戸四大飢饉」と呼ぶ。一般には，徳川家光治世の「寛永の大飢饉」，徳川家治治世の「天明の大飢饉」，徳川家斉・徳川家慶治世の「天保の大飢饉」，徳川家重治世の「宝暦の飢饉」をあげ

る人が多く，天明の大飢饉が最も悲惨だったといわれいる。天明3（1783）年の浅間山の噴火と，同年に起きたラカギガル（アイスランド）での大噴火の影響による冷害で，深刻な被害が長期に及んだ。

　凶作や飢餓に最も悩まされた東北地方のなかでも，現在の岩手県一帯は他に比べ飢饉が歴史的に非常に多く，その度に多くの死者を出してきた。三陸沿岸部の閉伊・九戸・三戸地方では，異常気象とともに，春から秋にかけてオホーツク海寒気団の北東風または東風の冷たく湿った「やませ（山背）」と呼ばれる冷風が恒常的に起こり，被害を甚大なものにした。全国的な大飢饉となった天明の大飢饉では収穫が全くない惨状に加え，盛岡藩の失政による少ない備蓄が死者をさらに増大させた。

### （2）貞観の地震津波

　三陸の地層調査の結果から見えてきた報告として，2011年に匹敵する巨大津波が縄文時代前期以降から6千年の間に6回はあったと推定される。また，この度の巨大地震・津波は，明治29年，昭和8年と比べ，震源地の緯度が南に下がった。貞観の大地震（869年）の時も，同様に南に下がっており，地質学の専門家による調査では，石巻にも大きな津波が来襲し，内陸奥深くまで入り込んだことが地層から明らかにされた。この度の津波被害とほぼ重なる。

　記録に残る最も古い巨大地震は，貞観11（869）年に起きた三陸沖を震源地とする貞観の大地震である。延喜元（901）年に成立した史書『日本三代実録』[1]には，貞観の大地震に関する記述がいくつか見られ，陸奥国で大地震により家屋が倒潰し，圧死者が多数でたと記されている。特に，国府が置かれた多賀城は，東国経営の重要な拠点であっただけに遠く離れた都でも関心が高く，詳しい記載がある。地震は夜の20時に起きた。この地震で，夜の暗い空を流れる光が昼のように照らし，人々は叫び声を挙げて身を伏せ，立つことができない状況だったという。家屋の下敷きとなる人や地割れに呑まれた人もおり，城や倉庫・門・門櫓・牆壁などが多数崩れ落ちた。その後に起きた津波では，溺死が千人ほどにものぼった。海岸線から5kmほど内陸にあ

る多賀城まで津波が押し寄せ，十数人の溺死者をだした。津波の後には田畑も人々の財産も何も残らなかったと，その凄まじさが記録として残る。

### （3）近世と近代の地震津波

　江戸時代になると，大小の地震津波の記録が多数見られる。慶長16（1611）年には三陸沖を震源地とする大規模な地震津波があった。それついては『御三代御書上』が記録している。陸前国で起きた地震後に大津波があり，伊達領では男女1,738人，牛馬85頭が溺死したとある。南部津軽方面でも相当な被害があったようだ。

　近代以降の大規模な地震津波は，明治29年と昭和8年である。被災状況を数字で見ると，明治29年の三陸地震津波では死者・行方不明者が2万1,959人，家屋流失が9,878戸，家屋全壊が1,844戸であり，昭和8年の三陸地震津波では死者が1,522名，行方不明者が1,542名，家屋全壊が7,009戸，流出が4,885戸，浸水が4,147戸，焼失が294戸となった[2]。

　この度の東日本大震災は，1年後に新聞報道された2012年3月11日時点の集計によると，死者1万5,854名，行方不明者3,155名である。漁船流失は2万2,000隻以上といわれる。建物は，全壊が6万7,150棟，半壊が2万3,761棟，一部破損が20万9,246棟，合計では30万157棟と，消防庁が2011年4月21日に発表した。被災から1ヶ月程度では岩手と宮城両県の被害実態を充分に把握できていない地域もあった。死者・行方不明者の数は，最悪の事態を招いた明治29年の三陸地震津波をわずかに下回るが，それに匹敵する状況であったことは確かだ。家屋損害の数は比較にならないほど甚大で，津波被害を受けやすい平坦地への居住立地だけでなく，ここ数百年津波被害を受けなかった場所にも被害が及んだことが数字にあらわれた。

## 3　近世東北の二大大名

### （1）鎌倉時代から領地を維持し続けた盛岡藩南部家

　南部氏初代当主である南部光行は，義家の弟である源義光の系譜を辿る。

治承4（1180）年に石橋山の戦いで戦功を挙げ，甲斐国南部牧（現山梨県巨摩郡南部町）が源頼朝から与えられ，南部姓を名乗る。文治5（1189）年には，奥州合戦でも戦功をあげ，陸奥国糠部郡など五郡がさらに与えられた。

その光行から，第5代藩主・信恩が死去する宝永4（1707）年までの歴代の事蹟を記した史料『奥南旧指録』には，甲斐から奥州へと下向した時の行動が記してある。承久元（1219）年の暮れ，南部光行が家族と家臣を連れて由比ケ浜（現神奈川県鎌倉市）から出航し，三陸沿岸を北上して糠部（現青森県八戸市）に上陸する。その後，奥州南部家最初の城である平良ヶ崎城（現在の南部町立南部中学校旧校舎跡地）が築かれた。

光行には6人の息子がおり，それぞれが領地を得て祖となる。奥州に地を固めていた南部氏一族は，主に南朝方に属して戦い，領地の安定に腐心し，南北朝の時代から戦国時代の動乱を乗り切る。天正18（1590）年には，南部氏第26代当主である南部信直（1546〜1599年）が奥州仕置の軍を進める秀吉から宇都宮で南部の所領である糠部郡，閉伊郡など7ヶ郡の覚書の朱印状を得て，7ヶ郡10万石を維持した。その後も，光行の次男・実光から継承されてきた三戸南部氏は江戸時代を通じて盛岡藩を維持し続けた。盛岡藩南部家は，源頼朝に出仕して以来，700年間も同じ土地を領有し続けた大名であり，他には薩摩藩や中村藩などがあるが，極めて少ない。

### （2）百万石の仙台藩伊達家

南部信直とともに東北の雄となる伊達政宗は，居城を天正19（1591）年に米沢から岩出山（宮城県大崎市）へ，さらに慶長6（1601）年に仙台へ移す。この仙台移転を境に，武将として活躍した時代と政治家としての時代とに分かれる。武将としての政宗は，豊臣秀吉の朝鮮半島出兵（慶長の役）の際，加藤清正とともに，築城など様々な土木・建築技術の才能を発揮した。また，戦闘能力の高さも秀でていた。しかしながら，伊達政宗は露骨な野心を徳川家康から警戒されたが，加藤清正に欠けていた政治家としての才覚が一方であった。

米沢時代に6千人程度に過ぎなかった城下町の人口が，仙台の時代には5

万人強にまで膨れ上がる。慶長16（1611）年に仙台を訪れたスペイン領メキシコの対日特派大使セバスティアン・ビスカイーノは，仙台城から望む仙台城下町を江戸と比較し，より優れていると賞賛した。62万石の仙台藩は，加賀藩前田家の103万石，薩摩藩島津家の77万石に次ぎ第3位の表高があり，御三家の尾張藩，紀州藩を凌ぐ大藩だった。

　仙台藩の主な産物は米である。江戸時代には，北上川流域の新田開発により米収穫量が飛躍的に増大し，その米を「買米制」と呼ばれる事実上の専売制度を導入して大きな利益を得た。江戸に流通していた米の約半分，10万石が「仙台米」といわれた。仙台藩領の石巻は，北上川の穀倉地帯と江戸を結ぶ，米を中心とした輸送航路の拠点として大いに発展する。

　ただし，仙台藩は大藩として順風満帆の状況を維持し続けたわけではない。政宗の跡を継いだ第2代藩主・忠宗（1600〜1658年）は，正室に徳川秀忠の養女振姫（池田輝政の娘で家康の孫娘）を迎え，将軍家との関係を深め，幕府の警戒を解くことに努力したが，振姫との間に生まれた光宗が若死にすると状況は一転する。公家の櫛笥隆致の娘・貝姫との間に生まれた綱宗（1640〜1711年）が第3代藩主となり，伊達騒動が起きる。貝姫の姉・隆子が後西天皇の生母であったために，綱宗は天皇の従兄弟となり，幕府に警戒されたからだ。綱宗は隠居させられ，幼い綱宗の長男・亀千代が立てられた。成人して第4代藩主となった綱村（1659〜1719年）は，元禄年代に中尊寺・毛越寺の秘宝や遺跡を今日に伝える組織的な平泉の保護を試みた。その功績は大きいものがあったが，一方浪費による多額の借金は，藩財政を致命的な状態に陥れ，父親と同じく重臣たちによって隠居に追い込まれる。

　危機的な状況のなかで第5代藩主となる吉村（1680〜1752年）は，藩財政の再建に取り組む。買米制を利用して利益を上げるなど財政再建策を成功させた。次ぐ第6代藩主・宗村（1718〜1756年）の代には，宝暦の大飢饉が起こり，藩の財政が再び破綻。さらに第7代藩主・重村（1742〜1796年）も失政に加え天明の飢饉が追い打ちをかけ，借金を増大させた。その後も天保の大飢饉や海岸防備への対策費用捻出など，壊滅的な財政状況で幕末を迎える。

## 4　川と海の整備

### （1）北上川の利水・治水

　平安時代末期に奥州藤原氏が北上川中流域の平泉一帯に大勢力を築くが，その周辺では中世を通して小豪族の争いが繰り返された。そのために，北上川の度重なる水害にもかかわらず，流域の治水・開発事業はほとんど手が付けられなかった。北上川流域の本格的な治水事業は，天正18（1590）年に豊臣秀吉の奥州仕置で北上川流域にあった在地豪族がほとんど改易され，南部信直が上・中流域，伊達政宗が下流域を統治する体制が整った以降である。

　盛岡藩は，信直の晩年に北上川・雫石川・中津川の三本の河川が合流する地点に，居城として盛岡城を築く。北上川舟運を利用するには魅力的な場所だが，この一帯は頻繁に河川氾濫を起した。第3代藩主・南部重信は，盛岡城下町を洪水から守るため，雫石川と北上川の合流点の水勢を弱める土木工事を延宝8（1680）年から着手した。だがこの事業は困難を極め，第5代藩主・南部信恩の代となる30年以上経た元禄15（1702）年に完成する。

　一方の仙台藩では，寺池城主の白石宗直が，慶長10（1605）年に佐沼で合流する北上川と迫川の分流工事に着手する。北上川の本流は鉱毒の汚染により，水田に直接水を引くことが出来ず，支流の河川から水田への取水が行われてきた。相模土手と呼ばれる堤防は，慶長16（1611）年に完成する。この工事によって，栗原郡・登米郡一帯の新田開発が促進した。宗直の子・白石宗貞の代にも，若狭土手を完成させ，北上川の治水はより強化された。

　その後仙台藩領の寿庵堰が着手される。この寿庵堰は河川の水位を利用し「胴」と呼ばれるサイフォン式の水管が水量を細かく調整し，安定した水量を水田に供給する仕組みだ。寛永8（1631）年，寿庵堰を含む全長約43.0kmに及ぶ用水路の完成により，胆沢郡内の約3,000haに及ぶ田畑への給水が可能となる。これらの治水・利水事業の成果で，仙台藩と盛岡藩の米の収穫高が飛躍的に上がった。仙台藩は表高62万石に対して実高100万石，盛岡藩は表高10万石に対して実高23万石ともいわれた。

## （2）東廻り航路を開いた河村瑞賢

　江戸時代の石巻の繁栄は，江戸への東廻り航路改善が大きい。17世紀に生きた河村瑞賢は，江戸時代の海運を進展させる航路開発を手掛けた功労者である。伊勢度会郡東宮村（現三重県度会郡南伊勢町）に生まれた瑞賢は，貧農の生まれとされる。だが，中世以来海運との結びつきが強い場所に生まれたことで，広い世界を知る廻船に携わる人，あるいは高い技術を習得した舟大工など，瑞賢にとっては刺激的な環境だったに違いない。

　13歳で江戸に向かった瑞賢は，江戸幕府の土木工事の人夫頭などを経て次第に資産を増やし，材木屋を営む。才能ばかりではなく，人を見極める洞察力と，人的ネットワークを構築する才にも恵まれていた。明暦3（1657）年に起きた明暦の大火の際には，状況判断の鋭さで木曽福島の材木を買い占め，請け負った土木・建築で莫大な利益を得た。寛文年間になると，老中であった相模小田原藩主・稲葉正則と接触し，幕府の公共事業に関わる。こうした瑞賢のサクセスストーリーは，海運と深く結びついた出身地の高い意識レベルが支えとなったはずだ。

　江戸へ輸送する奥州の幕府年貢米は，江戸幕府が成立したころ，利根川河口の銚子で川船に積み換え長時間を要して江戸へ運ばれた。これを改善する幕命が瑞賢にあり，東廻り航路の開発に着手する。阿武隈川河口の荒浜から房総半島に向かい，相模の三崎，あるいは伊豆下田へ入ることにより，西南風を受けて直接江戸湾に入る新たな航路を寛文11（1671）年に開く。これにより，輸送に要する時間と費用を大幅に軽減するとともに，途中の寄港地を定め，入港税免除や水先案内船の設置を行い，自由な航海を可能にした。

　三陸の豊かな海産物が東廻り航路によって藩という大きな後ろ盾を得ずとも，江戸へ廻漕する道が開かれた。三陸の漁村集落でも，外に開かれた視野を持つ人たちは，江戸という巨大市場に参入していった。

## 5 街道の整備

### (1) 内陸の奥州街道と海岸線を行く三陸浜街道

奥州街道は，江戸時代の五街道の一つである（図1-1-3）。江戸日本橋を起点に，途中千住からは日光街道と共用し，宇都宮宿伝馬町の追分で再び分かれ，陸奥白川（現福島県白河市）に至る。奥州街道には27の宿場が置かれ，なかでも終着の宿場・陸奥白川は江戸と陸奥国や蝦夷を結ぶ中継地点として賑わった。奥州街道沿いの宿場の中では下野国の宇都宮に次ぐ人口規模だった。陸奥白川以北は脇街道となり，仙台までを仙台を仙台道仙台から蝦夷筥館（現函館）までを松前道と呼んだ。

一方，太平洋沿岸は三陸浜街道が整備された。これは，仙台藩，盛岡藩，八戸藩にまたがる脇街道の総称である。起点の仙台城下・北目町から小野追分までの区間は石巻街道と重複する。小野で分岐した後，石巻，渡波に至る石巻街道となる。石巻と平泉は一関街道で結ばれた。

図1-1-3　江戸時代の街道

三陸浜街道は，小野から北上して広渕・前谷地を通り，和渕から北上川の東岸を沿って柳津に至り，横山峠を越えて志津川で太平洋に達する。この街道を気仙街道とも呼んだ。その後は沿岸を北上し盛岡の藩境近くにある仙台藩気仙郡唐丹（現釜石市）までいく。ここまでの区間を東浜街道ともいった。藩境の石塚峠を越えて盛岡藩領に入ると，別名はなく三陸浜街道と呼ばれた。峠には，仙台藩側に本郷番所，南部藩側に平田番所が設けられた。

## （2）北上山地越える街道

　北上山地を越える街道は，幾筋かが通されたが，難所が多く限られた。北から見ていくと，まず小本街道がある。盛岡城下から北上山地の早坂峠を越えて下閉伊郡に入り，小本に至る。早坂峠は，追われる雄牛にとっても，追う牛方にとっても最もきつい難所から，牛追いの道ともいわれた。

　この小本街道は，三陸沿岸北部と盛岡などの内陸を結ぶ，重要な物流・交易の道として，交通が活発な季節には一日60から70頭もの牛が往来した。三陸沿岸からの荷駄は塩，海産物，鉄などであり，盛岡などの内陸でコメやアワといった穀類，雑貨と交換した。特に塩は，塩の取れない内陸部で尊重され，「塩一升，米一升」で交換された。

　地図を南下すると，盛岡城下と宮古を結ぶ閉伊街道（宮古街道）がある。この街道は，沿岸の海産物や北上山地の豊かな林産資源を運び出す重要な流通ルートで「五十集の道」とも呼ばれた。この街道は特に難所が多く，再三の改修工事を必要とし，整備が充分行き届かなかった。街道整備が進むのは，鞭牛和尚（1710～1782年）が閉伊街道改修に生涯をささげてからである。宝暦8（1758）年には街道最大の難所，蟇目と平津戸の間の改修に着手した。閉伊街道の終着点・宮古は，盛岡の外港である宮古湊の鍬ヶ崎浦と代官所のある宮古村の二つの町で構成され，重要視された。閉伊川の河口の宮古や鍬ヶ崎浦は，陸中沿岸で獲れた海産物を東廻り航路に乗せて江戸に運ぶ要の港町であり，廻船問屋や海産物の仲買商人たちが軒を並べ賑わった。

　盛岡を起点とし三陸海岸に至る街道は，もう一つ遠野街道がある。横田（遠野）からは，そこを起点に3つに街道が分かれ太平洋に達する。北から，大槌街道が大槌へ，笛吹街道が鵜居住へ，釜石街道が釜石へと至る。

　その他に，奥州街道沿いの城下町から，幾つかの街道が三陸沿岸まで抜ける。水沢からは盛（大船渡）に至る盛街道があり，一関からは今泉街道が今泉，高田へ，一関街道から金沢で分岐した気仙沼街道が気仙沼まで至る。

## 6 幕末から明治初期にかけての盛岡藩と仙台藩

　東北地方の幕藩体制を支えてきた仙台藩と盛岡藩は，奥羽越列藩同盟に参加し，薩長を中心とする新政府軍と戦った。仙台藩は，幕末のころ日本国内有数の兵力を保持する大藩だった。だが，ジャーディン・マセソン商会を介してイギリスから大量に最新型の銃器を購入した薩摩藩・長州藩と比べれば，銃器の保有数や銃器の性能は圧倒的に劣る現状があった。

　劣勢を強いられるなかで，盛岡藩は新政府側へと態度を変更し，明治元年に新政府軍に全面降伏する。奥羽越列藩同盟に加わった南部利剛は隠居差控を命じられ，盛岡藩領が政府直轄地として没収されるが，南部家第41代当主・南部利恭（なんぶとしゆき）は家名相続を何とか許された。

　一方，戊辰戦争に敗れた仙台藩も，厳しい状況が待ち受けていた。62万石から28万石に減封となり，領地は大幅に縮小され，現在の宮城県中部を占めるだけとなる。しかも仙台藩の主要施設は新政府に接収された。仙台城二の丸が東北鎮台（後，仙台鎮台→陸軍第二師団），三の丸が練兵場となる。伊達政宗が隠居した若林城は宮城集治監（現在の宮城刑務所）となり，西南戦争の捕虜収容施設とされた。この時，仙台藩の債務は膨れ上がっており，国内債務が100万円を超え，国外にも10万円強の債務を抱えていた。そのために，仙台藩は在郷家臣らに帰農を命じ，主として万石級の領主の家来2万人余を解雇する状況に追い込まれた。伊達邦直・邦成兄弟などの領主たちは，自らの家臣団の救済に私費を投じて北海道開拓に向かった。

　明治4（1871）年の廃藩置県では，仙台藩が廃止され，仙台県となる。かつての仙台藩領は，仙台県・角田県・登米県・胆沢県に分割され，北部が岩手県に組み込まれ，南部の村々（現新地町）は福島県に編入された。

## 7 中世・近世をベースにした近代産業

### （1）金山から銅山へ

　陸奥で日本最初の金が産出されてから，岩手は鉱業が盛んな地として知ら

れていく。盛岡藩領では鹿角の白根や尾去沢、紫波郡の佐比内が金山として栄えた。そのため、元和のころ（1615～23年）に仙台藩が越境して起きた小友金山（現遠野市と気仙郡住田町の境界）の領地争いなど、仙台・盛岡の両藩は各地の藩境で対立した。江戸初期の盛岡藩は財政が豊かになるほど、金が産出された。ただその繁栄も長くは続かず、間もなく多くが農閑期に砂金を採取する程度に低下し、寛文4(1664)年に白根金山は銅山に転換する。

　正徳5(1715)年、江戸幕府が長崎から流出する金・銀の代物として銅を定め、全国の主要銅山に生産の割り当てが行われた。白根・尾去沢・立石の三山からなる鹿角の銅山もそれに指定される。生産された銅は、米代川を船で下り、能代湊から日本海の西廻り航路を利用して、精錬所の吹屋がある大坂に送られた。だが、産出額の変動と幕府の低い銅買い値により、銅山の経営は不安定な状況にあり、請負業者の交替が激しく、後に直山として盛岡藩の経営に移行する。藩営となった明和期（1764～72年）からは、採掘された銅は盛岡領内の野辺地湊（現青森県上北郡野辺地町）から千石船で大坂に送られた。日本海の荒れる秋から冬の時期は、鹿角街道を盛岡まで陸送し、そこから川船で北上川を下り、仙台領石巻湊から大坂までは千石船を仕立てた。

## （2）仙台藩領と盛岡藩領の製鉄

　北上山地の鉄産業は、古い歴史をもつといわれるが、中世までの状況は不明である。近世の製鉄については、登米郡狼河原（現宮城県登米郡東和町）の千葉土佐たちが、永禄年間（1558～69年）に備中（現岡山県西部）の千松大八郎・小八郎兄弟を招き、その技術を伝授されたとの伝承がある。その後大籠村での製鉄が可能になり、伊達政宗の築城には鉄を納めた。他に馬籠村（現宮城県本吉郡本吉町馬籠）では、佐藤十郎左衛門が中国地方に赴き製鉄技術を学び、帰国後の慶長10(1605)年に同村で製鉄を始める。このように伝わった仙台藩の製鉄技術は、戦国時代から近世初頭にかけ、武器製造や城の普請、城下町建設など、大量の鉄を必要とする時代性のなかで発展した。その後平穏な江戸時代になっても、鉄の需要は拡大する。17世紀の新田開発による農地の飛躍的な拡大が鍬など農具の需要促進に結びつく。

ただし，仙台藩の製鉄は炉の作業を管理する長でさえ農業と兼業であり，木炭の不足なども加わり全体的に生産規模が小さく，領内の需要にとどまった。むしろ，盛岡藩や八戸藩の方が弘前や秋田などの各藩に鉄を移出するほどの発展を遂げる。仙台藩と異なる点は，地域の豪農・豪商の資本投下があったことだ。仙台藩同様個人の請負経営だったが，比較的大規模な生産と通年操業が可能となった。盛岡藩では岩泉の中村屋が18世紀後半ころから経営に参画し，八戸藩では19世紀はじめころ飛騨（現岐阜県北部）の浜屋茂八郎が経営に取り組み，それぞれ大発展を遂げる。盛岡・八戸両藩の鉄山で生産された銑鉄と練鉄は，弘前藩や秋田藩をはじめ，広く蝦夷地函館や仙台の銭貨の鋳造・発行所を行う石巻銭座，さらには江戸にまで移出された。

　製鉄規模の拡大には，多くの鉄が生産できる近世の製鉄技術の革新による。それは，より少人数で操作可能な天秤フイゴの使用と，本格的な地下構造物の上に築かれた炉により，天候に左右されず通年操業が可能な永代たたらの出現である。また，中国地方の技術が単に移入されただけではなかった。炉の地下構造物を簡略化し，天秤フイゴを大伝馬と呼ばれる吹差フイゴに変更するなど，当時の資本力，環境条件に合わせた工夫が試みられた。

### （3）岩手からはじまった西洋式の製鉄

　嘉永6（1853）年，アメリカから黒船が浦賀に来航する。それ以来，幕府や各藩は海岸防備が急務となり，弾丸を発射しても大砲の砲筒が破裂されない精度の高い鉄が必要となった。

　安政3（1856）年，水戸藩に招かれて那珂湊で反射炉を築造した大島高任と商人の貫洞瀬左衛門は，盛岡藩に願い出て，磁鉄鉱産地である釜石の大橋で高炉築造に取りかかる。大島が技術を担当し，経営の責任者である貫洞が資金提供して事業が開始された。だがそれだけでは資金が足りず，久慈の製鉄業者中野作右衛門や大槌の小川惣右衛門の資金協力を仰いだ。安政4（1857）年には初出銑に成功し，安政6（1859）年から高炉本来の安定操業が開始した。この大島高任の高炉が日本で最初の西洋式製鉄だった。

　盛岡藩もこの成功を見て重い腰をあげ，安政6年に藩営の鉄山とした。慶

応3（1867）年までには，釜石鉄山の周辺に10座の高炉が操業し，日本の近代製鉄が岩手の地から始動した。

### （4）官営釜石製鉄所の成立と失敗

工部省は，明治5年に鉱山技師長G・H・ゴッドフレー一行が釜石山中を訪れ調査した結果である「閉伊鉱山ハ有益」との報告を受け，明治7年に釜石を官業の地と決定する。工部省鉱山助となっていた大島高任は御雇技師ルイス・ビャンヒーとともに現地調査に訪れる。この調査で2人の考えが異なった。大島は，穏やかな気候の海に南面する大只越(おおただこえ)に当時の技術水準に合わせた小規模高炉五基の建設を主張。一方ビャンヒーは甲子川河口の鈴子に大規模な高炉2基を持つ欧米式の近代製鉄所の建設を主張した。工部省は，ビャンヒー案を採用し，大島は秋田の小坂鉱山に転勤させられた。

明治8（1875）年，製鉄所の建設に取りかかり，明治13（1880）年には高炉1基による第一次操業がスタートする。はじめは好成績をおさめたが，高い生産力の製鉄技術を受け入れるには未熟な面を露呈してしまい，高炉の火は消えた。政府は明治16（1883）年，正式に廃山を決定し，官営製鉄所は失敗に終わる。

### （5）釜石鉱山田中製鉄所の創立

釜石鉄山を近代的製鉄所として再び甦らせた人物は田中長兵衛である。薩摩藩御用商人から，陸海軍へ糧秣供給と鉄材の調達に当たる御用商人となっていた田中は，明治16（1883）年に明治政府から釜石製鉄所の諸設備払い下げの話をもちかけられ，製鉄所の再興に乗り出す。

田中は，ビャンヒーの大規模な25トン高炉は使わず，明治17年にまず月産4〜5トン規模の小型高炉2基を新設した。木炭を燃料とし，水車を動力とする木製フイゴによる操業は，幕末の大島高任が試みた水準からの再出発だった。明治19（1886）年10月16日，操業49回目で出銑にやっと成功，この日が釜石製鉄所の創業記念日となる。翌20年には，旧官営釜石鉄山の地所・設備など全体の払い下げを出願し，釜石鉱山田中製鉄所を創立させた。

田中製鉄所は，明治23年から大阪砲兵工廠の大量受注をするとともに，上水道事業に取り組む諸都市の水道用鉄管材料の引き合いが顕著になる。それに応ずる製鉄所の設備投資を試み，明治27（1894）年には従業員数791人の大工場に発展する。興味深いことは，従業員の80％が地元出身者であったことだ。ラグビーの新日鉄釜石の活躍が，全国的な支持を受けた根底には，それ以前の伝統が下支えとなったものであろう。

## 8　鉄道の敷設

### （1）北上川舟運から鉄道へ

近代東北の物流は，藩の崩壊後一時ストップしていた北上川の舟運の再開からはじまる。その後，和船が行き来する北上川の風景に，洋式の川蒸気船が姿を現す。明治16（1883）年，盛岡の商人たちが廻漕の会社・岩手組を組織し，これを母体に明治18年には北上廻漕株式会社が設立され，石川島造船所から買い入れた42馬力の川蒸気船「岩手丸」が就航する。その後3隻の船が加わり北上川を行き来した。盛岡の新山河岸の繁栄ぶりは宮古港をしのぐほどの勢いだった。だが河川舟運の繁栄は長続きせず，間もなく北上川に沿うように敷設された鉄道に物流が移行する。

図1-1-4　鉄道の敷設年代

明治新政府は東北・北海道の開発推進のために，早い時期に東京と青森を結ぶ鉄道敷設を開始した（図1-1-4）。両側を高い山並みが連なる東北方面の鉄道敷設は，建設資材の陸揚げなどができる港の存在が重要視され，仙台を越えて現在の塩釜線塩釜埠頭駅にあたる

塩竈駅までが明治20（1887）年先行的に開通された。青森までの東北本線全線開通は明治24（1891）年であった。

### （2）北上山地を越える鉄道

　東北の鉄道敷設は釜石鉄道が一番古く，新橋―横浜間，大阪―神戸間につぐ日本で3番目の鉄道として敷設された。明治9年に工事が始まり，釜石港と大橋および小川(こがわ)の間を結ぶ鉄道がイギリス人技師G・パーセルのもとで明治13（1880）年に完成した。だが，この鉄道は明治16年に官営製鉄所の閉鎖に伴い，開業から僅か3年で廃線となる。その後は，釜石製鉄所の再建を目指す田中長兵衛など経営者が変化しながらも，鉱山と製鉄所，港を結ぶ鉄道として維持された。

　一方，花巻からは，軌間762 mmの岩手軽便鉄道が敷設され，大正2（1913）年から翌年にかけて花巻‒仙人峠間の全線が通する。この東西から延伸してきた鉄道は，後に国有化されていくが，釜石線が仙人峠を越えて東西を結び，全線が開通する時期は戦後になってからである。

　北上山地を越える鉄道は，釜石線の他山田線と大船渡線がある。盛岡から陸中山田までの区間を走る山田線は，盛岡と三陸地方を結ぶ鉄道として重視され，東北本線開通後の明治25（1892）年に公布された鉄道敷設法にすでに規定され，測量調査が行われていた。だが，盛岡から宮古までは北上山地を越えなければならず，建設の具体化が進まずにいた。大正9（1920）年，地元岩手県出身の原敬が首相となり急転する。建設が決定され，大正12年から昭和10年にかけて敷設が進み，開業に至った。しかし，その後相次ぐ落盤事故などで幾度も不通になってきた路線である。

　同様に北上山地を越える大船渡線は，一ノ関から摺沢までの30.6kmが大正14（1925）年に新規開業し，それを皮切りに昭和4（1929）年には太平洋岸の気仙沼，昭和9年には陸前高田を経て大船渡まで延伸開業した。

　最後に石巻方面に目を向けたい。大正元（1912）年，仙北軽便鉄道が東北線の駅である小牛田から石巻間で開業する。大正14年には宮城電気鉄道が仙台～西塩釜間で開業した。この鉄道は大正11年に設立された私鉄会社で

ある。大正15年に本塩釜までが開通し，昭和3年には陸前小野〜石巻間を延伸開業し，石巻までの全線が開通する。宮城電気鉄道は，敗戦色が濃厚となった昭和19（1944）年に戦時特別措置により国有化され，「仙石線」の名が付けられた。石巻から女川に鉄道が延伸するのは昭和14年，この時女川駅が開業する。ただ，女川より先には延伸されなかった。

　東北は，奥羽山地，北上山地が南北に通り，その間を北上川，最上川が流れる。南北に平坦な連続性をつくりだす地理的環境がある。特に三陸の海岸沿いの鉄道敷設は遅く，全線の開通は高度成長期も過ぎようとする1970年代以降であった。鉄道敷設という視点からも，東京と東北の三陸地域への眼差しのギャップが国家形成の方針として明確化する。


●注

1）『日本三代実録』は，清和天皇（在位858〜876年），陽成天皇，光孝天皇の三代，天安2（858）年8月から仁和3（887）年8月までの30年間を扱い，編者は藤原時平，藤原道真（845〜903年），大蔵善行，三統理平が名を連ねている。
　　ただし『日本三代実録』には「城」の明記があるものの，具体的に「多賀城」の名が記載されているわけではない。しかしながら，多賀城市の市川橋遺跡からは濁流により破壊された道路の痕跡が発見されるなど，現在では多賀城であったと推定されている。
2）朝倉書店が普及版として出版した宇津徳治・嶋悦三・吉井敏尅・山科健一郎編『地震の事典』(2010年)，丸善が毎年出版する国立天文台編の『理科年表』などを参考にした。


●参考文献

岡本哲志「奥州相馬発，場所と文化」，『奥州相馬の文化学』NO.115, iichiko, 2012年春号
細井計責任編集（1995）『図説岩手県の歴史』河出書房新社
雄勝町（1966）『雄勝町史』雄勝町役場総務課
石巻市史編さん委員会編（1996）『石巻の歴史　第一巻通史編（上）』石巻市
陸前高田市史編集委員会編集（1995）『陸前高田市史　第3巻　沿革（上）』陸前高田市
岡本哲志「震災津波：地理的環境から，三陸の漁村集落のあり方を見つめ直す−小さな集落の復興・再生に向けて−」（長谷部俊治・舩橋晴俊編著（2012）『持続可能性の危機地震・津波・原発事故災害に向き合って』御茶の水書房）
岩手県教育委員会（1981）「岩手県文化財調査報告書〈第66集〉岩手県「歴史の道」調査報告小本街道」岩手県
渡辺信夫責任編集（1988）『図説　宮城県の歴史』河出書房新社
小林清治責任編集（1989）『図説　福島県の歴史』河出書房新社

# 第2章　釜石・大槌

石渡雄士

## 1　釜石・大槌の地理的環境と津波被災の状況

　本章では，岩手県釜石市と大槌町を対象とする。2つのまちは，東に太平洋を臨み，西に北上山地の最高峰である早池峰山（1,913.6m）の南東側に及んでいる。北上山地からは，大槌川・小鎚川・鵜住居川・甲子川などが山を削って渓谷をつくり，東流して海に入る。これら河川の間を北上

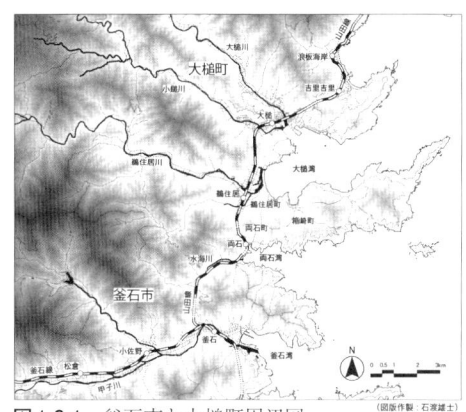

図1-2-1　釜石市と大槌町周辺図

山地の支脈が東に走って洋上に突き出し，船越湾・大槌湾・両石湾・釜石湾などのリアス海岸が形成された（図1-2-1）。
　この地域においても，古くから地震・津波の常習地帯であった。近代以降においても，数回におよび大きな被害を受けた歴史を持つ。
　釜石市では，明治と昭和に起こった2つの三陸沖地震において，ともに震源地が釜石東方沖と近く，三陸地方の中で最も大きな被害を受けた地域である。明治29（1896）年の地震では，釜石町で戸数1,105戸・人口6,529人のうち罹災戸数898戸・死亡人口4,041人，現存家屋207戸の被害を受けた。昭和8（1933）年の地震では，釜石町で戸数5,791戸・人口3万601人のうち罹災戸

数1,711戸・死亡人口37人であった。地震と津波以外にも第二次世界大戦では，昭和20 (1945) 年の2回にわたる米艦隊による艦砲射撃など，幾度となく大きな災害を受けた歴史を持つ。

大槌町は，明治29年の地震で戸数1,172戸，人口6,983人のうち罹災戸数525戸，死亡人口600人の被害を受けた。昭和8年の地震では，大槌町で戸数1,747戸，人口1万3,033人のうち罹災戸数670戸・死亡人口47人であった。

今回の東日本大震災においても，釜石市では，死者884人，行方不明者194人，家屋倒壊3,627戸の被害を受けた。津波の最大波は3月11日15時21分に9.3mが観測され，釜石港湾合同庁舎では津波の高さが痕跡などから9.3mと推定されるほどの被害を受けた。大槌町では，死者802人，行方不明者505人，家屋倒壊3,717戸の被害をもたらした。町役場そのものが津波の直撃を受け，町長を含む職員の約4分の1を失った。

昭和9年発行の「三陸津波に因る被害町村の復興計画報告書」(内務大臣官房都市計画課編，1934) では，海岸線の形状，海底の深さ，津波の被害状況から三陸沿岸の都市と集落について湾形の分類をしている。湾の形態をV字型，U字型，海岸線の凸凹が少ないものと3つに分け，その中で今回対象となる釜石市と大槌町はともに，乙類（大湾の内にある港湾）の「第五港湾U字形をなして大湾に開く場合」に位置づけられている。V字型と比べて，低地を広く確保できるU字型湾形の地域は，近代以降の港湾や工場の建設の好立地となり，大きな発展を遂げたまちが多くある。

本章では，釜石市と大槌町において，中心市街地であったエリアをそれぞれ，釜石（東前町，浜町，只越町，天神町，大只越，大町，大渡町のエリア），大槌（安渡1～3丁目，港町，新町，末広町，城山，大町，本町，上町，須賀町，栄町のエリア）と表記する。近代以降に「鉄のまち」として急激な発展を遂げた釜石，近世まで盛岡藩の大槌通代官所などが置かれ，政治交通の中心地となり，近代以降は釜石のベッドタウンとして発展をした大槌を対象に考察を行う。

2つのまちの都市形成を，近世までは河川や海，湧水などによる水環境と生活の場の関係に着目し，河川による流域エリアと湾による沿岸エリアの2

つに焦点を絞り考察を行う。近代以降は，近代化の象徴となる釜石製鉄所と鉄道の発達に焦点を当て，2つのまちの相互作用に注目し，三陸沿岸部地域の歴史によって築かれたネットワークのあり方を考えることを目的とする。

## 2 釜石の地域形成（近世まで）

### （1）甲子川流域と釜石湾

近代以降，急激に発展と拡大をした釜石と大槌は，近世まではどのような形成を経てきたのだろうか。2つのまちとも，河川の流域や海岸部から人々の暮らしが始まっていたと考えられる。その後，2つのまちは時代によって地域の中心地としての役割を果た

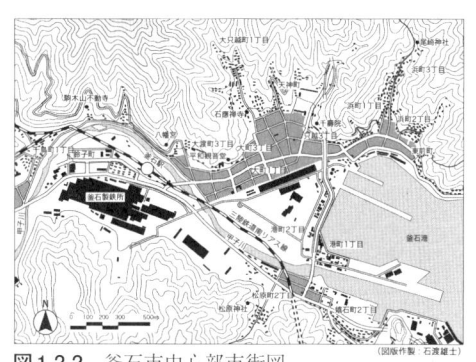

図1-2-2　釜石市中心部市街図

していたことが言える。まずは，釜石から河川や湾といった自然環境と都市形成について考えてみたい。

釜石には，大渡町と釜石製鉄所の間に，延長20.7kmの甲子川が流れる。北上山地中の岩倉山（1,059.1m），雌岳（1,291m），蟹が岳（967.3m），仙人峠などを水源とし，甲子地区のほぼ中央を東へ流れ，釜石湾に入る。支流の小川川が流入した辺りから下流は大渡川とも呼ばれている（図1-2-2）。

水源地帯はいわゆる釜石鉱山にあたり，安政4（1857）年大島高任が大橋に初めて洋式高炉を築いたのは，原材料とともに甲子川の水流を求めたからだ。河口には三角洲が形成され，明治以降に埋め立てが始まり，現在の釜石市街地を形成する。天明9（1789）年には釜石村惣百姓によって鮭漁が下流域で盛んに行われ，弘化3（1846）年には藩直営となる。明治に入っても漁獲高は伸び，明治14（1881）年には10万千尾，同15年には14万千尾の水揚げがあった。

釜石市の歴史を遡ると，市内に50数ヵ所の考古遺跡が発見されている。これらを時代別にみると，縄文期49カ所・弥生期1カ所，土師器・須恵器の出土地4カ所などがあり，そのほとんどが縄文期のものである。分布地は海岸近くに多く，釜石湾北部にヤカタ浜貝塚，泉などがあり，北方大槌湾に臨んで片岸上の沢，鵜住居，上前畑，箱崎，白浜，大沢。両石湾に仮宿，水海。釜石湾南部に千代ヶ浜，尾崎白浜，青出。唐丹湾に本郷大曾根，大石などの遺跡がある。

　一方，内陸部では甲子川流域に洞泉，松倉，野田，礼ヶ口，大天場山で遺跡が発掘された。礼ヶ口からは縄文中・後期の遺物のほかに弥生式土器・土師器などが発見され，大天場山では縄文中期の石槍，石剣，耳飾などのほか土師器，須恵器が伴出した。

### （2）釜石湾を臨む中世の尾崎神社と狐崎城

　釜石地方の古代，中世に関する記録はほとんど分かっていない。後世の書物，諸家の系譜，寺社の縁起などによって推測されるにすぎない。「東奥古伝」には，鎌倉時代の初め，源為朝の三男閉伊頼基が定住の地を求めて北上の途次，しばらく当地に足をとどめたという記述がある。また，「阿曾沼興廃記」には，文治5（1189）年の奥州合戦後，阿曾沼広綱が閉伊郡のうち遠野12郷を賜って入部したとあり，釜石・大槌地方が含まれるとするが，阿曾沼氏の所領が当初から沿岸部にまで及んでいたかどうかは明らかでない。

　大只越町1丁目の石応禅寺近辺からの出土といわれる徳治3（1308）年6月25日銘の供養碑からみて，鎌倉末期当地方に集落が形成されていたことは確かだといわれている。また，「参考諸家系図」阿曾沼氏の譜に，阿曾沼朝綱の次男大槌次郎が永享9（1437）年の大槌陣で「南部守行に従って功があり，賞として東閉伊郡の数郷を賜った」とあり，阿曾沼氏およびその一族の沿岸部進出はこの頃からと考える説もある。

　中世末期には大槌孫八郎の所領に属し，甲子川流域は阿曾沼氏の勢力下にあり，釜石湾に突き出た丘陵上に，阿曾沼氏の臣狐崎玄蕃が狐崎城（現釜石市浜町1丁目）を構えた。狐崎城は，鳥谷坂から浜町と天神町の間に挟まれ

第2章　釜石・大槌

写真1-2-1　釜石湾と市街地　　　　写真1-2-2　尾崎神社（浜町）

て南に延びた尾根上にある城で，基部は空堀と第2・第3の郭が段階状に設けられ，先端部は海際に達した。釜石の集落と湊を守るため，背後の山上に築かれた山城で，城主は狐崎玄蕃ともいわれるが，戦国末期には荒谷肥後がいた。

　釜石は狐崎城の立地を見るように，北から南に延びた尾根がいくつもあり，その間の谷間に東から東前町，浜町，天神町，大只越町，大渡町の集落が形成された（写真1-2-1）。浜町を形成する谷の奥には，尾崎神社が現在もある（写真1-2-2）。祭神は日本武尊で，浜町にあるのは里宮と呼ばれるもので，白浜に本宮，釜石湾の南に突き出した尾崎半島の先端にある青出に奥宮がある。神社の奥から現在も豊富な沢が流れており，その沢を利用して集落が形成されたものだと思われる。年代は不詳だが，鎌倉時代にはあったものと推測される。

　祭礼は例年3月神輿が白浜の本宮より青出に渡り，9月29日釜石浦拝殿に引船数十艘で渡る。三日三夜の祭礼ののち白浜の本宮へ帰還する。現在は10月の第3日曜の祭礼に釜石の里宮に渡御するが，湾内渡御には数十艘の漁船が供奉し，船上では虎舞が奉納され盛儀を極める。


（3）盛岡藩の釜石十分一役所と釜石湊の繁栄

　慶長6（1601）年，伊達勢による狐崎城の攻略といういわゆる釜石一揆事件が起こる。名目は葛西残党の討伐だが，内実は伊達氏の藩境侵略であろう。しかし徳川家康の計らいでまもなく決着すると，唐丹村を除く市域の村は，

67

盛岡藩領釜石地方は盛岡藩藩境の地として重要な位置を占める。太平洋岸における海上交通の進展に伴い，上・中・下の三閉伊沿岸の物資輸送が舟運主体になると，甲子川河口にあり釜石湾の北西奥に位置する釜石湊が繁栄する。古くは矢ノ(矢野)浦とも呼ばれ漁港と商港を兼ねた釜石湊は，「正保国絵図」に「湊口広さ10町，深所は2丈5尺，舟懸り自由，ただし東風の時は舟懸りが悪い」と記される。

「東海岸村々里数等覚」によると，300〜500石積の船が24, 5艘も収容できたという。元禄14 (1701) 年には，盛岡藩によって海産物が他領に出る際の十分一役取立てのための新役所が釜石湊を見下ろす浜町3丁目に設置され，のちの釜石十分一役所となる。

寛政8 (1796) に年十分一役取立てを請負った前川善兵衛は，請負金のほかに別途金20両を上納，宮古浦などからの直出帆を停止して閉伊中の廻船を釜石役所改とすることを願出て許された。以来，釜石湊には閉伊郡の浦々の廻船すべてが集められ，空前の賑いをみせるが，まもなく各地の船主・商主から反対が起こり廃止となった。文政5 (1822) 年から十分一役取立てを請負った佐野与治右衛門は釜石随一の富豪となり活躍をした。また，安永6 (1777) 年の「御用書控帳」によると，おもに三陸沿岸でとれた粕・鰯粕・干鰯を中心とする海産物の江戸為登が行われ，天明3 (1783) 年には鰯粕1石入710俵・干鰯小枚81万4千枚(3千35俵)を積出しているなど釜石湊の賑わいが窺える。

## 3 大槌の地域形成 (近世まで)

### (1) 大槌川，小鎚川と大槌湾

大槌には2つの河川，大槌川と小鎚川が流れている。金沢辺りでは金沢川とも呼ばれ，延長は12.5kmある。大槌川の水源は，下閉伊郡川井村の小国との境，土坂峠(標高758m)にあり，金沢，大槌地区を貫いて北西から南東に流れ大槌湾に入る。下流域では古くから鮭留漁業が行われた。

もうひとつの小鎚川は，上流を徳並川と呼び，延長11.8kmの河川である。遠野市境の樺坂峠(標高821m)を水源に，大槌川の南に並行してほぼ北西か

ら南東に流れ、金沢、小鎚地区を流れて大槌湾に入る。大槌川と同様に、シャケが遡上する川として有名である。また、北上山地は広大な石灰岩地帯により、豊かな湧水に恵まれた町でもある。町の大半が山地で、農耕地はわずかに2つの河川の流域に開かれ、集落の多くもその間に点在する。2つの川の河口付近の沖積地には市街地が形成された（図1-2-3）。

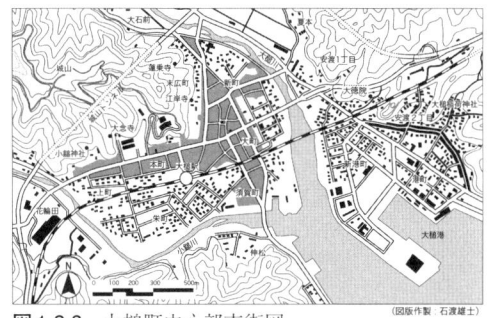

図1-2-3　大槌町中心部市街図

　先史時代の大槌周辺における人々の居住範囲を遺跡の発掘成果からみると、沿岸部と内陸部の2つに分けられる。沿岸部には縄文前・中期の沢山遺跡、縄文中期の赤浜遺跡、縄文中・後期の櫓沢遺跡などがある。崎山弁天遺跡は、吉里吉里港を抱く小半島の北側斜面にある。一部海食により崩壊されるほど海際に位置し、縄文時代早期終わりから後期にかけての遺跡で、一部に貝塚を含む。数度の表面調査で尖底土器をはじめ、前・中・後期にわたる多数の土器片、中・後期の土偶片・石器類が採集されていた。昭和46（1971）年に林道工事で貝塚が発見され、緊急発掘調査が行われた。

　内陸部では猿ヶ石川流域にできた河岸段丘と沖積地、北上山地の麓に遺跡が発掘されている。大槌川と小鎚川の周辺には、現在も湧水の存在が確認され、各流域に沿って人々の暮らしが営まれていたと考えられる。昭和59（1984）年に発見された宮守村達曾部の金取遺跡では、前期旧石器と思われる円形石斧、掻器などが発見された。同所では稲荷穴洞窟付近から縄文前期遺物が発見された。宮守村では下鱒沢高館遺跡、上鱒沢和山遺跡などから縄文土器に交土師器類が伴出され、下宮守砥森神社境内には古墳が発掘された。同古墳の背後にある砥森山（670.1m）には坂上田村麻呂の閉伊進攻、あるいは前九年の役で敗退した安倍一族にちなむ伝承が残る。

69

**写真1-2-3　小鎚神社**

### （2）上流から河口へと変遷する寺社

　中世大槌の様子を見る前に、小鎚神社の変遷から、流域ごとに地域が形成された経緯を見ていきたい。現在の小鎚神社は、城山がある山地の麓、上町にある（写真1-2-3）。祭神は日本武尊で、「御領分社堂」によると、天長6（829）年廻国途中の円仁が閉伊郡に建立した7社の明神の一社と伝えられている。

　神社で配布している由緒によると、伝承では小鎚川上流にある明神平（標高560m）が小鎚神社発祥の地とされている。大同年間（807頃）に明神平の芳形某（土地の開拓者）を祀ったのがこの神社の起源とされる。小鎚神社は寛永6（1629）年に現在地へ遷宮されるまで、徐々に小鎚川を下りながら移動を繰り返した経緯を持つ。最初の明神平から移転した場所は、種戸川が小鎚川と合流する地点から1kmほど先にある一の渡であり、その後、大槌町内の古明神と呼ばれる場所へ移転して現在地に留まる。一の渡と古明神へ移った時期は不明だが、小鎚川に沿って神社が移転したことは、流域によって人々の信仰と生活が営まれていたことが考えられる。

　小鎚神社のように、上流から下流へ数回移転をする寺社は他にもあり、釜石と大槌の間にある集落、鵜住居町の曹洞宗常楽寺も鵜住居川との関係において同じ経緯を持つ。

　鵜住居川は、橋野、栗林、鵜住居を経て片岸で大槌湾に入る。北上山地を水源とした延長23.1kmの二級河川である。上、中流を橋野川、下流を鵜住居川、あるいは片岸川ともよぶ。常楽寺が最初に置かれた場所は、鵜住居川（橋野川）中流にある栗林町で、寛永3（1626）年に盛岡報恩寺の慶室恕悦が一寺を開いて普嶽山と号したのが始まりという。そして、元禄4（1691）年円城廓雄のときに、大沢川が鵜住居川に合流した少し先の鵜住居村太田に移した。享保4（1719）年に霊仲祖明が現在地に移して、山号を清涼山と改めた。

享保の移転に際し栗林村宛に両石村，箱崎村・鵜住居村・片岸村の肝入・老名連印で，常楽寺は土地が悪いため鵜住居村に移転するが，普請人足金銭にいたるまで下通四ヵ村の檀家中で負担する旨の一札を出しており，海辺4ヵ村檀家中の強い要望だったことが知られる。このことから，常楽寺は鵜住居川流域と沿岸の2つの地域と結びつきがあったと考えられる。

### (3) 2つの川に挟まれた大槌城

沿岸部では，中世に入ると大槌氏が登場する。大槌，吉里吉里，金沢（現大槌町），鵜住居，箱崎などを領したといわれる。大槌氏は，この地域を流れる大槌川と小鎚川の下流に挟まれた城山とよばれる尾根上に城を建設した（写真1-2-4）。南北に流れる大槌川と小鎚川は，水濠の役目を果した。永享年間（1429～41年）の南部守行による大槌城攻略では，城中の兵も小鎚川を関所とし矢先をそろえて防戦したため，守行も攻めあぐねたという。

写真 1-2-4　大槌城跡から大槌川，大槌湾を臨む

城主の大槌氏は遠野の阿曾沼氏の一族といわれている。大槌氏は天正19（1591）年の九戸氏の乱には南部信直に味方して出陣し，以来南部氏に臣従する。慶長2（1597）年の盛岡城築城には五奉行に従う五人衆の一人として加わり，同6年の岩崎合戦にも参陣するが，やがて法度物のことなどから南部氏の憎しみを買い謀殺されたという。「雑書」には正保5（1648）年8月7日条に大槌城諸道具改目録が掲げられており，同城の破却はそれからあまり遠くない時期と思われる。

### (4) 盛岡藩下による政治交通の中心地と大槌湊

大槌では江戸時代に入ってからもしばらくの間は，戦国末期的な状態が

続いた。慶長5 (1600) 年に，阿曾沼広長は最上地方へ出陣中に家臣の鱒沢氏，上野氏，平清水氏らによって城館を奪われ，気仙郡世田米（現住田町）に逃れた。その後幾度か復帰を図るが果せず，ついに滅亡する。翌6年には伊達政宗方の気仙勢によって釜石の狐崎城が落され，続いて鱒沢氏，平清水氏，大槌氏ら旧土豪も没落し，寛永4 (1627) 年に盛岡藩主南部利直による八戸南部氏の遠野への知行替によってようやく平穏を迎えることになる。

寛文～天和年間 (1661～84年) の盛岡藩三三通の実施にあたり，沿岸部の甲子川流域3ヵ村，鵜住居川流域6ヵ村および大槌川・小鎚川流域4ヵ村などは大槌通となり，大槌町に代官所が置かれた。代官所は大槌城があった城山を背に大槌川，小鎚川を挟んだ低地の氾濫平野にある。近世に入ると，この低地部分に大槌川と小鎚川を結んだ城山の麓に大槌街道が通され，大町，本町，上町が発展する。

上町には，街道に沿って代官所と御蔵が置かれた。平田村からは海沿いに北上する浜街道が通り，盛岡城下とは政治交通の中心地として大槌街道と遠野街道で結ばれた。また近くに好漁場をもち，吉里吉里湊（現第二種漁港）・大槌湊（現第三種漁港）を抱える海産物の集散地として大槌は繁栄した。

大槌川の右岸エリアが発展する一方で，左岸エリアに位置する大槌川の河口，浜街道にかかる安渡一帯には，盛岡藩の大槌湊がつくられた。「正保国絵図」に湊口広さ13町，深所2丈，舟懸り自由，ただし東風のときは舟懸りが悪く，山田湊（現下閉伊郡山田町）まで海上道程7里の間，岩続きの荒磯とある。

元和2 (1616) 年の「浜田彦兵衛宛南部利直請取状（盛岡浜田文書）」によると，大槌御蔵米のうち米42駄片馬・大豆12駄5升は江戸送り，14駄6斗8升9合（金11匁8分5厘）は波濡れなどによる損失分とあり，江戸時代初期にはすでに大槌湊から江戸台所米が輸送されていた。寛永21 (1644) 年には大槌浦より雁鴨干肴159俵荷組，正保3 (1646) 年には餅米肴舟2艘，同5年大豆156石余 (348俵) が江戸送りとされており，江戸との交易が盛んに行われていた様子がわかる。

だが，元禄14 (1701) 年閉伊沿岸に海辺大奉行が置かれ，釜石湊に十分一

役取立所が設置されると，交易の中心地は釜石湊に移り，大槌湊はもっぱら周辺浦浜の漁業基地としての道をたどることになる。

## 4　釜石の近代化──低地の開発と鉄道の建設

「鉄のまち」釜石市の鉄の歴史は近世から始まる。遠野市との市境に近い大橋で初めて鉄鉱石が発見されたのは享保12（1727）年であった。しかしこの鉄鉱石が活用され製鉄が企業化されるまでには，長い歳月を必要とした。大島高任が大槌通給人貫洞瀬左衛門，小川惣右衛門らの協力によって大橋に洋式高炉の建設を願出て許されたのは安政3（1856）年11月。翌4年に野田給人中野作右衛門の出資によって高炉建設が進められ，11月に完成し，12月1日に初めての出銑が行われた。

大橋高炉の成功から，釜石鉱山を中心に新しい洋式高炉の建設が進められた。安政5年に盛岡藩の直営事業として橋野村青ノ木に仮高炉1座が建設，万延元（1860）年には2座を加えて3座となった。慶応元（1865）年には甲子村砂子渡で貫洞瀬左衛門によって1座，栗林村には同3年砂子田源六によって銭座専用の高炉1座，計10座が慶応末年までに建設された。そして明治に入り，官営釜石製鉄所の建設へと発展する。

釜石の近代化は，それまで大きな開発が行われなかった甲子川の右岸河口の低地に釜石製鉄所，左岸河口に港湾が建設されることで大きく都市の構造を拡大することになる。また，釜石周辺の内陸部と沿岸部とは，鉄道の開通によりつながりを深めていく。

明治7（1874）年2月，工部省工部卿伊藤博文の「陸中国閉伊郡に熔鉱炉を設置」の発議に基づき，同年5月に工部省鉱山寮釜石支庁が置かれ，橋野，大橋，栗林，佐比内の鉱山が官営に移管する。そして翌8年1月に官営釜石製鉄所の建設に着手した。明治8年8月28日発行の英字新聞「ジャパン・ウィクリー・メール」は当時の美しい釜石の風景を述べた後で，「この港に近い谷はすでに人間でいっぱいになりつつある。樵夫の斧は建築用材の伐出しに忙しく，鉄道用の土堤は今はまだ人間の手の大きさにも及ばないが，や

がて鉱石を運ぶ貨車が轟き，鉱石の壁を平地に築きあげるであろう」と報じた。

製鉄所の建設候補地は2つあり，国の鉱山方係官大島高任の大只越（現只越町・大町・港町）案と，ドイツ人技師ルイス・ビャンヒーの鈴子案があった。大只越は，釜石の近世集落エリアと隣接し，一方の鈴子は，未開発地域であった甲子川右岸の低地にあたる。ビャンヒーの意見が採用され鈴子に建設が決まるのだが，近代以降の都市と工場の空間構造を考える点で，鈴子案の選択は工業と漁業が2極に分かれて拡大発展する都市の形成を歩むことになる。

「管轄地誌」によると，鉱山分局鎔鉄場地坪は7万434坪で工場施設は溶鉱炉から諸機械・赤煉瓦にいたるまですべてイギリスより購入した。当初のおもな設備は，製銑工場ではスコットランド型257高炉2基，熱風炉3基，送風機1基，汽缶3基。錬鉄工場では錬鉄炉12基，再熱炉7基，汽槌2基，圧延機5基，鍛鉄機1基などがあった。ほかに釜石湾奥の港に桟橋を設置し，工場と大橋鉱山，小川山製炭所および桟橋の間に鉄道を敷設した。これらの総工費は約250万円であった。明治13（1880）年9月高炉に火入れが行われた。

銑鉄の生産量は一日約7トンであったが，木炭消費量が1日1万貫にもなって燃料枯渇に陥り，操業わずか97日で精錬中止となる。その後木炭の大量準備とコークス製造などを行い，明治15年3月操業を再開するがこれも失敗し，同16年廃止と決定。官営釜石製鉄所は操業延べ日数293日で終わる。

田中長兵衛が明治17年に諸施設の払下げを受け，釜石鉱山田中製鉄所として事業が継続された。田中長兵衛は明治22（1889）年には錬鉄工場を開業し630トンを生産した。明治34（1901）年には鈴子・大橋・栗橋の7高炉で日産93トン，年3万3,500トンを生産した。内訳は骸炭銑1万8,500トン，木炭銑1万5,500トンで，職員154人と工員354人が働いていた。

大正13（1924）年になると三井鉱山株式会社へ経営権を譲渡し，釜石鉱山株式会社となる。昭和8（1933）年には日本製鉄株式会社法が公布され，翌9年に半官半民の日本製鉄株式会社が創立され，釜石鉱山もこれに参加した。

官営製鉄所の建設が始められると港湾整備も急速に進み，明治13（1880）

年には鉱石運搬用鉄道が大橋から鈴子工場を経て，釜石港に至った。海岸桟橋は長さ820フィート，幅23フィートあり，船舶は常に13フィートの喫水を保つことが可能になり，海陸運搬の要となった。明治41（1908）年には三陸汽船株式会社が設立され，同45年先行して三陸地方で運航していた東京湾汽船会社の権利も買収した。大正7（1918）年には南北2基の桟橋を増設し，港内8万余坪を浚渫して1万トン級の埠頭が完成した。昭和9年には釜石港が東北地方で最初の開港場となり，釜石税関支署が設置された。その後，昭和26（1951）年には重要港湾に指定され，隣接して設けられた釜石漁港は第三種漁港に指定された。

　内陸部の輸送のため鉄道の建設も進められた。工部省釜石鉄道は，鉱石および燃料木炭の輸送を目的に，明治7（1874）年5月，工部省鉱山寮釜石支庁が設置され，釜石鉱山の開発，釜石製鉄所の建設に伴い鉄道も建設された。この鉄道は，東部（新橋―横浜間），西部（大阪―神戸間）に次ぐわが国3番目の鉄道である。明治8年に鉄道寮のイギリス人技師G・パーセルを工事担当者として起工する。同年8月には運転を開始した。路線は釜石港―製鉄所―大橋採鉱所間の本線18km，小川山製炭所に至る支線4.9km，工場支線3.3kmである。イギリス製機関車3台が運転，40トンの鉱石を時速16kmで運んだ。明治15（1882）年3月に沿線住民の要望により一般旅客・荷物の輸送を始め，釜石・甲子・大橋・小川の4駅が設けられた。

　工部省釜石鉄道撤去のあと，田中製鉄所によって大橋鉱山―釜石製鉄所間に敷かれた鉄道が，俗に社線とよばれた釜石鉱山軽便鉄道である。明治26（1893）年になって馬車鉄道の実現をみる。この馬車鉄道は甲子の松倉を中継点として勾配の急な松倉―大橋間は馬で貨車を引上げ，鉱石を積むと制御手のブレーキ操作で松倉まで下り，松倉と釜石の鈴子間は馬で引かせるという方法がとられた。大橋―鈴子間の軽便鉄道は，大橋，大町，大畑，鈴子に停車場があり，大橋から鈴子まで約14.6kmを運行した。一般旅客および貨物の輸送は，大正4（1915）年に花巻―仙人峠間の岩手軽便鉄道が開通してからである。

　また近代以降も漁業は続けられ，その近代化は，明治末年の漁船の発動機

装備から始まる。漁船の動力化によって沖合漁業が急速に進み，とくに魚族の宝庫といわれる三陸漁場を眼前に漁業基地として発展する。「釜石町役場刊釜石案内」の大正14（1925）年度産業経済概況によると，鉱産高611万円，工産高55万円，漁獲高446万円，水産製造高242万円。移出高では，水産物488万円，鉱産物477万円，その他26万円。入港船は貨客船1,368隻・漁船5万6,352隻とあって，鉱業とともに漁業の占める比重の高かったことが知られる。

## 5　相互依存した港湾都市と後背地の地域ネットワークと「鉄のまち」の衰退

釜石市の経済は鉄と魚に依存してきたが，昭和25（1950）年に入り，過度経済力集中排除法によって日本製鉄は分割され，釜石製鉄所は北海道室蘭市輪西や兵庫県姫路市広畑などの製鉄所とともに富士製鉄株式会社釜石工場として再出発する。富士製鉄は昭和45（1970）年に八幡製鉄株式会社と合併して新日本製鉄株式会社となった。粗鋼・鋼材を生産していた釜石製鉄所は第2高炉が昭和60（1985）年，第1高炉も平成元（1989）年に休止した。製鉄所合理化の過程で，市内の人口は，最盛期の1960年前後には約9万人の人口であったが，平成22（2010）年には約4万人に減少した。主要産業であった製鉄業が衰退する中で，釜石市と製鉄所自身も熱心に企業誘致を行った。昭和48年以降，27社の企業誘致に成功し，そのうち14社が平成22年末に釜石で操業を行っていった。

大槌では，浜街道は三陸を縦貫する幹線道路の国道45号として昭和43（1968）年に改修工事が完了し，釜石のベッドタウンとして桜木町などが開発をされ，その結びつきを持ちながらも，山間部の農林，市街地の商業，沿岸の漁業を三つの基幹産業としながら発展をした。

以上みてきたように，釜石と大槌は流域と沿岸部から人々の生活がはじまり，その後地域の中心地の役割を相互に担いながら発展を遂げてきた。歴史

の中で積み重なりながら形成された地域間のあり方を今一度，見つめ捉え直すことが重要である。

●参考文献

山口弥一郎(1943)『津浪と村』，恆春閣書房
内務大臣官房都市計画課編(1934)『三陸津波に因る被害町村の復興計画報告書』
釜石市誌編纂委員会編(1960)『釜石市誌』
大槌町史編纂委員会編(1966)『大槌町史　上巻』
大槌町史編纂委員会編(1984)『大槌町史　下巻』
富士製鉄株式会社釜石製鉄所編(1955)『釜石製鉄所七十年史』
平凡社地方資料センター編集(1990)『日本歴史地名大系　岩手県の地名』，平凡社
岩手県(2011)『東日本大震災津波被害と岩手の取組』(2011年10月)
釜石市災害対策本部(2011)『平成23年(2011年)東日本大震災被害状況等について』(2011年11月)
岩手県大槌町(2011)『大槌町東日本大震災津波復興計画基本計画』(2011年12月)
中村尚史(2011)『「鉄のまち」釜石の盛衰』，建築雑誌
後藤達夫，伊勢国男(1965)『岩手県大槌町の地下水の水質』，岩手大学学芸学部研究年報，第25巻第3部，pp.5～40
中島直人「釜石中心地区の空間特性　釜石都市計画の歴史をひもといて」都市デザイン調査会編『釜石まちづくりビジョン2000』，岩手県釜石市，2000年

# 第3章 大槌町

吉野馨子・西山直輝

　本章では，前章で述べた釜石との歴史の関係との中で形成されてきた大槌町について，その生業の成り立ちと変容をみる。

　東西に延びた町の中心部を流れる大槌川には鮭が上がる。大槌が歴史的に培ってきた町の力を支えとし，江戸時代には前川家が新巻（荒巻）鮭で大きく栄えた。また，イルカ，アザラシ，ラッコなどの海獣類がすぐ近くまで生息し，独特な漁を発達させた。大槌町は日本有数の豊かな湧水をもつ町でもあり，それは豊かな森林に支えられたものであった。

## 1　漁業の展開

　大槌は，江戸時代より，水産業に関し先駆的な取り組みがあった。『大槌町史』より，みてみよう。

### （1）南部鼻曲がり鮭

　1603年，徳川家康により江戸に幕府が置かれて以来，江戸では人口爆発が起き，それに伴って市場が急速に拡大していく。江戸の市場性に着目したのが大槌城当主大槌孫八郎政貞であった。彼は大槌で取れるサケを江戸に送り出すことを考える。しかし当時の技術では海産物の長期保存ができず，自己消費に終わっており，サケをどうやって江戸まで出荷するかが課題であった。孫三郎はサケを塩漬けし，新巻鮭にして送る方法を編み出す。産卵時のサケは卵に栄養を取られるため身は脂肪分が少なく塩漬けに適していた。江

戸に出荷したところ次第に人気を得るようになり，南部鼻曲がり鮭として有名になったといわれている。江戸時代中期には塩鮭は貴重な賜物となり，土産物としても送られるようになるのだった。鼻曲がりという由来は，サケの鼻が，産卵が近づくにつれて鍵のように大きく曲がることからだといわれる。

（2）豪商　前川善兵衛

大槌には江戸時代，豪商として名を轟かせた前川善兵衛がいた。相模の前川村の出であり，小田原の北条家の家臣であったと伝えられている。当時の姓は清水であり，1590年豊臣秀吉が小田原城を攻め落とすと，その知らせを聞いた清水氏は船で奥州気仙浦に下る。そこで前川と名乗り漁業で財を成した後，現大槌町の吉里吉里に移り住んだことから始まるといわれている。安渡にも別邸を設け，吉里吉里湾と大槌湾の両方を根拠地とした。元禄3（1690）年頃より，江戸や常陸那珂湊と交易を行うようになり，新巻鮭・干タラ・カツオブシ・フノリなどの海産物のほかに檜や杉等の材木など，手広く扱っていた。寛保元（1741）年には数多くの功績により代々帯刀を許可されるようになる。多くの財を成していくにつれ，前川家は南部藩の財政支援にも関わるようになり，宝暦3（1753）年，四代目善兵衛のときには南部藩が幕府より下名された日光の修理費用5千両と米俵三万俵を負担したといわれている。しかし，この大きな支出を境に前川家は衰退の道を進むことになる。五代目善兵衛富能の代での宝暦の凶作や漁の不漁，さらに六代目善兵衛富長の代での，1千石以上の積荷を運ぶことができたと言われている廻船「明神丸」の銚子川での破船等の災難により前川家は衰微し，現在は，墓所を残すのみであるが，大槌に今も残る伝統芸能である虎舞の原型を交易によりもたらすなど，産業のみならず文化の面でも大きく地域に影響を与えた。

（3）鮪建網と田鎖丹蔵

享和2（1802）年，吉里吉里の田鎖丹蔵は，マグロ建網（定置網）を改良することに成功し，漁法に革新を与えた。建設置場所や網の使い方によってはサケ漁にも使っていたという。田鎖家は江戸時代の初めに吉里吉里に移住して

きたといわれる一族で，この建網改良は丹蔵の曾父の代から試行錯誤が続けられてきたものであった。この改良によって多くの漁獲をあげることができるようになり，漁場開拓に大いに貢献した。三戸郡八戸鮫浦や北郡田名部の漁場開拓をはじめとし，天保10（1839）年には北海道の茅部郡に招かれ，それが北海道での大謀網漁業の始まりといわれている。

### （4）浜と山の交易：八日町と四日町

八日町，四日町ともに大槌城の城下の街道，現岩手県道280号線大槌小鎚線に面している（図1-3-1）。八日町，四日町ともに城下町，地域経済の中心的な存在であった。市場には大槌に住む人々の生活必需品が流れ，

**図1-3-1　震災前の大槌の町と江戸時代の市**

浜のもの・山のものが朝から搬入され大いに活気に満ち溢れていたという。単に沿岸部のみでなく，農村部とのつながりを市を開くことでもたらし，大槌を大いに商業都市として発達させる役割を持っていた。

## 2　近代以降の生業と生活の変化

### （1）釜石との関係　製鉄所建設による生活の変化

まずは，『大槌町史』より，近代以降の大槌の変容を歴史的に確認しよう。大槌町の隣町，釜石市では安政4（1857）年高炉建設が成し遂げられるが，大槌に在住する小川惣右衛門もその銀主（出資者）として関わっており，大槌のかつての繁栄がつくりあげた富が，釜石の高炉建設にも一役買っていた。

釜石が栄華を迎える一方，大槌は次第に釜石の影に隠れていくようになる。釜石に多くの労働者が流れ込む。大槌からも労働力として製鉄所に働きに出ていった。とくに戦後，重厚長大産業の要として鉄鋼業が隆盛を迎えると，

昭和37（1962）年に富士製鉄株式会社釜石製鉄所が大槌町にある農地（現在の桜木町）に千戸もの従業員用の団地を開発する。戦前，1万3千人ほどだった人口が，戦後ピーク時には2万人を超えるようになった。

---

### コラム　製鉄所で働いて

　本章の筆者の一人である西山の祖父，越田正造さんは大槌で生まれ，富士製鉄株式会社釜石製鉄所の社員として働いていた。ここで，越田正造さんの生涯を書きとめることにより，釜石製鉄所と大槌町との結びつきをみてみたい。

　正造さんは昭和元年船大工の家に生まれた。早くに父を亡くし，小学校卒業後，正造さんも船大工として働き始めた。船大工の実入りは少なく，親兄弟ともに厳しい生活をしていた。正造さんは日本人離れした体格で当時にしては珍しく190㎝以上の身長があった。そこで，製鉄所の仕事をこなせるであろうとの家族の勧めもあり，昭和26年に工員募集のあった釜石の富士製鉄所に就職することとなった。富士製鉄の給与水準は船大工として働くよりも高く，漁師と違って安定していた。第一圧延課の工員として働き，製鉄所で得た給与を元手に正造さんは船を買い，従業員を雇い，船主となる。イカ釣りからはじめて，その後イルカの突棒もおこなった。一隻目は中古船を購入した。思いのほかイカ釣り船が軌道に乗り，漁獲と船の性能が見合わなくなってきたために二隻目を新造した。この新造船は惣川にある千葉造船所で作った。昭和50年ごろの話である。

　製鉄所勤務時代には，正造さんは工員として科学技術長官賞を受賞しており，今でも自宅の居間には賞状が飾られている。製鉄所を退職後は船の操業一本に専念した。その後，三隻目を作ったが，その船の経営はうまくいかず，入院を契機に廃業することとなった。無事に手術が成功し退院すると，全長2mを超す「日本丸」という帆船の模型を，約2年半かけてフルスクラッチで製作し，1992年の第二回JAPAN EXPO「三陸・海の博覧会」の船の模型展で展示したという。船大工の血が騒いだのかもしれない。その制作風景は，テレビや新聞の取材を受けた。

　正造さんは76歳で亡くなった。船大工をやめて鉄工所で働いたものの，船主として船に乗り，引退後は船の模型作りに専念した。生涯，海と漁が心から離れることはなかったのだろう。

## 3　漁業と暮らしの変化

　近代以降の大槌の漁業の変容について，『大槌町史』，『大槌漁業年表』より歴史的に確認するとともに，地域の人たちへの聞き取りより，具体的な，地域の人々の暮らしのありようと，その変容を浮かび上がらせたい。

### （1）漁船漁業の変遷

　大槌では突棒船によるオットセイやイルカ漁などの海獣文化，その他にもサンマやウニ・アワビ獲り，カツオ，イカ釣りなどの漁船漁業が行われてきた。昭和30年頃は，まだ養殖業の歴史が浅く規模も小さかったため，漁獲高は全体の全体漁獲高の3パーセントほどにすぎなかった。漁獲はイカ釣り，遠洋，養殖の順であった。戦後，漁業協同組合が大槌で昭和24（1949）年に設立された時は，大槌・大槌浦・吉里吉里・赤浜の4漁協に分かれていたが，大槌浦と大槌が昭和35（1960）年に合併する。昭和32（1957）年のオットセイ保護条約により，赤浜をはじめとする突棒漁船（後述）は密漁行為の一掃のためにイルカ漁を禁止させられ，鉄砲から銛での漁に切り替えたが採算が合わずに休業するものが後をたたなかった。他業種への転換を余儀なくされ，多くの突棒漁船がサケ漁や土工作業で生計を立てるようになった。チリ津波や台風による被害を受け，昭和46（1971）年に経営基盤の強化を目的としてすべての漁協が合併し，大槌町漁業共同組合となった。その後は漁獲の安定する養殖業への方針転換を進めていった。

### （2）近代漁法技術

　大槌では前述のように大槌孫三郎の新巻鮭，田鎖丹蔵のマグロ建網に代表されるような人々の創意工夫による漁業技術の革新が江戸時代に生まれた。そして近代以降も，その伝統を引き継ぐように様々な技術が生み出された。

#### 突棒の神様，小豆島栄作

　大槌町赤浜は日本一と謳われた突棒の本場であり，突棒の神様の名で呼ば

れた小豆島栄作をはじめとする腕利きの漁師達が活躍していた。対象となる獲物はイルカ，メカジキ，マカジキマグロ，サメであった。旧来の技法は一丈二尺～一丈五尺の丸棒に尖鋭な銛を装着して，獲物に狙いを定めて投鐘していた方法である。当時の船は速度が遅いため，獲物に近づき投鐘しようとするときには獲物が海中深く逃げてしまい，狙いが定めにくくなる欠点があった。捕鯨船に乗船したことのあった栄作は当初捕鯨用の銛の発射機を船に搭載することを考えたが，小型漁船には搭載不可であった。しかし発射機から着想を得て，猟銃を使うことを思いついたという。猟銃と銛の併用という栄作の開発によって捕獲能率が約3倍になった。昭和7（1932）年頃の話である。その後，高速化した船を導入。最盛期には20隻以上の突棒船が港に立ち並び，県内のみならず他県からも栄作の技法を学びに来るものがいたという。

### 尾形鶴右ェ門とイカ釣り器

三陸地方においてイカ釣りは明治17(1884)年に本格的に始まったとされる。1950年代になると，手動でドラムを回転させて釣り糸を巻き上げるイカ釣り機が開発される。その後，自動化の流れに進んでいくのだが，その先駆をなしたとされるのが大槌町安渡の尾形鶴右ェ門だった。昭和28（1953）年より自動巻き取り機の開発研究に取り組み，昭和41（1966）年に成功する。

---

### コラム1　7隻の船を乗り継いで：大槌の漁船漁業

漁船漁業は，大槌の漁家にとって主要な漁業であった。200海里，石油の高騰など，さまざまな艱難を超えながら，漁船漁業を家業として続けてきた木村サトエさん（88歳）のお話を聞いた。

サトエさんは漁師の家に生まれて，男7人女3人の10人兄弟のなかで育った。嫁いだ先も漁師の家で，サトエさんが嫁いでから現在に至るまで，中古船を2隻購入，新造船を5隻，計7隻造ったという。

サンマ漁を主としており，ほかにもカジキやサケ・マス，マグロも扱っていた。最盛期には10数人を雇ってサケ・マスを獲りに行ったこともある。大変浮き沈みの激しい仕事であり，漁獲が生活に直結する。燃料代等の出

費に漁獲が見合わないことで生活が逼迫するときもあったそうだ。
　サンマ漁のシーズンに入ると，北海道やロシア近くなどまで行き漁を行った。船には最新のソナーやレーダー等（購入当時）を積み込んでいた。外洋で漁をしている数か月の間，男衆は家を空けることになる。海の上から船に積んだ衛星電話で家族と連絡を取りあい無事を確認した。外洋に出るのは男の仕事で，サトエさんは湾内で藻類を採ったり，ホタテの養殖をしながら，無事の帰りを待っていた。夫が息子さんたちに船を譲ってからは，夫婦で小舟に乗って一緒にホタテの養殖をしたが，今から十年ほど前にホタテもやめた。
　船を継いだ息子の辰喜さん（65歳）は，幸い，震災津波の時に，船を失わずに済んだ。昔から，「地震がきたら船を沖に出す」という言い伝えが漁師の間にはあったと辰喜さんは言う。その言葉の通り，自ら所有する漁船を沖へ出し被災を免れることができた。船の名前は「早池峰丸」。辰喜さんの祖父が北上山地の早池峰山から名づけた。造船以来，家族で遠野にある早池峰神社にお参りに行っていたという。不思議な力に守られたのかなと思うそうである。船の被害は免れたのだが，かなりの額の漁具が倉庫ごと流された。失われた漁具を買い直すとなると数千万円かかる。借金を抱えながらの操業は苦しいため，結局「早池峰丸」は売り，漁船漁業は廃業してしまった。

---

## （3）養殖

　大槌は，昔より良質な漁場として天然物の海藻類やウニ・アワビが取れていた。江戸時代には乾物にして取引されていた。明治22（1889）年ころから，大槌川と小鎚川の交わる汽水域にあたる須崎海岸でノリの養殖がおこなわれるようになる。昭和10（1935）年ごろにはノリ養殖従事者が百余名を超えピークを迎えた。
　また，ノリの養殖棚にはコンブがつくため，後にすきコンブと呼ばれる大槌の名産の加工品となった。昭和25年ごろにその仕掛けに付着していたコンブを，ノリ同様に漉こうとしたことがすきコンブの始まりである[1]。コンブを漉く前に，細かく刻まなければならないのだが，そこで使われたのが，藁を刻む農具「やた切り」だった。農具の転用という柔軟な発想によりすき

コンブの製法が確立されるのである。実のところコンブを切る作業は非常に重労働だったので，なにか手立てはないかと愛知県の農機具にかけあったところ，動力付の切断機があるとの情報を得，その機械を導入し，改良を重ねて生産性を高めたという。昭和40（1965）年頃には製法技術を学びに宮古や普代村，八戸から多くの漁業関係者が作業場を見学しに訪れたという。

　一方，大正11（1922）年にはアワビの繁殖試験場が設置される。また，大正13年には石巻市の万石浦と同様に養殖カキ場の免許出願が許可され試験的に始まる。ワカメの試験養殖やウニ製造試験もこのころ始まった。いずれも，他の近隣の浜より先んじた取り組みであり，また好成績を出していた。

　大槌で本格的に養殖が始まったのは昭和に入ってからのことである。それまではスルメイカ・カツオ・サンマ等の漁船漁業が主であったが，昔から，一定の収入を得ることができる磯物のアワビやワカメ・コンブは，漁家の生活を支えるうえで重要な役割を果たしていた。養殖の技術が確立され，安定した生産が期待できるようになったので，漁協は養殖を軸として経営をしていく方針に切り替えていくようになる。

　また大槌湾のアワビ・ウニを絶やさないように保護をする事も兼ねて，戦後，岩手県にアワビやウニの種苗を扱う施設ができたのをきっかけにアワビ，ウニの種苗を県の栽培施設より購入し，昭和58（1983）年より大槌湾に放流するようになった。

---

### コラム2　山の暮らしと浜の暮らし

#### 山の暮らし

　越田キワさん（昭和8年生まれ）[2]は大槌の内陸部にある沢山（サワヤマ）という集落の，代々続く農家の家で生まれた。キワさんは，幼いころから家の農作業の手伝いをしていたという。米や稗，大麦，小麦，ダイコン，ニンジン，イモなどを栽培し，主食は，米や稗，麦に加えて，海布の子節（メノコブシ。昆布を炉で焚いて乾燥させ細かくしたもの）も混ぜ，嵩増ししたものであった。

　当時，農家の息子たちは手に職をつけ稼がなければならず，皆，大工や左官，製材所に弟子入りした。長男でさえも家を継ぐまでは外に働きに出

たという。そのため家の農作業を手伝うのは娘たちであった。馬や牛などを飼い，畑の土や藁を踏ませ，糞尿は肥料として利用した。

飲料水は井戸を5，6世帯で共同利用していた。キワさんの住んでいた集落は裏に山があるものの，水量は豊かではなかったらしい。大槌は水が豊かなところであるといわれているが，水量には地域差があったようだ。

塩についても，キワさんが幼かったころ（戦前）は，簡単に店頭で手に入るわけではなかったため，各家庭で海水を煮詰めて塩を作っていたそうだ。樽を持って海水を汲みに行き，持ち帰った海水を家の裏の窯で煮た。その窯は赤土を練ったもので作ったらしい。農家に限らず，どの家でも塩を作っていたという。戦後以降，塩が専売となり流通され始め，次第に家庭で塩を作らなくなっていった。

昭和30（1955）年，22歳の時に，当時釜石の製鉄所勤務であった越田正造さんと結婚する。越田家に嫁いでからは，港の水産加工場で働き，副収入を得た。また，春先になるとワカメ採りをしている漁師の仕事を手伝いに行っていたという。

### 浜の暮らし

一方，漁家の暮らしぶりはどうだっただろうか。漁家に生まれ，漁師町，安渡（アンド）の漁家に嫁いだ木村サトエさん（前出）に聞いてみた。

漁家では，漁は男の仕事で，男兄弟たちは実家の船の手伝いをしていた。サトエさんの婚家には囲炉裏（ズルと呼ばれていた）があり，畳が三間続く典型的な漁師住宅であった。安渡は農地が少なく，安渡の漁師は，野菜は購入するか貰い受けるかであった。木村家では小学校の上のあたりに畑を借り，大根やジャガイモなど，家で消費するぐらいの量は栽培していた。また，昭和25年ごろに，大槌町の市街地に住む人から山を買い，雑木を植えたそうである。家畜を飼っていた家庭は，サトエさんの記憶の中にはないという。

### 漁師と祭り

安渡の祭りでは，神輿を引くのは船主たちであった。お祭りは地域を一つにまとめ上げる大切な行事で，生活の一部であった。

九月には，二渡神社（大槌稲荷神社）で秋祭りがおこなわれる。この祭りは300年以上の歴史を持つもので，引船と称して御召船に神輿の渡御があり，大槌湾内の船が大漁旗等の装飾を施して参加し，大神楽・虎舞・鹿踊・手踊り等の囃子で廻る（写真1-3-1，1-3-2）。その後町内を一日かけて練り歩くのである。前日には宵宮といって各地区の郷土芸能と山車が神社

の坂を登ってきて，順次境内で奉納する。人不足から今では担ぎ手を一般からも募集しているが，昔は神輿を担げるのは船主だけだった。

**漁師と講**

大槌では稲荷講，八大龍神，金比羅講の三つの講が漁師の間であった。稲荷講は1月2日に，八大龍神は5月に二渡神社で毎年催された。どちらも海上安全・魚藻大漁を願う。金毘羅講は9月1日に行っていた。有志でお金を持ち寄り，積み立てる。3年に1回に高知の金比羅山までお参りに行っていたそうだ。今回の大震災が起きなければ，平成23（2011）年3月には金比羅参りに行っていたという。どれも昔より行われてきたもので，サトエさんが幼いころからもあったという。

写真1-3-1　神輿を担ぐ男たち　　写真1-3-2　湾内を回る船

**女性の組織**

安渡には二つの女性の組織があった。一つは漁協組合員の妻が参加している漁業婦人部で，昭和32（1957）年に設立された。主に家計簿の管理についての指導や講習会をやっていた。漁業収入は不安定であるため，家計簿の記入が重視されたのだ。皆で旅行に行くこともあった。もう一つは安渡婦人部であった。これは漁家か否かに関係なく安渡に住む成人女性が参加した。

## 4　復興に向けて

### （1）漁業への打撃の中で

東日本大震災によって大槌町の漁業は甚大な被害を受けた。被災前には

682隻の漁船があったが，99パーセントが被害を受け，被災を免れた漁船はたった10隻ほどに過ぎなかった。養殖棚は津波により滅失し，被災棚数はホタテが374台，わかめ400台にのぼった。大槌町によると，平成24（2012）年9月30日時点で，養殖棚の復旧台数はワカメ197台，ホタテ72台となっている。

そのような打撃の中でも，11月には共同採りにより，アワビの口開けをすることができた。このときは船は30隻しかなく大槌・赤浜・吉里吉里あわせて60人ほどしか漁に参加することができなかったが，例年通りおこなうことができた。全7回開口を予定していたが，天候不良の為アワビ採りができたのは，そのうち4回だけだった。大槌町でワカメ，コンブ，ホタテの養殖業を営んできた里舘仁志さん（62歳）は明るく言う。「4回しか漁に出られなくて総量こそ少なかったけれど，一回あたりの平均の水揚げはさほど変わらなかったよ。腕がいいからね」。笑顔がとても印象的だった。平成24（2012）年は無事にウニ漁も行われ，里舘さんは，養殖ホタテも水揚げすることができたという。

## （2）漁協の破綻

大槌漁協は平成24（2012）年1月13日，10億円を超える債務超過のために経営破綻した。東日本大震災後，被災地の漁協が破綻するのは初めてであった。しかし，震災前の平成19（2007）年12月には，隣接する山田町の山田湾漁業協同組合が養殖，定置網の不振などで27億円の負債を抱えてすでに破綻し，他地域でも高知県室戸漁協（37億円の欠損金）など4漁協・漁連が債務超過で破産している。漁協の経営不振は全国的に広がっており，処理できないまま繰り越した損失（欠損金）の総額が平成19年には454億円に膨らんでいた。当時，岩手県内でも11の要改善漁協が計66億円の欠損金を抱えていた[3]。

大槌漁協の破綻の原因としては，事業の中心であったサケの定置網漁からの売り上げが昭和56（1976）年には約52億円あったものが，近年は安価なサケ輸入の増加で競争が激化し，10億円台に低下していたことに加え，震災

で事務所や市場設備が被災したことによるとされる。さらに震災被害による損害は6億4329万円に上り，負債は総額15億円を超えるものになった。また，漁船漁業者を中心に漁家の個人的な債務も多く，危険，あるいは回収不能と分類された経営体が少なからずあり，その取りつけも焦げ付いていた。そのため，山田湾漁協の経緯を身近に見ていた当時の役員には破綻の危険性が感じられていた。しかし，一般の組合員には，そこまでの切迫感はなく，新しく理事に就任した組合員でも，漁協の破綻は寝耳に水であったという[4]。

　大槌漁協は，独自の出荷先は持たず，全てを県連に出荷しており，独自に付加価値をつけようとはしていなかった。震災前，独自の販路を開いていたのは，養殖ホタテをインターネットで販売している漁家が一人いる程度であった。個人への販売は，売上金の取り付けに手間がかかり，あまりうまみのない商いである，という見解が漁協内にはあった。また，「県連にはいろいろお世話になってきたのに，自分の利益のことだけを考えていいのか」という律義な漁家たちの思いもあった。しかし，資源量が限られる一方で，漁船を動かすための石油の値段が高騰する現在，安い値段で漁獲物を売りたたかなければならない既存の共販の販路は，安定的に引き取ってもらえるものの，利益は上がりにくい[5]。

　新漁協は，平成24（2012）年3月に，約160人の組合員で再スタートした（破たん前は700人）。さまざまな生産，加工，流通に関わる施設を失った厳しい状況下での再生であるが，同年9月，新漁協として漁業権を取得し，定置網を1ケ統再開した[6]。漁協が果たすべき役割は何か。漁家の暮らしの再建を目指す手探りの日々がこれからも続くだろう。

### （3）山仕事の復活の試み

　大槌町は，広い林野面積をもち，町の面積の8割を森林が占める。町は，平成24年9月，「大槌町公共建築物等木材利用促進方針」を施行した。住宅等の一般建築物における木材利用の促進，建築物以外の公共工事の資材，各種製品の原料やバイオマスエネルギーとしての木材の利用拡大を図ろうとする取り組みである[7]。漁港，漁協や水産関連施設が立ち並んでいた臨海部

が大きな被害を受けた同町で，8割を占める森林資源を活用することにより，新たな産業や雇用を生み出していこうとしている。

また，吉里吉里地区では，住民の自発的な取り組みとして，建設業などを営んでいる人たちが中心となって立ち上げたNPO法人「吉里吉里国」が，地域の森林資源を生かそうという取り組みを始めている。当初はがれきを薪に，現在は地域の森林の間伐材を薪にして販売する活動等をおこなっている。長いこと手つかずになっていた真っ暗な人工林に太陽の光を与えることにより，多様な植物・生物にとってより良い環境が創りだされ，豊かな山に戻っていくことが，海に養分を提供し，海を豊かにしていくための活動ともなる，と捉えられている[8]。

● 注

1) 『大槌の自然，水，人－未来へのメッセージ』より
2) 筆者の一人，西山の母方の祖母である。
3) この深刻な事態を受け，水産庁は平成19年3月に新しい「水産計画」を作り，平成20年度，特に多額の繰越欠損金を抱える経営不振漁協の再建支援を目的とした「漁協経営改革支援資金」を創設した。「繰越損失金を5千万円以上を有し，直近2ヶ年の当期剰余金の平均からその解消が10年以上を要し，JF経営指導全国委員会に指定された経営不振」である110の漁業協同組合を，徹底的なリストラ，場合によっては破綻処理を迫った。
（水産庁 online H18（2006）），（水産庁 online H20（2008）），（日BP online）
4) 同漁協前理事及び新漁協理事からの聞き取りによる。
5) 新漁協でのワカメやホタテの再建プランでは，全量を漁協に共同出荷することが計画されている（おおつち漁協 online 2012 [a,b,c]より）。
6) 三陸経済新聞 online 2012より。
7) 大槌町HPより。
8) 吉里吉里国HPより。

● 参考文献

大槌町史編纂委員会編（1966）『大槌町史上巻』大槌町。
大槌町史編纂委員会編（1984）『大槌町史下巻』大槌町。
大槌町漁業協同組合編（1980）『大槌漁業史年表』大槌町漁業協同組合。
秋道智彌編（2011）『大槌の自然，水，人－未来へのメッセージ』東北企画出版
おおつち漁業協同組合（2012）[a]「新おおつち漁協地域養殖復興プロジェクト計画書（大槌

湾地域ホタテ部会）」2013 年 1 月 8 日
（http://www.jf-net.ne.jp/fpo/gyoumu/hojyojigyo/08hukkou/hukkou_yoshoku/fukkou_keikaku/fukkoukeikaku_shinotsuchi_otsuchiwan_hotate.pdf）

おおつち漁業協同組合（2012）[b]「新おおつち漁協地域養殖復興プロジェクト計画書（安渡地域ワカメ部会）」2013 年 1 月 8 日
（http://www.jf-net.ne.jp/fpo/gyoumu/hojyojigyo/08hukkou/hukkou_yoshoku/fukkou_keikaku/fukkou_shin-otsuchi_ando_wakamebukai.pdf）

おおつち漁業協同組合（2012）[c]「新おおつち漁協地域養殖復興プロジェクト計画書（吉里吉里・赤浜地域ワカメ部会）」2013 年 1 月 8 日
（http://www.jf-net.ne.jp/fpo/gyoumu/hojyojigyo/08hukkou/hukkou_yoshoku/fukkou_keikaku/fukkoukeikaku_shinotsuchi_kirikiri_wakame.pdf）

大槌町（2012）「大槌町公共建築物等木材利用促進方針」2013 年 1 月 8 日
（http://www.town.otsuchi.iwate.jp/docs/2012092100023/files/mokuzai.pdf）

三陸経済新聞（2012-8-30 版）「大槌町の『新おおつち漁協』，9 月から定置網再開へ」2013 年 1 月 8 日（http://sanriku.keizai.biz/headline/326/）

特定非営利活動法人吉里吉里国 HP（http://kirikirikoku.main.jp/）

水産庁（2006）「第 16 回水産政策審議会企画部会速記録」2013 年 1 月 8 日
（http://www.jfa.maff.go.jp/j/council/seisaku/kikaku/pdf/16_giji.pdf）

水産庁（2008）「合併促進法期限後の新たな漁協対策について」2013 年 1 月 8 日
（http://www.jfa.maff.go.jp/j/keiei/gyokyou/pdf/kaikaku2008.pdf）

日経ビジネス（2011-7-8 版）「漁協は『復興の核』たり得るか」2013 年 1 月 8 日
（http://business.nikkeibp.co.jp/article/topics/20110705/221316/?ST=print）

# 第4章　港町・石巻と舟運

岡 本 哲 志

## 1　官と民の北上川舟運航路の整備

　北上川は下流部で大きく二股に川筋が分かれ，一方を石巻に，もう一方が追波川として太平洋に注ぐ。この2つの流れは古来からあった。石巻に注ぐ北上川が為政者たちの舟運ルートであるとすれば，名振の永沼家に伝わる古文書が物語るように，追波川ルートはその河口に位置する民が主導する名振，船越を港町として繁栄させてきた。雄勝半島を拠点にする海民たちは，海や川から雄勝半島にある浜へ船を誘う，石峰山を目印にした。この2つの北上川の流れに，石巻と雄勝の十五浜を読み解く出発点がありそうだ。まず，石巻湾に注ぐ北上川とその河口港町・石巻に目を向けたい。

　北上川は，元和2(1616)年から寛永3(1626)年にかけ川村孫兵衛重吉(1575〜1648年)が石巻・鹿又間の開削工事を完成させた。石巻に至る北上川の舟運航路が整備され，廻船の利便性が極めて向上する。毛利輝元の家臣として仕えていた川村重吉は，慶長5(1600)年関ヶ原の戦いで毛利氏が大幅に減封された際に浪人となり，伊達領であった近江国蒲生郡滞在中，在京していた伊達政宗にその才能を見出された。慶長6年に伊達氏家臣となり，治水工事などの土木工事に非常に優れた才能を発揮する。川村重吉の北上川改修の功績により，仙台藩は北上川流域で取れる米を河川舟運により石巻に集め，太平洋を江戸に廻船する道筋が確立した。しかしこれ以前に石巻に至る河川舟運がなかったかといえばそうではない。奥州藤原氏の時代から石巻周辺の北上川河口には重要な湊があった。中世から近世にかけての湊の所在を確認し

ながら，港町・石巻の湊について少し掘り下げてみたい。

## 2　石巻をめぐる湊の変化

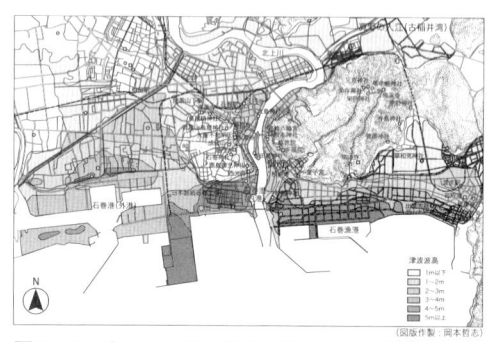

**図1-4-1**　真野の入江・御所入江と現在の石巻

### （1）真野の入江

真野村が書き出した安永2（1774）年の「安永風土記」には，大きな入江が次第に陸化して，萱が生い茂る広大な間野（真野）を出現させたとの記載がある。風土記が編纂された時代は，すでに現在とあまり変わらない水田地帯だった。ただ，かつて入江の時代を想起させる船渡・船着沢・船場といった地名が残る。現在訪れても，熊野神社が建つ小島，船渡屋敷の梶取島（楫取島）は水上に浮かぶ島の姿そのままを感じ取れ，かつて静かな入海であったことが想像できる。これを「真野の入江（古稲井湾）」と呼んだ（図1-4-1）。

12世紀前半の奥州藤原氏の時代，真野の入江の最奥部にある山際に，渥美（愛知県）から工人を招き設営させた三基の地下式窯があった。この窯では袈裟襷文の壺など高級な陶器が焼かれた。平泉館跡と推定される柳之御所遺跡の発掘現場からその陶器の断片が検出されており，真野の入江から北上川を遡り，奥州藤原氏の邸宅に運ばれたと考えられる。真野の入江の周辺には，奥州藤原氏とともに奥州惣奉行となった葛西氏に関連する伝承も残るという。

藤沼邦彦氏は，「石巻市水沼窯跡の再検討と平泉藤原氏」（『石巻の歴史』第六巻特別史編，石巻市，平成5年）において，平安後期から鎌倉前期，都市平泉の玄関口の役割を果たした牡鹿湊が真野の入江の辺りに位置し，それに付随し，奥州藤原氏に関連する在庁官人の居館や役所があり，多賀国府関係の施設も立地した可能性を指摘する。奥州藤原氏から，奥州惣奉行葛西氏の

鎌倉時代まで，真野の入江が石巻地方で重要な役割を果たしたことを明らかにしている。

### （2）真野の入江から御所入江へ

真野入江の港湾機能の大半が失われた鎌倉後期を過ぎると，北上川河口の「御所入江」がその代わりとして新たに脚光を浴びる。鎌倉後期から南北朝・室町期にかけては，御所入江が牡鹿湊の呼称を引き継ぐ。

現在の福島県白河市を拠点に活躍した奥州白河結城氏の直系に伝来する古文書「白河結城家文書」には，延元4（1339）年結城親朝に宛てた北畠親房（1293〜1354年）の御教書が30通あり，そのなかに「宮御船」（親王の乗船）が着岸する場所について，「宇多か，牡鹿か」と記された文面がある。宇多は，宇多郡（現福島県相馬市）松川浦にある湊で，牡鹿は御所入江である。南朝側の勢力範囲にある湊を視野に入れた選択であった。それだけではなく，小名浜（現いわき市）を発って船で北上すると，石巻辺りまで良港が極めて少なく，当時の太平洋沿岸航路においては，御所入江が重要な存在だった。

息子の北畠顕家が戦死した後，北畠親房は伊勢国において伊勢神宮外宮の神官・度会家行の協力を得て南朝勢力の拡大を図る。関東地方において南朝勢力を拡大するために，結城宗広（1266〜1339年）とともに，後醍醐天皇の皇子であった義良親王（後の後村上天皇）と宗良親王を奉じ，伊勢湾に面する大湊（現三重県伊勢市）から海路東国へ向かう。あいにく暴風となり，両親王とは離散してしまい単独で常陸国へ上陸する。常陸国を転々としながら，陸奥国白河の結城親朝はじめ関東各地の反幕勢力の結集を呼びかけた。この時に書かれた御教書が先の「白河結城家文書」として残る。

### （3）伊達政宗に引き継がれた戦国時代の舟運システム

関ヶ原の合戦を目前にした慶長5（1600）年，伊達政宗の命令で作成された伊達家文書「葛西大崎船止日記」には，北上川沿いにある湊の分布と川舟数が記されている。それには，石巻の15艘と，かつて御所入江として栄えた湊の15艘が同数登録され，他の湊に比べ群を抜く（図1-4-2）。この時点で，

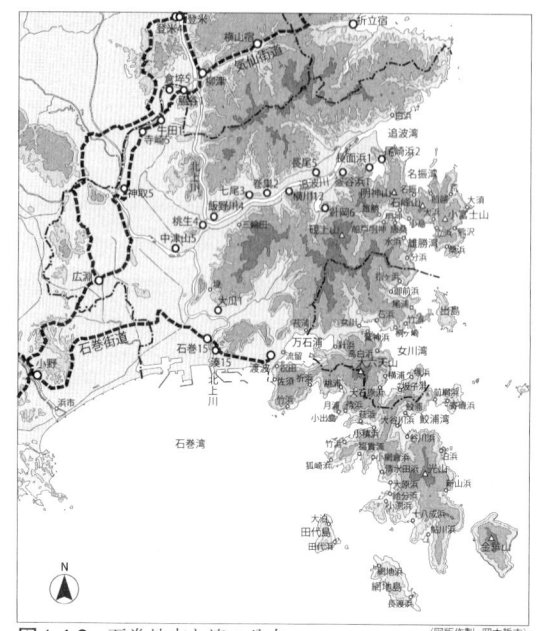

図 1-4-2　石巻地方と湊の分布　（図版作製：岡本哲志）

すでに御所入江と同規模の川舟を保有できる湊として石巻があった。

伊達政宗が北上川の川舟の常備を可能にした背景には、戦国期において葛西氏と大崎氏が北上川・追波川の河川舟運による交通体系を整備してきた前提があり、それなしに伊達政宗が舟運体系を再構築することは難しかった。それほど、充実した舟運のネットワークがすでに石巻地方に存在していた。

　葛西晴信から伊達政宗に統治体制が移行する天正から文禄・慶長（1573～1615年）期は、御所入江の牡鹿湊から石巻湊へ中心的な湊が移行する時期でもあった。天正17（1589）年には、葛西晴信の黒印状によって、平塚越前守に石巻内の谷地（低湿地）が与えられたことを示す「平塚文書」（石巻市湊町）が残る。このことで、すでに石巻湊の後背地である谷地開発が政策的に目論まれていたとわかる。平塚氏は、後醍醐天皇の皇子である護良親王に従って奥州に下った家臣団の一員であり、越前はその子孫にあたるとされる。狐崎浜に移住した平塚氏とも同族関係にあった可能性が高い。

（4）為政者が描きだした石巻湊

　伊達政宗の時代になり、本格的に石巻湊の整備が試みられる。門脇村の本山派修験である好日山別当慶学院が差し出した「風土記」（安永2年）には、阿部十郎兵衛が伊達政宗の命令により、石巻湊の肝入職を仰せつけられ、

「土佐が湊」の名称が与えられた経緯が紹介されている。

　その経緯は，文禄年中（1592～96年），伊達政宗の朝鮮渡海に際し，牡鹿郡の阿部十郎兵衛が御召船の船頭を務めたことにはじまる。48艘からなる十郎兵衛率いる政宗の船団は，磯崎浜（現松島町）から出帆し備前名護屋に到着した後，玄海の荒波を越えて，朝鮮の着岸地を目指した。しかしながら，48艘もの数の水軍は，個人的な裁量で集められる数ではない。それ以前の戦国期から，葛西氏の傘下に属して組織化された一群の海上勢力が結集したもので，その長に十郎兵衛がおり，伊達政宗の水軍として編成されたと考えられる。

　十郎兵衛は船団が無事に帰国すると阿部土佐を名乗り「永々肝入職」に就き，石巻湊が「土佐が湊」となる。だがその後，門脇に拝領した「二軒屋敷」の火災で御墨付が焼失し，大肝入の役職から離れる。牡鹿郡女川浜が書き出した「風土記」（安永2年）には，阿部土佐の息子の記載があり，息子左五衛門は，女川浜の大肝入，丹野市左衛門（大隅）の養子に迎えられる。丹野の祖先は葛西晴信の家中だったが，丹野大隅は慶長年中（1592～1615年）に政宗から「御直書」が下され大肝入となる。この阿部土佐と丹野大隅との関係は，すでに前代からの密接な交際があり，海上勢力としてのネットワークがあったからこそその関係と見て取れる。

　元和年間（1615～24年）には，伊達政宗による石巻湊の整備が行われ，米穀輸送が本格的に開始された。阿部土佐隠退の原因は，そのような廻船の激変に対処できなかったものと考えられる。

（5）近世港町・石巻の繁栄

　石巻が近世港町として成立する時期は，元和期から寛永期にかけてである。このころ，元和8（1622）年に建てられた仙台藩の米蔵ばかりでなく，寛永期には南部藩の米蔵も置かれた。北上川舟運で下された米は，石巻の米蔵に一旦納められ，千石船で江戸まで運ばれた。仙台藩を中心に廻米が盛んになるとともに，船の需要が増え，北上川の中州に造船所もつくられた。

　石巻は，石巻村，門脇村，湊村の3ヶ村から構成され，それぞれに町場が

**写真 1-4-1** 江戸時代に廻船で繁栄した港町・石巻の中心部

置かれた。石巻村は北上川に面して本町、中町ができ、中町の背後に掘割が掘り込まれ、それに沿って裏町が形成された。横町は中町の横を抜けて北上川に流れ出る浪立川に沿うように町がつくられた。いずれの町も前面が物揚場となるように配された（写真1-4-1）。門脇村は、石巻村の本町外れから北上川と日和山に挟まれた細長い平坦地を海に向かって町場が発展する。対岸の湊村は、御所入江の前面に町場が整備された。

石巻の港町としての発展は目を見張るものがあり、元禄12（1699）年の「萬書上」によると15,971人、明和3（1766）年の「牡鹿郡風土記」によると19,835人の人口規模に膨れ上がっていた。港町として栄えた新潟を上回り、熊本の城下町に迫る人口規模を誇った。

享保11（1726）年には、石巻に鋳銭座が置かれ、仙台藩の財政再建の中心的な場所ともなった。石巻の繁栄には、江戸時代を通じて、津波被害をあまり受けてこなかった地理的環境がある。それは、近年まで無堤防であり続けたことが示すところだ。ただその一方で、北上川が運び込む堆積土砂によって、大型船の入港が困難になる事態を引き起こす。幕末のころには、北上川河岸に発達した内港都市のあり方が問われるようになる。

## 3　異なる3つの港を持つ近代以降の石巻

### （1）石巻に通された運河

幻に終わった野蒜築港は、明治11（1878）年日本初の近代洋式築港工事の実施が決定され、華々しく着工された。だが、明治17（1884）年に50年ぶりの大きな台風による強風暴雨で壊滅的な打撃を受け、その翌年に野蒜の築港

計画は中止される。この巨大プロジェクトは，阿武隈川と北上川，この2つの川を運河で結び，その要にある野蒜に近代港湾を据えるものだったが，現在港湾としての姿をとどめる遺構はほとんどない。ただこの事業の一環として進められてきた北上運河の整備と石井閘門などの閘門建設は完成する。築港に必要な稲井石を運ぶ航路の役割を担ったからである。

北上運河の土手は，3.11の地震後の巨大津波をせき止めた。残念ながら幾つかの閘門は地震津波で致命的な打撃を受けたが，石井閘門は激震に堪えた。その石井閘門も，外見上は問題なく見えても，相当のダメージを受けており，充分な修築事業が必要とされる。野蒜築港が多くの問題点を指摘されながら頓挫したが，北上運河と石井閘門は手を加えれば，機能する環境にある。石巻再生の目玉の一つとなる可能性を秘める。

(2) 漁港に転身する石巻

石巻は江戸時代仙台藩の米の積出港として栄えてきた。ただ，土砂堆積の浚渫も抜本的な解決とはならず，明治期荻浜を外港とせざるを得なかった。その石巻が漁港として転身をする。石巻は，牡鹿半島や雄勝半島の漁村集落に比べ，北上川河岸の広大な平坦地が大規模な水産加工工場を立地させることが可能だった。しかも，三陸沖で発生する地震津波に対してほとんど影響を受けずにきた歴史があった。この度の地震津波まで，無堤防でこられたことが何よりも物語っている。

このような漁港としての繁栄の一方で，商業港としての役割を石巻は終えつつあった。北上川の舟運が鉄道に取って代わり，北上川が物流の動脈としての機能を果たさなくなった時，石巻は商港としての意味を失う。日本の近代は，政治的な側面と，狭い視野での経済メリットで舟運を撲滅させてしまった。だが，より長い目で見れば，今日でも舟運の基本的価値は輝きを失っていないように思う。

(3) 水から陸にシフトした都市基盤

石巻が港機能を活かし，第3のステップを踏む。それは，戦後の工業港と

しての展開である。港湾機能が充実するメリットを活かし，日本製紙を含め大企業の誘致に成功した。仙台からの鉄道や高速道路がサポートする。特に，自動車交通の社会に変貌する今日，高速道路のインターチェンジが石巻近くにできたことは，工業港をバックアップする点で意味を持つ出来事だったかもしれない。

しかしながら，その一方で中心市街地の商店街は衰退の一途をたどる。20年前に訪れた石巻は，繁栄を終えて店じまいをし，廃墟のように残る風景が目立った。10年後に訪れた時は，中心市街地の活気がさらに薄れていた。石巻の中心市街地は，今回の地震津波が無くても終わりだという話をよく耳にした。この度の震災津波でその命脈が少し伸びたという人もいる。幹線道路に張り付く多くの店を見るとそう感じなくもない。

それは陸に上がったカッパの顛末かもしれないが，今一度水の視点から石巻の港町であるメリットと重要性を考える必要があると感じる。同時に今，水の都としての石巻のメリットと価値観をしっかりと読み解く必要がある。東京や仙台の下に従属する意味はない。もしそれをすれば，三陸の漁村集落が死滅する以前に，石巻本来の姿が先に失っていると確信する。

近世の街道，近代の鉄道，現代の高速道路網を見ると，石巻は常に末端であり，地理的にも盲腸部分にあたる。ただ，水からの視点では今も重要な位置にいるとわかる。石巻が力強く関係性を求めるのは中央だけではないはずだ。牡鹿や雄勝の小さな漁村集落と水をキーワードにした強い関係性を再構築することで生き残れる。漁港，工業港だけでなく，商港であった価値の発見と活性が石巻地方全体の再生にとって今最も求められる視点のように思う。

● 参考文献

雄勝町（1966）『雄勝町史』雄勝町役場総務課，昭和41年
石巻市史編さん委員会編（1996）『石巻の歴史　第一巻通史編（上）』石巻市
平凡社・地方資料センター（1987）『宮城県の地名』平凡社
藤沼邦彦「石巻市水沼窯跡の再検討と平泉藤原氏」（石巻市史編さん委員会編（1993）『石巻の歴史　第六巻特別史編』石巻市）
石巻市史編さん委員会編（1998）『石巻の歴史　第三巻通史編（下2）』石巻市

〈第2部　三陸の漁村集落の地域システムと空間構成〉

はじめに——プリミティブな漁村集落を訪れて

岡 本 哲 志

## 1　3つの半島に立地する漁村集落に着目する

　三陸沿岸には，リアス式の湾と海に突き出た半島が交互に地形をつくりだし，その半島に多くの漁村集落が立地する。これらの漁村集落は，内陸側から見れば，行き止まりの最果ての地である。極めて不便な場所に立地することから，近世以前の街道も，近代以降の鉄道も入り込む余地がなかった。

　ただし，海との係わりで見ると，イメージは大きく変わる。漁業を生業とする場合，目の前に漁場があり，漁をするには最適な場所にある。船が有効に活用された時代，海上交通の最も便利な地理的環境にあり，都市への足は船で充分対応でき，内陸よりも遥かに広域のネットワークが可能だった。廻船業が物流の花形だった江戸時代，これら漁村集落は交易の船が集散する港町としても大いに栄えた。しかし，物流が明治後期以降の鉄道輸送や戦後のトラック輸送に移ると，廻船で活躍した港町は再び漁業を主体とする生活に戻り，巨大化する都市中心の経済性からは忘れ去られる。

　だからといって，三陸沖の良質な漁場が消えたわけではない。戦前から今日まで，質の高いカキやホタテなどの養殖業は漁村集落の人たちの生活を守ってきた。市場に出回る食材のなかで，三陸沖の魚介類は高いレベルの品質を維持し続ける。ただ気になる点は，収穫された魚介類，あるいは加工品が単に中央の市場に買い取られるだけで，地元への経済的な波及効果が少ないことだ。流通は大都市中心となり，交通体系もそれらをホローし続ける。だがかつては，集落内に1次産業だけでなく，2次産業も，3次産業も生みだ

103

す仕組みがあり，物や人の流れが多様だった。3.11の地震津波では，この内在する自力復興する能力の高さが全国的に認知されるようになる。

　むしろ，今回の地震津波では，大都市などへの集中型社会システムの非効率性が露呈した。局部的な（部分的な）高い効率性に集約することで，それ以外を切り捨ててきた現代社会の仕組みは，トータルな効率性ではなかったとわかる。実は切り捨てられてきた部分の下支えがあってはじめて可能となったと知る。だが，この下支えの部分が見捨てられ，今疲弊した状況にある。ここで対象とする3つの半島（牡鹿半島，雄勝半島，広田半島）に立地する漁村集落に着目するポイントがここにある。

## 2　漁村集落と地震津波の被災との関係

　3.11では，三陸沿岸部の漁村集落の多くが甚大な被害を受け，尊い命が奪われた。千年に一度といわれる巨大地震津波は，明治29年，昭和8年の経験値を遥かに越え，津波高さが過去の倍以上にもなった。その特異性の一つは，津波の勢いが弱まらずに内陸部奥深くまで遡上したことだ。港はどこも壊滅的な状況で，船舶もほとんどが流された。ただ居住の中心となる集落部分を一つ一つ見ていくと，被災状況は様々であった。

　大きくは4つに分けられる。1つは，古来から津波被害を受けてこなかった漁村集落が，この度も被災を免れたところ。このケースの漁村集落は，三陸沿岸全体を巡っても極めて少なく，雄勝半島の大須など数える程度である。近世以降良好な港とセットになった低地居住が経済性の面で遥かに有利であったからであろう。2つは，低地居住でありながら，過去の津波であまり被害を受けなかったが，この度甚大な被害を受けたところ。このケースは，比較的多い。特に，半島が津波を遮るように横たわり，自然の波止堤防となる小さな入江と前島がある良港の条件を備えていれば，過去の経験から，百年に一度といわれるマグニチュード8クラスの地震では問題がなかった。雄勝半島の西南側の雄勝湾に面する漁村集落，牡鹿半島の西南側の石巻湾に面した漁村集落は，近世・近代を通じてあまり被害を受けずにきた場所だった。

3つは，過去の津波で被災し，高地移転に踏み切り，被災を免れたところ。このケースの漁村集落は，広田半島の根岬などがあげられる。ただ，高地移転したといっても，根岬はもともと高地での居住が基本の集落である。利便性のために，低地に居住した一部の人たちが過去の津波で移転したに過ぎなかった。高地居住のベースがあるとともに，背後の地形とも大いに関係する。港との適当な距離に高台の適地のあることが条件となり，その数は限られる。
4つは，津波の常習地で，高地移転を過去に試みた経験があるが，思い切った高所への移転が行われず，あるいは移転したが再び低地居住をしてしまい，甚大な被害をこの度も再び受けてしまったところ。多くの場合はこの4つ目のケースである。漁業を生業とする以上，港と切り離された場所への高地移転は経済性からも，生活習慣からも大きな痛手となる。しかも，三陸沿岸部は海に丘陵が迫り出し，田畑の耕作があまり見込めない場所がほとんどである。数十年に一度の地震津波を天秤にかけると，低地へと戻る傾向は強い。荒の集落がそのような典型としていつも例にあげられる。

## 3　3つの半島の特色

　ここで対象とする3つの半島の共通点は，現在も鉄道と無縁な場所であるということだ。また長い歴史のなかで戦場になるなどの荒波をまともに受けず，その攻防の敗者を受け入れてきた場所性も共通する。さらにこれらの半島は，廻船と漁業という視点で実に魅力的な環境にある。これが今回の研究の核心となる。
　3つの半島は，詳しく見ていくと，半島の規模，奥州街道・北上川を軸とした内陸側との係わり方など異なる点も多い。牡鹿半島はそのなかで最も規模が大きく，半島の根元と，先端の部分，あるいは半島の表（西側）と裏（東側）では環境が異なり，文化も強い求心性に欠ける面がある。それに対し，雄勝半島は石峰山や小富士山が信仰の中心となり，幾つかの浜がこれらの山を中心にまとまりをつくる。加えて，雄勝法印神楽は一年を通じ，浜を巡回するように祭りが行われ，緩やかなネットワークを築いてきた。さらに半島

の規模が小さい広田半島では，黒崎神社が宗教的，文化的核として，4年に一度開催される祭りが行われ，それによって全体の求心性を高める試みがなされてきた。

　地形形状も3つの半島は異なる。牡鹿半島と雄勝半島は水田耕作があまりできないほど台地が海に迫り出し，高い山々が半島の背骨となる。一方広田半島は，比較的水田耕作を可能にする緩やかな地形形状である。しかしながら，地下水は3つの半島のなかで広田半島が最も豊富であり，水田の広がる風景を現在もよく目にする。その意味で，広田半島は最も自給自足が可能な場所といえ，個々の浜の独立性が極めて強い。

　この度着目する各漁村集落は，鉄道も通わない僻地，地震津波の常習地，高齢者率が高い限界集落の地などと，現代社会の問題が吹きだまった場所のようにいわれてきた。だがこれらの漁村集落こそ，長い歴史を生き抜いてきた持続可能な空間システムを維持する場所でもある。この価値を歴史的，文化的な視点から空間システムとしてしっかりと問い直す必要性が現代社会の問題としてあると考えている。本論では少しでも明らかにしたい論点である。

## 4　三陸沿岸の地形と漁村集落

### （1）リアス式湾の種類と漁村集落前面の湾形

　対象とする3つの半島の漁村集落が立地する地理的環境を理解する前提として，三陸沿岸の地形，湾形などを概観したい。平成24年に「震災津波：地理的環境から，三陸の漁村集落のあり方を見つめ直す－小さな集落の復興・再生に向けて－」[1]で分析した内容を今一度3つの半島に重ねてみた。

　まず，リアス式湾の種類と漁村集落前面の湾形に関して見よう。水深が深く，鋸状の凹凸があるリアス式湾は，三陸の地理的特徴を代弁する。そのような風景が，北は宮古から，南は牡鹿半島まで続く。リアス式湾は「V字型」と「U字型」に大別できる。「V字型」は大槌湾，「U字型」は鮫浦湾，名振湾，広田湾などがあげられる。また形状が同じでも，奥に細長い例として女川湾，雄勝湾がある。一方，凹凸が激しいリアス式とは別に，海岸線の凹凸の少な

い地形があり，小さな湾が幾つもの小さなくぼみをつくる。牡鹿半島と雄勝半島の東側がそれにあたる。これらが三陸の湾形となる。

次に直接漁村集落が立地する小さな湾の形状に目を向けたい。集落が立地する場所が直接外洋に面していても，大湾の内にあっても，大きな差異はなく，「湾形V字」，「湾形U字」，「凹凸がない水際線(海岸)」の3つに大別できる。「湾形V字」は牡鹿半島の荻浜と小積浜のある湾があげられる。「湾形U字」は牡鹿半島の桃浦がそれにあたる。また，小さな半島状になった自然の波止が両側から囲むようにして「湾形U字」の小さな湾をつくるケースもある。このケースは，雄勝半島の熊沢，羽坂，牡鹿半島の月浦，侍浜，狐崎浜，名振湾内の船越，鮫浦湾内の祝浜などがあげられる。

このように明確な「湾形V字」や「湾形U字」の湾をつくりださず，「凹凸がない水際線(海岸)」が2種類ある。一つは，海岸線からすぐに台地となるケース。外海に直接面していることが多く，雄勝半島の大須，牡鹿半島の泊浜があげられる。いま一つは，海岸線が低地となっているケースで，大湾の内側にあり，雄勝湾の立浜，大浜，石巻湾の大原浜がそれにあたる。この様な環境は，低地に平坦な土地を得やすく，比較的大きな集落が形成されてきた。

### (2) 集落が立地する地形形状

いま一つ考えておきたい視点は，集落が立地する陸側の地理的環境である。集落立地する地形形状の把握は，特に今回の震災津波で壊滅的な被害を受けた漁村集落を検証する上で重要となろう。また，それぞれに被災した内容が異なり，より細かな検証が求められる。

集落が立地する陸地部分の形状は，大きく3つの要素に分類できる。1つは，集落を取り巻く地形形状である。「V字型に谷戸状のケース」と「緩やかに湾曲して取り巻くケース」とに分けられる。「V字型に谷戸状のケース」の場合，周辺をV字型に斜面が囲む地形形状は，台風や波浪に対処しやすい環境となる。これは，集落立地の基本条件として重要なファクターであり，雄勝半島の船越，荒，桑浜，牡鹿半島の祝浜，竹浜が例としてあげられる。一方の「緩やかに湾曲して取り巻くケース」はほぼ大湾の内にだけ集落を成立

させる特色があり，その例として，雄勝半島の名振浜，大浜，立浜，牡鹿半島の大原浜などがある。

2つは，集落を海から背後の山に向かって断面を切った時，土地の高低差による地形形状の違いである。それは「断面形状が低地であるケース」と「海岸線からすぐに台地となるケース」とがある。海を相手にする港町，あるいは漁村集落の場合，水際へ近づくことは経済効果を高めるメリットと災害を受けやすいディメリットが同居する場であり，災害を受けながらも，経済的価値を優先した結果が低地居住となる。土木技術の発展とともに，港町や漁村集落は台地から低地への進行が進む。「断面形状が低地であるケース」は1つ目の「緩やかに湾曲して取り巻くケース」と「V字型に谷戸状のケース」に重なる。「海岸線からすぐに台地となるケース」は，雄勝半島が大須，熊沢，羽坂，牡鹿半島が泊浜，新山浜である。雄勝半島・牡鹿半島では，このケースが1つ目のケースの「V字型に谷戸状のケース」と重なる。

3つは，河川が流れ込んでいるかの有無である。河川が流れ込むケースは，河川が運ぶ土砂堆積で，比較的広い低地を生みだす。その結果，低地居住の土地が少ない三陸において，規模の大きい都市・漁村集落がつくりだされた。雄勝半島の付根にある雄勝，牡鹿半島の鮎川，大原浜があげられる。

以上見てきたケースを組み合わせると，計算上は9つに分類できる。だが，幾つかは実際に存在しない。断面形状が海岸線からすぐに台地となるケースは，小さな沢があったとしても，河川が流れ込むケースはない。また，「緩やかに湾曲して取り巻くケース」には「海岸線からすぐに台地となるケース」がないことから，具体的に想定できるパターンは全部で5つとなる（図2序-1）。これらのパターンに組み込まれる集落は，明治29年や昭和8年の地震津波で被

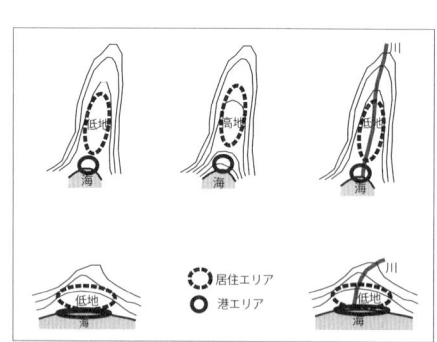

**図2序-1** 漁村集落が立地する地形形状の5つのパターン

害状況の差異を様々に見せた。だが，この度のマグニチュード9.0による巨大地震津波では，今まであまり津波被害を受けてこなかった，牡鹿半島の「表」（西側）と呼ばれる漁村集落に大きな被害があった。ただ，多くの漁村集落は標高10m以上のところへの浸水がなかったという点も考慮しておきたい。

　また，港や一部家屋の被害に止まった集落が皆無かといえばそうではない。断面形状が海側からすぐ台地になるケースの被害が極めて少なく，雄勝半島では熊沢，大須，牡鹿半島でいえば，新山浜，泊浜がそれにあたる。それらの集落は，高地移転をしたわけではなく，最初から高地という地理的条件を選び，千年に一度といわれる地震津波にも耐えられる環境として集落を形成してきた。しかも，それらは最も津波の波高が高いと考えられる直接外洋に面する集落ばかりである。

●注
1）長谷部俊治・舩橋晴俊編著（2012）『持続可能性の危機　地震・津波・原発事故災害に向き合って』御茶の水書房において分担執筆。

# 第1章　牡鹿半島の漁村集落

岡 本 哲 志

## 1　浜の有力者たち

### （1）牡鹿郡の中心地だった渡波

　万石浦は波穏やかな内海である。カキの養殖は万石浦が発祥の地とされ，かつて天然のカキもよく取れた。特に，牡鹿半島を背にした南岸の浜には貝塚が点在することから，古くから生活の場があったと考えられる。また，万石浦の沿岸には，漁業や製塩を基本とする遺跡が見受けられ，古くから海を介した活発な生業がいとなまれていた。

　葛西氏が支配する以前，石巻湾から万石浦に入るあたり，渡波(わたのは)の地先は干潟が広がっていた。戦国期の天文年中（1532～55年）以降，その干潟が開発され陸地化し，人びとが居住する場となった。

　この干拓に尽力した人物は，知多半島にある内海からの移住者，佐々木肥後と甚左衛門である。内海は廻船で知られる存在だが，内陸の干拓事業も古くから行われてきた。祝田浜に移り住んでいた2人は，葛西氏の命により，天文年中に対岸の干潟の開発に取りかかる。渡波の開発は順調に進められ，彼らの次世代になるころまでには集落の形態が整う。埋立地開発の成功により，肥後の息子は大庄屋に任命された。その時，屋敷の表間口が21間もある築地塀の設置と，御足軽を付けることが許された。川を挟んで隣接する流留(ながる)村との境堀には，私財を投じて肥後橋（後生橋）が架けられた。肥後と甚左衛門の子孫たちの代には曹洞宗法巡山宮殿寺が創建され，法名「法巡清光」の甚左衛門と，法名「宮殿月光」の肥後が手厚く葬られた。内海を故郷

111

とする彼らは，名字を内海とし，渡波における最大勢力を築き上げる。

その後渡波に新しく入ってきた者のなかに，葛西浪人である氏家隼人・左兵衛の兄弟がいた。彼らの父・氏家大隅は，葛西氏の御家中だったとの記録が残る。当時の渡波は未開拓地がまだ多くあり，渡波は居住が自由だったとみえ，主家の葛西氏の没落により郷里を離れた氏家兄弟を受け入れる余地を充分残していた。この氏家兄弟に限らず，家禄を失い流浪の身となった人たちは，渡波の地を安住の地としたことが少なくなかったと想像される。

### （2）牡鹿郡の大肝入

牡鹿郡の大肝入は，その以前大庄屋と呼ばれ，原則として代官の管轄区域ごとに1名が置かれた。牡鹿郡の場合，一般的には遠島（牡鹿半島地域），女川，石巻に各1名，計3人の大肝入が置かれたとの考えが頭をめぐる。だが，実際には牡鹿郡の大肝入は4人であった。陸方と浜方に区分され，浜方は狐崎組・十八成組・女川組に3分割され，1名ずつ大肝入が置かれた（図2-1-1）。陸方と浜方の区別は地域特性の違いによるもので，浜方の3分割は牡鹿半島地域の交通上の不便さがあったものと考えられる。ただし，江戸時代のはじめから4人体制だったわけではない。当初は大庄屋1人体制であり，しかも石巻ではなく渡波に置かれていた。

渡波のまちづくりに功績のあった佐々木肥後の二代目肥後は，その大庄屋に任命された。同じく三代目肥後も大庄屋に任命された。四代目の次郎兵衛の時，大庄屋という名称が廃止され，新たな職名の大肝入に任じられた。同時に，遠島と呼ばれた牡鹿半島地域でも，

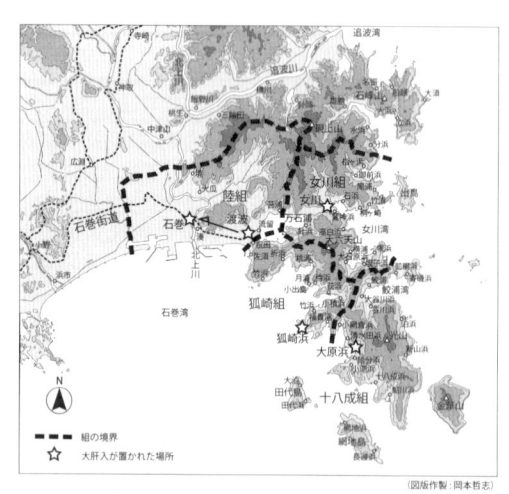

**図2-1-1** 牡鹿郡の大肝入が置かれた場所と組エリア

狐崎浜と大原浜に2人の大肝入が置かれた。狐崎浜の大肝入は狐崎組、大原浜の大肝入は十八成組をそれぞれ統轄し、女川を加えた浜方の3組体制が寛永15（1638）年ころから取られる。

また、陸方は佐々木肥後から数えて五代目の次郎兵衛が引き続き大肝入となったが、途中で解任され、新興の港町・石巻にその役が回る。渡波から石巻へ陸組大肝入が移管した背景には、北上川改修工事の完成とともに、伊達政宗に取り立てられ廻船で活躍する阿部十郎兵衛が石巻を港町として発展させたことが大きく影響している。北上川河口の石巻が仙台随一の港町の町並みを整え、その立地の重要性から代官所も置かれた。

### （3）流入者たちによる浜の支配

牡鹿半島沿岸に分布する浜には、阿部、あるいは安藤や佐藤の姓を名乗る人たちが多く、伝統的な勢力をかたちづくってきた。その一方で、海路を通じて、流入してきた人たちがいた。石巻市史編さん委員会が編集した『石巻の歴史　第一巻通史編（上）』に牡鹿半島に流入してきた人たちの姓とその地域が書かれている。高橋・千葉・新妻・三浦などの関東勢、内海・渥美などの東海勢、鈴木・色川・入鹿などの紀州勢がそれで、彼らを迎え入れることにより、古来の伝統を基本としながらも、新しい時代の風を柔軟に受け入れる牡鹿半島の浜の気風がつくりあげられてきた。このような新旧の海民の融合とは別に、葛西氏などの家臣たちが大肝入、肝入となっており、牡鹿半島における浜を支配する構図がより多様に描きだされた。

狐崎組・十八成組・女川組の各浜では、串貝一束・鰹節一束・塩鰹5本・生鱈10本・するめ30枚（または千蛸5枚）・ふのり3升・金海鼠（または煮海鼠5）の7品を伊達政宗に献上した記録が残る[1]。女川組大肝入の丹野大隅は、慶長年中（1596〜1615年）に伊達政宗から献上の職を仰せ付けられ、その後政宗に先の7品を献上する。丹野大隅の先代である丹野左衛門は葛西晴信の家中であった。丹野家は領主が変わるなかで地位を保ち続けた一人であり、一様に末端組織の主導者を刷新していないとわかる。

丹野左衛門の他にも、葛西家臣の海民となった事例が数多く残る。彼らか

らも葛西氏の時代に海産物の献上がなされた。狐崎浜の沼田藤八郎は，葛西氏家臣として特別な働きが認められ，葛西晴信の黒印状が天正17（1589）年に出された。網一重を設置する特権が給与され，加えて所領が約束され，流荘（岩井郡）沼田小屋館の住人となる[2]。網を使う特権は浜の生業である漁業を掌握することに他ならない。沼田藤八郎とほぼ同様の時代，登米郡石森城の住人だった石森掃部左衛門が，網の特権を得るとともに給分浜小淵の館主となる[3]。天正年中（1573～92年）には，牡鹿半島の浜で網建の特権が新たに設定され，葛西晴信による家臣団の編成，御恩と奉公のシステムの媒体として利用された。

それは葛西氏家臣との関係だけに使われたわけではなかった。葛西氏は，勢力を及ぼす以前から，神仏の権威を併せ持ちながら浜の漁業を掌握していた中沢家・遠藤家などの在地の有力者の力も利用した。これが後の伊達政宗統治の際にも引き継がれる。給分浜の有力者だった中沢左近丞と遠藤右近丞には，小寺網を使う特権が天正17（1589）年に葛西晴信によって与えられた。このように，浜在地の有力者が特権を得て長を継承するケースと，葛西氏家臣が浜の有力者として新たに流入するケースの二通りがあった。

葛西氏の滅亡後は，葛西氏と係わる以前から浜の有力者だった中沢左近丞と遠藤右近丞の一族は浜を離れず，有力者の地位を保ち続ける。長年この土地に勢力を保持してきた証しとして，右近丞が別当職を務める十一面観音像の安置された観音堂には，大永年中（1521～28年）に生存した先祖である遠藤土佐の名前が記されている。

だが葛西氏の家臣の経歴を持って浜の有力者となった人たちの地位はその後大きく分かれる。藤八郎の場合は，与えられた狐崎網の特権を維持できず，本領の流荘（岩井郡）に戻って，帰農の道を選択する。それに対して，掃部左衛門の場合は，逆に本領の登米郡を引き払い，遠島のうち大原浜石森城に拠点を移して地位を維持する。掃部左衛門は十八成組初代の大肝入として，伊達政宗の御仮屋の留守居役を務めた。掃部左衛門の息子たちの中には，その後仙台藩の給人に取り立てられた人物もあったようだ。

### （4）牡鹿郡狐崎組大肝入の平塚家

　石巻市史編さん委員会が編集した『石巻の歴史　第二巻通史編（下の1）』には，牡鹿郡の大肝入を列記した一覧表が載せられている。石巻を中心とした陸組大肝入は，松本家・阿部家・石井家・須田家・青山家・熊谷家・三井家の7家が交替で務めた。ただ，全期間の半分以上は阿部家がその職にあった。女川組は丹野家が初期から寛政年間（1789～1801年）まで務め，文政期（1818～30年）から木村家が登場する。十八成組では阿部家が最も長く大肝入の職につくが，石森家・遠藤家・後藤家・長沼家などの家がしばしば交替する。これに対し狐崎組は，文政期（1818～30年）と幕末の一時期を除き，狐崎浜の平塚家による世襲体制を維持した。牡鹿半島地域では大肝入層が戦国大名葛西氏の家臣の系譜を引く家柄が多く，大肝入平塚家も牡鹿半島の西海岸を支配する葛西氏と何らかのかたちで主従関係にあったとされる。

　平塚家は，文政元（1818）年から同8年までの間，狐崎組の大肝入を退き，佐須浜の肝入を務める須田与惣右衛門が在職する。須田家が大肝入になった時期は，平塚雄五郎が大肝入に就任する直前の一時期である。雄五郎は文政12年に25歳で就任するが，文政元年段階はまだ14歳。父親から大肝入を引き継ぐにはまだ若すぎた。そのことから，佐須浜の須田与惣右衛門がつなぎ役として就任したと考えられる。

　元・国立史料館（現国文学研究資料館史料館）が所蔵する「狐崎平塚家文書」には，寛政元（1789）年に仙台藩が領内各村と有力者に献金を命じた文面が残る。狐崎組では佐須浜の須田与惣右衛門が350切（87両2分），次ぐ田代浜の平右衛門などの100切（25両）を圧倒的に凌ぐ多額の上納金であった。この金額をみる限り，須田家は平塚家に次ぐ地位と財力を有しており，短期とはいえ，大肝入に取り立てられる条件が整っていた。このことで興味深い点は，世襲を強硬に堅持していないことだ。大肝入が，家柄・資金力とともに，人望や統率力を求められる役であったとわかる。

### （5）村境界の再編と浜の統合

　寛永期以前の牡鹿半島は，一つの入江に集住して漁村集落を形成する浜が，

それぞれに独立した共同体を構成してきた。寛永18（1641）年になると、寛永検地が行われ、変化する。村の境界を確定し、あるいは村の範囲を再編する村切は、寛永21年の段階で実施された。その結果、集落としての村の範囲が決定する。しかしながら、行政運営上の都合から、複数の漁村集落が一つの村として合併される事態も起きた。

　狐崎浜の北に位置する小祝浜は、元和7（1621）年段階で個別に手間銭を割り当てられる村落組織を持つ漁村集落の一つだった。だが、その後の寛永検地を経て、他の行政村との統合を余儀なくされた。村切によって、独立した村落としての姿を失うケースが発生した。小祝浜はその例で、狐崎浜に統合されて吸収されてしまい、村落組織としての独自性を失うことになる。このように、寛永15（1638）年の大肝入の導入や寛永18（1641）年の寛永検地の実施後に、牡鹿半島の漁村集落を行政的に再編する試みがなされた。


## 2　牡鹿半島で繁栄した港町

### （1）狐崎浜

　牡鹿半島西側の「表」と呼ばれるエリアには、狐崎組に属する浜が複数点在する。そのなかには、東廻り航路の拠点の一つとして近世に繁栄した月浦、石巻の外港として近代に繁栄した荻浜のような港町が存在した。ただいま一つ気になる場所に狐崎浜がある。

　狐崎浜は、良港な港町の条件の一つである前面に前島があるわけではなく、外海の太平洋に延びる小さな入江の奥に位置する（図2-1-2）。また、海抜10mを超える高台に集落が形成されてきたわけでもない。しかしながら、この度の津波で多くの集落が壊滅的な打撃を受けた風景を見てきた後に、ほとんど被災していない狐崎浜の市街状況を見て驚く（写真2-1-1）。必ずしも、港町の良港となる条件を備えてはいない狐崎浜だが、中世から近世にかけ、牡鹿半島のなかで重要な役割を担い続けてきた背景には、災害に遭わない自然環境に支えられてきたことが改めて感じ取れる。

　狐崎浜は、震災前27戸、109人が暮らす集落だった。先に見たように、江

第1章 牡鹿半島の漁村集落

戸時代を通じて平塚家が長く大肝入を務めてきた歴史を持つ。この狐崎浜には、「平塚」姓の家が過半数を占め、安定した土地柄を維持してきた。

この災害に遭わないいとなみの場は、さらに中世・近世の長い時間の経緯のなかで、歴史的な集落空間の骨格を維持し続けてきたことを意味する。港から「V字型に谷戸状」になった地形の真ん中、低い部分にかつて沢が海に流れ込み、その沢に沿って集落が形成されたと考えられる。沢沿いにつくられた道も港と集落を結んだ。有力者は港に比較的近い場所に立地し、その背後の高台に神社が置かれた。津波などの災害が発生した時避難場所となるとともに、天

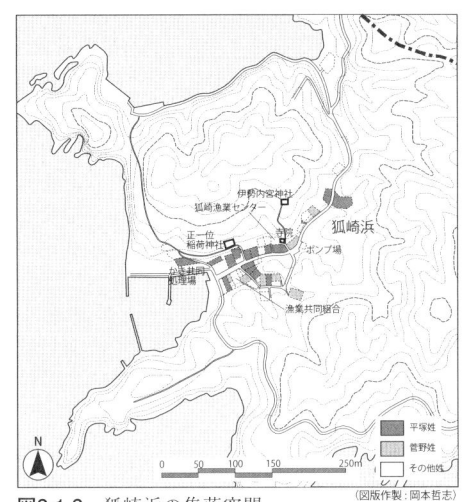

**図2-1-2** 狐崎浜の集落空間

**写真2-1-1** 震災後も町並みが残る狐崎浜

候や潮の様子を確認する日和山の役割も果たしていたと思われる。このように、プリミティブな漁村集落の空間形態が読み取れる。

### (2) 月浦

月浦の場合は、前面に小出島が前島となり、両側から突き出した岬が小さな入江をつくる良港である（図2-1-3）。だが、3月11日に発生した津波では2戸を残すのみでほとんどの建物が被害を受けた（写真2-1-2）。2011年の震災前の戸数は35戸、人口が90人だった。

117

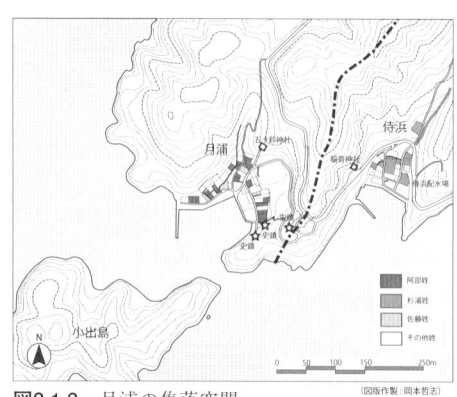

図2-1-3　月浦の集落空間

写真2-1-2　海側から見た月浦

　月浦には鎮守として五十鈴神社が山裾30～40mほどの斜面地に集落を見晴らす位置に祀られている。そこから少し下った左手に墓地があり、さらに下った場所に集落を形成する。月浦には、南蛮人が船に持ち込む水を汲んだとされる南蛮井戸や、造船に携わった外国人が住んだ南蛮小屋跡がある。ここは、単なる漁村集落ではなく、江戸時代を通じて大型船が寄港する港町として繁栄した場所だった。そのことは、月浦の海岸から慶長18（1613）年に、伊達政宗の命を受けた支倉常長がサン・ファン・バウチスタ号でローマを目指し、太平洋を航海するために出帆したことでもわかる。

　次は海側から見てみよう。集落全体の右側一帯は、南蛮井戸の他3つの井戸が集中し、水際に沿い短冊状に土地が割られ、江戸時代初期に形成された集落だと想像できる。集落東の外れにある石段を上がった空地には史跡がある。そこからの見晴らしの良さは、日和山だった可能性を暗示させる。一方海側から向かって左側の一帯は、海から山に向かい奥に道が伸びる。その道に沿って敷地が割られ、背後の高台に五十鈴神社がある。狐崎浜と同じ漁村集落の形態だ。このように月浦の集落空間を読み解くと、五十鈴神社の参道を境に港町と漁村の2つの空間形態が同居しているとわかる。

### (3) 荻浜

2011年1月時点，荻浜は戸数が57戸，人口が163人だった。3月11日の津波では，2戸を残して他すべての建物が被災した。荻浜は，湾の水深が深く，波風が穏やかな湾を持つ（写真2-1-3）。低地の中央に川が流れ込み，それによって運ばれた土砂の堆積地に集落が形成されてきた（図2-1-4）。

図2-1-4　荻浜の集落空間

大型船も碇泊可能な荻浜は，20戸にも満たない漁村集落から，明治14 (1881)年に近代港町に大変身を遂げる。この年，三菱汽船[4]が大阪横浜間の定期航路を函館まで延長することになり，中間寄港地を荻浜に定めたからだ。明治22年には，荻浜の戸数が170戸に増え，桃浦に置かれていた戸長役場も荻浜に移るほどの発展を見せた。

明治20年代までは，北上川流域で集められた米を中心とする物資が川船で石

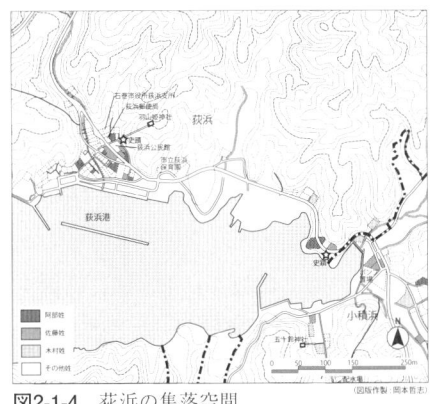

写真2-1-3　羽山姫神社参道から湾を望む

巻に運ばれ，ここから東京や大阪に送られていた。逆に東京方面からは，主に雑貨類が運ばれ，石巻港で積み替え，川船で北上川流域の内陸部に送られた。ただ，石巻港は順風満帆ではなかった。北上川が運び込む堆積土砂で，明治期には大型船の寄港に支障をきたしはじめる。野蒜築港が頓挫した後，荻浜港が石巻港の外港としてさらに着目され，東北経済の重要な役割を担うようになる。明治40年から明治44年にかけては，荻浜港で積みおろしされる荷物の量が激増し，塩釜港と匹敵するほどの繁栄を見せた。

ところが，東北本線を基幹とする内陸部の鉄道網の敷設とともに，大正3年から昭和8年までの20年がかりで試みられた塩釜港の大規模な築港が完成すると，荻浜港に立ち寄る大型船は激減した。荻浜はまたもとの漁村に戻っていく。だが，「世界の牡蠣王」と呼ばれた宮城新昌が牡蠣の養殖と種牡蠣の養殖の最適地として，大正14（1925）年に石巻市の万石浦を選び，試験筏を設置した後，昭和2（1927）年からは大規模な養殖を万石浦で開始する。昭和6年からは，牡鹿半島東海域に位置する荻浜湾でも牡蠣養殖が行われるようになった。昭和初期からはじまった牡蠣養殖業が盛んとなり，牡蠣養殖が荻浜の基幹産業となる。

　このように，荻浜の集落規模は，最初20戸にも満たなかった状況から，明治期に170戸を超え，再び昭和初期以降60戸を切る規模に減少する。集落規模を大きく変化させてきた荻浜は，先に見た狐浜や月浦に比べ，集落空間の基本形態が読みづらい。従って，荻浜に関しては，今後土地の履歴など，より掘り下げた調査・研究を要する。

## 3　石巻地方の漁村集落の居住空間

### (1) 屋敷構え（敷地と建物の関係）

　石巻地方における農漁村の宅地規模は大小様々であり，宅地内の母屋や付属屋の配置は敷地の規模に大きく左右される。『石巻の歴史　民俗・文化・第3巻』によると，様々な宅地規模があるが，石巻地方の家屋配置はおおむね「囲い式」，「並列式」，「直角式」の3つの形式に分類できるとしている。

　「囲い式」は，財力のある，かなり広い敷地を持つ豪農，地主，庄屋といった家屋配置である。公道から敷地内に入る前面には，左右に納屋や馬屋を設けた長屋門が配され，敷地の外周は一般的に塀や生垣が囲む。北西には季節風を避けるための屋敷林が植えられた。母屋は広く，大きな屋根は集落のシンボル的な風景をつくりだす。先の大肝入となった平塚家の屋敷（現石巻市大字狐崎浜字鹿立）はその一例である。狐崎浜はこの度の地震・津波でも奇跡的に大きな被害を受けず，長屋門も健在であった。このような「囲い式」

の屋敷は，各浜に一つ，あるいは二つあるかないかで，他の多くの屋敷地は自由な建物配置が難しい環境にある。

「直角式」の家屋配置の形式は，地形形状が緩やかで，比較的広い敷地が確保できる場合に見られる。この直角式の敷地は，母屋と直角に，母屋の左または右に付属建物が配置できる。直角配置は納屋，馬屋などが母屋から近くなり，距離を短縮するメリットがあり，作業能率も増す。日常的に使うことのない土蔵は一般に母屋から離れて設けられた。その例としては，田代島の大泊浜や田代浜仁斗田，牡鹿半島の小渕浜がある。

最後に，「並列式」の家屋配置を取り上げたい。三陸の特徴として，北上山地がせまるリアス式海岸の地域では傾斜地が多く，土砂を切り取って平坦にした土地に屋敷を構えることが一般的である。そのため，敷地の奥行きが狭く，建物を一列に配置する「並列式」が基本となる。その例としては，牡鹿半島の月浦，小竹浜，鮫ノ浦，寄磯浜，十八成浜，谷川浜があげられる。

石巻市月浦にある高橋家の屋敷は，海に面して明治初期に建てられた切妻瓦葺[5]の母屋で，母屋と並列に納屋が並ぶ。納屋は一階を店屋と物置，二階を生鰯(いわし)の仲買人のために設けた「イサカイ」と呼ばれる宿泊所としていた。便所は母屋の裏，風呂と納屋は母屋の前にある。屋敷神はお稲荷さんを祀り，母屋の裏に置かれた。敷地内の井戸は鰹製造用に利用する「使い水」として用い，飲料水は浜の東岸にある村井戸を利用し，汲み分けていた。敷地内の井戸は海水が混じり，飲料水として使えなかったのかもしれない。

### （2）土間居住形式からヒロマ型居住形式への変化

本書では，建物内がすべて土間で，一部に籾殻(もみがら)を敷き，その上に筵(むしろ)などを広げて寝起きする内部空間を「土間居住形式」と呼ぶことにする。17世紀前半の仙台藩領にはこの「土間居住形式」が多かった[6]。その数十年後，延宝5(1677)年に耕地と労力の適正割当を布告した「百姓共地形分御式目」では，「往還は別として在方の百姓家は板敷を堅く禁止する」とある。街道筋の民家はすでに板敷を許されていたが，仙台藩内の農漁村では土間から，まだ許されていなかった板敷きに変化しつつある状況が読み取れる。仙台藩の農漁

村でも，北上川の改修による農地拡大，あるいは海や川の廻船によるネットワーク化の充実により，人びとの暮らしが豊かになる。生活の向上が，同時に家屋の屋内空間を次第に土間から板敷の居住へと変化させた。

　農村や漁村の家屋の祖型は「土間(内庭)」と「炉」のある一間の内部空間，「土間居住形式」が基本だったが，その後生活の進展にともない部屋が分化する。東北地方では，宮城県の名取，宮城両郡で見られる「田字型居住形式」を除けば，「ヒロマ型居住形式」が一般的な家屋の内部空間のあり方として変化する。

### (3) 石巻地方の農漁村に見られる母屋の間取り構成

　宮城県教育委員会の『宮城の古民家』(1974年)には，石巻の民家として，5例の農家が報告されており，江戸中期と推定される蛇田佐々木家を最古の例にあげる。蛇田佐々木家の家屋内部は三間間取りの「ヒロマ型居住形式」の古い構造を残す(図2-1-5)。農家の主屋内の作業場は「ダイドコロ」と呼ばれ，土間と板敷の部分から構成されているが，「ダイドコロ」と「土間(作業部分)」の境には間仕切りがなく，三間間取りの「ヒロマ型居住形式」の未完成の構造である。

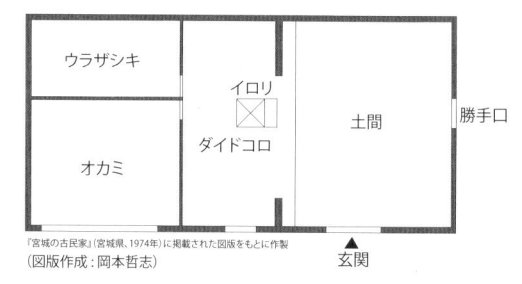

図2-1-5　佐々木家母屋の概略平面図

　東北地方は冬季の寒さが厳しく，多くの場合室内作業となるために西日本よりも広い作業スペースが必要になってくる。西日本では冬季の戸外作業も可能なため「ダイドコロ」での炊事などの作業は主屋に付随する下屋の程度の狭い空間で充分だった。また三陸でも，石巻地方は比較的暖かい気候なので土間は比較的狭い。そのため，石巻地方では曲屋と呼ばれるL字状の母屋がなく，真直ぐな「直屋」だけである。屋根には煙出しが設けられた。

### （4）三間間取りの「ヒロマ型居住形式」における母屋内部空間の構成変化

　先の蛇田佐々木家の平面構成を見ていくと，基本形は「土間」と「ダイドコロ」の作業空間と，「オカミ」「ウラザシキ」の居住空間からなる。作業空間が居住空間に比べかなり広く，その境界を後に建具によって仕切る。生活の中心となる「イロリ」は「ダイドコロ」の板敷部分に設置された。

　後になると，「ダイドコロ」は専属の居住空間として「オカミ」となり，「土間」の一部が板敷となる。「オカミ」と「ダイドコロ」の間を建具で間仕切られる。この変化で，新たな「ダイドコロ」には「イロリ」を持つ板敷部分が発生し，「イロリ」のある部屋が2つとなった。また，かつての「オカミ」は「ザシキ」に，「ウラザシキ」が「ナンド」に名称を変える。このようにして，三間間取りの「ヒロマ型居住形式」の内部空間が完成し，一般的に普及する。漁家の間取りや形態は，農家と比較して大きな違いはない。

### （5）母屋の内部空間の呼称と用途

　母屋の入口は「オオドグチ」と呼ばれ，外部空間との仕切りは，外側に板戸，内側に障子戸を立てた。「オオドグチ」を入ると「ニワ」と呼ばれる土間がある。土間の規模は母屋の大小によって異なるが，10坪以上の土間を持つ家も多かった。土間と続きの板敷は「ダイドコロ」と呼ばれ，子供たちの寝る部屋にあてられた。「ダイドコロ」は炉を中心とした部屋で，家族の団欒，食事，来客の接待，隣り近所の人びとと談笑する場所として使われた。脇の土間は麦つき，縄ないなどの作業場であった。また，土間の一隅に味噌置場を設け，大桶を並べ，天井には種籾俵や飯米の俵を吊した。

　「ダイドコロ」の炉は土間から板敷に切込むようにつくられており，「フンゴミロ」と呼ばれていた。「ダイドコロ」に続く座敷を「オカミ」と呼ぶ。「ダイドコロ」との間は，板戸で仕切られた。「オカミ」の隣にある奥の部屋を「ザシキ」（あるいは「デイ」とも呼ばれた）と呼び，「床前（床の間）」があり客を泊める時に使われた。「ザシキ」の裏が「ナンド」で，若夫婦，あるいは当主夫婦の寝室に利用された。

## ●注

1）石巻図書館蔵「後例留」に記載。
2）岩手県花泉町千葉文書に記載。
3）毛利伸氏所蔵文書に記載。
4）明治18年からは日本郵船株式会社になる。
5）屋根は，大正末に茅葺から瓦葺に変えている。
6）寛永惣検地の結果を記した『仙国御郡方式目』（寛永17年）に記されている。


## ●参考文献

石巻市史編さん委員会編（1996）『石巻の歴史　第一巻通史編（上）』石巻市
石巻市史編さん委員会編（1998）『石巻の歴史　第二巻通史編（下の1）』石巻市
大石直正「奥羽の荘園公領についての一考察－遠島・小鹿島・外が島－」（高橋富雄（1986）
　　『東北古代史の研究』吉川弘文館）
牡鹿町（1988年）『牡鹿町誌　上巻』牡鹿町
守屋嘉美「近世の村と村落共同体」（渡辺信夫（1983）『宮城の研究』第4巻，清文堂出版）
石巻市史編纂委員会編（1956）『石巻市史　第二巻』石巻市
岡本哲志（2010）『港町のかたち　その形成と変容』法政大学出版局
石巻市史編さん委員会編（1988）『石巻の歴史　第三巻民俗・生活編』石巻市
石巻市史編さん委員会編（1989）『石巻の歴史　第四巻教育・文化編』石巻市
宮城県教育委員会編（1974）『宮城の古民家』宮城県

# 第2章　雄勝半島の漁村集落

岡 本 哲 志

## 1　地理的環境と津波被害

### （1）地理的環境について

　雄勝半島に点在する漁村集落群は，太平洋に突き出す半島に面したリアス式海岸に面し，かつて十五浜と呼ばれる漁業を中心とした集落の集合体である。北に名振湾，南に雄勝湾を擁し，雄勝半島の中央には石峰山，東に小富士山がある。江戸時代の十五浜は，釜谷浜，長面浜，尾崎浜，名振浜，船越浜，大須浜，熊沢浜，桑浜，立浜，大浜，小島浜，明神浜，雄勝浜，水浜，分浜の15の浜から構成され，近世は桃生郡南方大肝入の支配下にあった（図2-2-1）。

図2-2-1　十五浜の集落分布

明治23（1890）年，町村制施行により，釜谷浜，長面浜，尾崎浜の3浜を除く12浜が新たに十五浜村となり，釜谷浜，長面浜，尾崎浜は明治22年に他の村と合併して大川村となる。昭和16年に町制が施行され，十五浜村は雄勝町と名を変えた。平成17年の平成の大合併では，雄勝町が石巻市を含む6町と合併し，新たな石巻市の一部となった。

125

三陸の漁村集落は，外部からの人の流入を拒絶する閉鎖的な傾向が強いといわれてきた。最初に大須に訪れた時，地元の方からの「大須は新しい人を受け入れると同時に，婚姻関係で新しい人を拒絶する体質がある」という言葉は新鮮だった。婚姻関係に関しては，いたって保守的で，近年まで集落内での婚姻が歴史的に続いてきたが，外部の人が流入することに対しての拒否反応はあまりなかった。血も重要だが，新しい血が入り浜の人になることも極めて重要視する考えが実に違和感なく共存してきた。前提として，共同体としての浜の人であることが重要で，ある種のフィルターがそこにあるように思えた。唐突に新しい血が入ることを単に拒絶しているだけではなく，場所が重要視されていることに，大変興味があった。限界集落化，少子化の最先端を行く大須において，このような仕組みが培われた環境を読み解くことは，将来における生活の仕組みの方向性を見いだせるとの思いがつのった。

### （２）地震津波と被災状況

　三陸海岸は，津波被害を倍加するV型，U型のリアス式湾が多い。しかもその湾の口を震源地の方向に向けて開いているために，世界一といわれる津波の常習地帯となる。雄勝半島の集落もその例に洩れない。特に荒は誂え向きの湾型をしており，被災地の宿命をいつも負ってきた。荒以外はどうか。近代に起きた3つの大きな津波（明治29年，昭和8年，チリ沖の地震）を比較すると，どの浜も一様に津波が押し寄せてきていないことがわかる。

　明治29年の津波による名振の状況が『宮城県海嘯誌』（宮城県編，明治36年）に書かれている。「前面に八景島ありて潮浪を遮蔽せし為幸に被害ははなはだ少なかりき」と。大きな津波を前島が防いでくれた。津波の波高を明治29年と昭和8年とで比較すると，雄勝半島では，昭和8年の時の方が全体的に高い傾向にある。荒が明治29年の8.9mに対して10.5m，雄勝が明治29年の4.4mに対して4.5m。明治29年の津波で被害が少なかった名振は昭和8年に4.2mと高くなり，雄勝並みの波高を記録した。

　ただ昭和8年の時も，2mを超える津波は過半数の浜に到達していない。逆に，チリ沖地震による津波の方が全体で1m弱高かった。震源地や津波の

方向などによって，被害を受ける場所が異なった。だが，3月11日に起きた巨大津波は常習的に津波被害を受けてきた荒が16.3mと明治29年の倍近くを記録しただけでなく，雄勝など他の浜も同じ波高を記録した。しかも，チリ沖地震の津波のように満遍なく波が押し寄せ，そのエネルギーは震源地が三陸沖だっただけに計り知れないものがあった。

次に，過去とこの度の被害を死者・行方不明者で比較してみよう。明治29年の十五浜村は『雄勝町史』に掲載されている数字がある。総人口は4,603人おり，2005年3月の推計人口4,695人とほとんど変わらない。明治29年の時の地震・津波による死者は，49人であり，全人口の1％だった。この度は，死者123人，行方不明113人（2011年7月時点），全人口の約5％と高い割合となった。死者もさることながら，流失家屋はさらに大きな違いを見せた。明治29年の時は，総戸数665戸に対して，流失家屋134戸，破屋118戸であり，6割強の家屋が無事だった。この度の津波では，大須，熊沢を除くと，ほとんどの集落は壊滅的な被害となり，ものすごいエネルギーで陸地に津波が押し寄せて来たことがわかる。

### （3）荒の高地移転

荒は，小さな海岸線と山麓に囲まれた狭いV字の谷地に集落を形成する。津波が発生すると，直接高い波が集落を直撃し完全にさらう。昭和8年の死者は，明治29年の29人を遥かに超える59人と多くの犠牲者を出した。明治29年の津波後は，両側から

**写真2-2-1** 両側から斜面が迫る荒

迫る山の急な斜面のため，集落全体を高地に移転できない状況があったからだ（写真2-2-1）。昭和8年の被害後も地理的な制限から，身近な場所に高地移転を試みた。急な斜面地を切り開き，木の幹をV字の低地に例えると，ま

るで幹から伸びる枝葉のように幾つかの高地にある小さな谷戸を平に造成し，数戸が集まって分散居住するかたちをとった。この度も，港やV字の低地は津波に洗われ建物の原形を残さないほど壊滅したが，昭和8年にしっかりと分散高地移転した家々はほぼ無事だった。

　高地移転に関しては，必ずしも全ての集落機能を高地へ移転させる必要があるとは思わない。注意深い解析が必要だが，被災をある程度容認しながら，どう現状の地理的環境と折り合いをつけ，独自の集落空間を描きだせるかである。血の通った集落形態を描き出すことの意味の方が大きい。

　まずは，それぞれの場所を読み込む試みからの出発が最優先される。同時に，基本的生活を損なわない工夫をより精査する必要がある。それは，建物などが物理的に倒破しない工夫だけでなく，現存する人と人との結びつきで成立していた場への配慮である。前者は目に見える行為だけに，公的な資金投入も含め，だれでもが目を向け易い。しかしながら後者の場合，行政主導の道筋だけではなかなか難しい面がある。その時，人々の営みとともに継承してきた集落の歴史が意味を持つ。

　被災した漁村集落の居住部分の復興を考える時，高地移転は重要検討課題であることに間違いはないが，歴史的文脈が伴わなければ，集落構造の解体を同時に意味する。それは，明治29年，昭和8年の震災津波後に試みられた高地移転計画の成功例が少ないことが示している。また高地移転した人たちが不便さのあまり，再び低地居住に戻ってしまった例も多々ある。これは単に経済を優先したと一方的に切り捨ててしまう問題ではなく，高地移転のあり方とおおいに絡み合った結果であったことを認識しておきたい。

　すなわち，高地移転は，地理環境，経済的優位性だけでなく，津々浦々の歴史が培ってきた文化環境，人々の営みに見いだされる空間の価値にてらした上で組み立てる必要がある。ハード面だけの高地移転ではなく，ソフト面を充分に加味した，総合的な集落空間のあり方が検討されなければならない。生業と結びついた暮らしを考えるならば，明治29年の津波を視野に百数十年に一度の大地震津波を考慮した生活空間を描くことが重要であろう。

## 2 江戸時代に十五浜と呼ばれた土地

### （1）落ち武者伝説と石峰山

　平安時代を記した歴史書には安倍氏の伝説が多く登場する。「安倍」・「安部」・「阿部」と異なる漢字があてられるが，「あべ」の姓を名乗る人たちは，桃生・牡鹿地方の太平洋沿岸やその内陸部に多く分布する。特に石巻市雄勝町大須の集落は住民の9割が阿部姓を名乗る。

　大須に住む人たちの先祖は，陸奥六郡を統治し，前九年の役（1051～1062年）に敗れた安倍氏の血を引く人たちだと語り伝えられてきた。このような前提のもとに論じられることが多いが，先に考察したように，奥州藤原氏との関係から，ここでは源頼朝による奥州征伐の際に落ち武者となった人たちと考えたい。ただ大須はより古い歴史があるとされ，落ち延びた人たちだけでなく，以前からの長い生活の場がベースとして営まれていたことも，これからの論を展開する上では視野に入れておく必要があろう。

　桃生郡には，延長5（927）年に完成した延喜式神名帳に掲載された式内社が六座あり，その大部分が一世紀以上も前の宝亀11（780）年にすでに幣社となっていた。また古代の桃生郡は，桃生城の設置や桃生城の築城があり，朝廷の東北経営上重要な拠点として位置付けられていたと考えられる。このような時代に，雄勝町大浜に現存する石峰山の「石峰権現社」は，延喜式内社桃生六座の中の一つ「石神」であると，古くからいい伝えられてきた。

### （2）僻地であるが，文化環境が成熟した場所

　雄勝半島は風光明媚な土地だが，現在もなお交通不便な僻地である。調査で大須など雄勝半島の漁村集落を訪れるたびにその感を強くする。太平洋に臨む海洋の便が歴史的に重要でありながらすでに失われており，しかも日本列島を席巻したかに思える近代化が及ばない地であり続けてきた。それは今にはじまったことではない。中世においても社会変動の渦にあまり巻き込まれずに時が過ぎた。雄勝半島の地は，鎌倉幕府崩壊以降，南北朝の戦乱，戦国時代と，混乱が続く時期，直接武士の支配下に置かれて圧政に苦しみ，あ

るいは戦場と化すこともなく，比較的平隠な生活が続いた。昭和41年に発行された『雄勝町史』では，その理由として4つあげている。

1つは，「耕土が乏しく，特に米産が少なく，地理的にも戦略上重要な拠点とは考えられないこと」である。これは，現在でも地理的環境として共有するものがある。2つは「永正ノ合戦（16世紀前期）における葛西氏，山内首藤氏の家臣の中に雄勝町在住の城主や邑主がいないこと」，3つは「葛西家臣座列の中に雄勝町在住の者がいないこと」である。牡鹿半島のように，戦国大名の家臣たちが長として漁村集落を掌握していなかった。4つは，1～3にあげたネガティブ面とは異なり，陸側から見れば辺鄙で独立性が高い場所だが，海側からの視点で見れば世界に開かれ，文化が流入する場所だったポジティブな面をあげている。石巻市雄勝町内に現存する板碑の分布状態や修験の霊場の存在から判断される十五浜は，当時かなり高度な宗教と豊かな生活がいとなまれていたと考えられ，単なる辺鄙な場所ではないことをいいあてていて興味深い。雄勝半島は海を通じて，文化や文明の知が流れ込んだ。

## 3　桃生郡南方の有力者と追波川の舟運

### （1）郡の統治管理体制

戦国時代における郡の統治管理体制は，郡奉行→代官→大肝入→肝入→組頭の順で末端に至る。郡奉行の支配地区内の数ヶ所に代官所が配置され，桃生郡の場合，郡奉行が管轄するエリアには南方，北方，中奥，奥と4つの代官区が置かれ，その下に大肝入を配した。大肝入は自宅を役所として10～20ヶ村の行政にあたり，強力な権威があった。江戸時代の十五浜は，「桃生郡南方」（十五浜の他，北境村，大森村，福田村，三輪田村を含む）に属し，一人の大肝入の配下にあった。

大肝入は村々の住民から選ばれるが，その選任資格は，相当な家柄であることが求められ，信望と経済力とを併せ持つ者とされた。多くは葛西・大崎の旧臣が登用され，かつ世襲が多かった。大肝入の下に配された肝入は，当時の一村内[1]の行政を担当し，納税を請負った。肝入もまた信望と経済力の

ある村の有力者が選ばれたために，最初は世襲が多かった。村に置かれた宿駅や町場の検断職といた交通と治安も肝入が担った。

### （2）桃生郡南方の大肝入

　桃生郡南方の大肝入は，北上川舟運の河口湊として栄えた横川の榊原家が享保3（1718）年に大肝入に就任するまで，名振の永沼家がその役にあった。永沼家の大肝入は寛永15（1638）年の永沼秀重の代から，約80年後の享保3（1718）年重政の代まで代々世襲してきた。

　永沼家の祖は，因幡守吉政の代の弘治3（1557）年正月，名振を永住の地と定めて移住してきた者だ。名振永沼家は，会津地方に居住していた豪族とされ，永沼家の系図では平将門を打ち取った藤原秀郷を祖とし，秀郷から14代目にあたる秀行の代までが石巻長沼家の系譜と一致する。永沼家が名振に落ち着く初代吉政が葛西氏の旧家臣だった。永沼家は，吉重（二代），吉宣（三代）が，大肝入の前身的な性格で，奉行の命令を伝達する「触流」の役にあり，藩政初期の約一世紀にわたり名望家として郡政に尽力した。

　永沼家が触流の役にあった寛永2（1625）年に，北上川の通り米や大豆の売捌役を命ぜられた。元和2（1616）年から寛永3（1626）年にかけ，川村孫兵衛重吉（1575～1648年）が石巻・鹿又間の北上川開削工事に従事し，ほぼ完成したころにあたる。この治水工事によって，仙台藩の石高を大きく向上させ，陸奥北部との海運も発達した。江戸時代の村の戸数を見ると，古代・中世の大須・熊沢，あるいは大浜・立浜に対し，追波川と東廻りの海運の関係で，名振・船越，雄勝・水浜・分浜に舟運上の優位性ができたようだ。特に追波川に近い名振は，その最右翼だったと考えられる。

### （3）東廻り航路と魚介の宝庫

　寛文元（1671）年まで，幕府代官所が管轄する年貢米を奥州から江戸へ輸送する際，利根川河口の銚子で川船に積み換え，江戸へ運ばれていた。幕命を受けた河村瑞軒は，阿武隈川河口の荒浜から房総半島に向かい，相模三崎または伊豆下田へ入り西南風を待って直接江戸湾に入る新たな航路を開き，

東廻り航路とした。この航路は，輸送に要する時間と費用の大幅軽減に成功するとともに，三陸沿岸の海運に大きな転機をもたらした。

一方，雄勝半島の前面に広がる海は魚介類の宝庫である。仙台藩が移出した海産物は鮭・鱈・あわび・干海鼠であった。十五浜地方は，大須に「鱈の御仕込所」があり，大浜に「海鼠腸師」が常駐しており，仙台藩の主要海産物の産地だったとわかる。それに関連して，比較的規模の大きな「しおやきば（塩焼場）」が大浜，小島，明神，分浜に1つ，雄勝に2つあり，製塩が行われていた。また，大須も加工用として自家で塩を焼いており，漁に加え加工も盛んだった。

幕政期には，大須がその地理的条件を利用して，捕鯨の拠点となる。その捕鯨業を行った漁業資本家は，天保の飢餓に際し施米を行った慈善家であり，広範囲の地域の仏閣に納経したことで知られた大須の四代目・阿部源左衛門である。その権利をめぐり，源左衛門が藩内に強い力を持っていたという。

### （4）雄勝半島から見た北上川・追波川の河川舟運

川村孫兵衛の手による石巻・鹿又間の北上川開削が完成すると，石巻に向かう北上川の利用はより活発となる。だが江戸時代全般を通じて，十五浜地方と陸方の物資の交流には追波川も盛んに利用された（写真2-2-2）。明治時代になっても，追波川は雄勝半島の集落にとって物流の重要な役割を担う。魚商である五十集は浜で買った海産物を船に積み，追波川河口を経て遠く岩手県地方まで遡った。五十集の人たちは原則的に船の中で寝泊まりを重ね，物資の交流や売買を行った。

写真2-2-2　上流方面を眺めた現在の追波川

しかしながら，追波川河口はいつも風波が静かなわけではなかった。波風が強い時に内陸の大崎地方に出荷する場合，輸送のため牛馬が用いられた。

雄勝半島や水浜・分浜方面の人たちは、真野峠を越えて石巻に出るか、釜谷峠から釜谷や針岡に出て、そこから川船を利用した。名振・船越方面の人たちは、名振から尾崎峠を越え尾崎の川筋に出た。嘉永年間作成の「風土記御用書出」には、大浜に馬2頭、立浜に牛10頭、分浜に牛8頭、水浜に牛10頭があったと記され、明治3年の「船越浜戸籍」（高橋てよ氏所蔵）では船越に馬3頭あったことが知られる。これらの牛馬は主に運送として使われた。「かくし米」など問題はあったとしても、より広い視野で見れば、多様なルートを確保することで、様々な環境条件に対応できる広域的な舟運ネットワーク構造を確立し得たという視点も、あながちいい過ぎではないように思う。

## 4　太平洋沿岸で活躍した廻船問屋の歴史

### （1）信仰と海上交通

　現在の宮城県と福島県の沿岸一帯は、熊野信仰が盛んな土地柄であり、熊野神社が数多く分布する。仙台の南にある名取市には、奥州有数の熊野信仰の拠点として熊野三社、熊野那智社（創建：伝説養老3（719）年）、熊野本宮社（創建：保安元（1120）年）、熊野新宮社（創建：保安4（1123）年）がある。12世紀、太平洋沿岸の「海上の道」は、伊勢や熊野の宗教勢力によって開発された。経済と信仰を併せ持つ紀伊熊野が組織する海運勢力は、東海地方から奥州にかけて、伊勢の勢力と激しく競合しながら神領を広げてきた歴史がある。藤原清衡が平泉に「今熊野社」を勧請したことで、北上川を遡り陸奥国の中心部へも進出していたことがわかる。

　また、関東の宗教勢力では、香取・鹿島の両神宮が奥州に足跡を残す。その痕跡として、北上川河口にある港町・石巻の日和山には延喜式神名帳（927年）所載の式内社・鹿島御兒神社が創建され、阿武隈川河口にある港町・荒浜にも鹿島神社がある。

### （2）北畠親房と中世の海運

　網野善彦氏の研究から、鎌倉・室町時代の宗教者が手工業や商業、芸能活

動といった様々なジャンルに従事したことがわかる。紀伊の熊野，伊勢とともに，関東の鹿島・香取を加えた3つの神社勢力が海上の道を使い奥州と結びつく。南北朝の時代，北畠親房は，伊勢国の伊勢神宮外宮神官である度会家行の協力を得て南朝勢力の拡大を図った。伊勢神宮は，中世港町として発展した大湊（現三重県伊勢市）との関係が深い。11世紀半ば，大湊は二見郷の者が砂州を開発し，伊勢神宮に供進する御塩を製塩したことにはじまる。北畠親房は，結城宗広（1266～1339年）とともに，後に後村上天皇となる義良親王と後醍醐天皇の皇子である宗良(むねなが)親王(しんのう)を奉じて大湊から海路東国へ向かった。あいにくの暴風で両親王とは離散し単独常陸国へ上陸した親房だったが，この海上を利用した流れはまさに宗教者の海運への係わりの強さを物語る。

　同時に，桓武平氏良文氏流の諸氏が用いた家紋「九曜紋」は妙見信仰から生まれた家紋である。九曜をはじめとする月星紋は千葉一族（畠山氏，葛西氏も含まれる）の代名詞ともなっている。また，伊勢神宮の度会氏も妙見を信仰する。海を通じて，伊勢と関東が深く結びついていたことが察しられる。

　中世では，資本を蓄え商品を輸送するためには，武力のほか，神仏，高度な技術などあらゆる力が必要とされ，多彩な職種に係わる中世の商人が活躍する場があった。熊野水軍もまた，熊野の御師(おんし)が重要な役割を果たした。御師は，特定の寺社に所属して，その社寺へ参詣者を案内し，参拝・宿泊などの世話をする者をいう。伊勢神宮の場合，御師は下級神職であるが，街道沿いに集住し，御師町を形成し，交易により大きく財を成した。

　後の戦国時代の商人も，また中世的な多面性を発揮した。戦国大名と結びつき，道や橋をつくる土木工事や兵粮の輸送までこなした。海運航路がネットワークされていない地域にも自力で輸送を実現する力が求められた。輸送のコストは非常に高くつくが，その能力が必要とされた時代だった。

### （3）近世的商人の登場と新たな商人像

　戦乱がなくなる江戸時代，船による物流は軍事的なものから庶民のニーズを受けた品々を輸送する廻船に切り替わる。商人の役割も，多様で総合力を持つ中世商人から，安く商品を運ぶ廻船を操る商人が必要とされるようにな

る。このような時期，河村瑞軒による東廻り航路の整備が充実し，輸送時間やそれにかかる費用を大幅に軽減できた。この東廻り航路は，三陸沿岸の海運にも大きな転機をもたらした。遠隔地間の商品価格差も少なくなると，近世的な廻船業に長けた商人だけが次の時代に生き残れた。

19世紀の前半になると，各地に特産物の生産が発展する。これらの商品とタイアップした新しいタイプの商人も登場する。それとともに，消費者の購買力が領主階級から商人や職人といった一般階層に移る。市場も地域経済と密接に繋がり，庶民向け商品を扱う新興商人が力をつけてくる。すなわち，高価な高知の鰹節ではなく，三陸の低価格の鰹節が大量に消費される時代となっていた。このような市場の変化が廻船の方法を変えた。

近世前期に活躍した菱垣廻船や樽廻船は，決められた場所に商品を輸送して運賃をもらう「運賃積」であり，船主側の都合で勝手に目的地を変更できない仕組みだった。しかし近世後期になると，船主が積荷を自分の荷物として買い取る「買積」の経営形態に変化する。これを担った勢力が新興の西廻り航路の北前廻船，伊勢湾を中心とした尾州廻船，東廻り航路の奥筋廻船であり，大いに勢力を拡大した。積荷の取り扱いは，船主側の裁量に任されており，運賃積にくらべて，裁量次第で莫大な利益が得られる。だが一方で，海難事故が起きると，船主は積み荷の一切の責任を負うリスクがあった。そのようなリスクを分散回避するために，荷を扱う船主の間で協同負担する「戎講」などの仲間組織を結成し，個々の船主では解決できない諸問題を協同で処理し，個々のリスク回避に努めた。この現代に通じる共同体のシステムは，生産と加工，商いを一体的に展開する雄勝半島でも花開く。

## 5　東廻り航路と十五浜

### （1）十五浜の廻船問屋と時代性

雄勝の十五浜には，名振の永沼家，大須の阿部家，分浜の青木家・秋山家といった廻船で活躍する人物があらわれる。それは，19世紀である。

永沼家が巨額にのぼる賃財を得た天保年中（1830〜1843年）は，阿部家が

捕鯨や廻船で富を得た時代と重なる。青木家も最も活発に海運で活躍した時期は天保以降だった。だが，廻船で名を馳せることになる秋山家の場合，50年以上も前の寛政期だった。史料に登場する秋山惣兵衛が銚子や江戸への航行を頻繁に行った天保期以前には，すでに海運の大きな変化があった。

しかしながら，老中松平忠邦が寛政の改革（1787〜1793）を行う寛政期，老中水野忠邦の天保の改革が行われた天保期は，いずれも財政的な改革の時期である。緊縮財政のために文化はあまり発展していない。江戸時代の文化は，元禄期と文化・文政期に花開く。特に，文化・文政期は，地場産業の勃興と舟運が結びつき，流通経済を刺激し，市場開放された時代だ。

徳川第11代将軍斉の時代である文化・文政期は，前時代の引き締められた政策のたがが緩み風俗が乱れ，江戸市民は大いに遊び楽しんだ時代といわれる。ただそのなかから，文化も花開いた。文人では，小説の山東京伝・式亭三馬・滝沢馬琴，戯曲の鶴屋南北，俳諧の小林一茶がいた。絵画では浮世絵の喜多川歌麿・東洲斎写楽・葛飾北斎，西洋画の司馬江漢，文人画の谷文晁などが登場する。江戸や上方において，そうそうたる人材が輩出されるとともに，地方文化も同様に花開いた。そのような時期に，名振の永沼家，大須の阿部家，分浜の青木家が廻船問屋として台頭した。

## （2）別家した阿部家の台頭と四代目・阿部源左衛門

四代目・阿部源左衛門が生きた19世紀の前半には，新しいタイプの商人が登場したが，彼はその代表といえる。最初に別家した初代・阿部源左衛門は不明な点が多い。東北学院大学の斎藤善之氏は，東北電力株式会社広報誌『白い国の詩』（2004年5月号）の特集「［東北の近世］雄勝の海商阿部家と奥筋廻船」において，明和4年生まれの阿部源左衛門を初代とした。これは，阿部家に残る最古の古文書が文化4（1807）年であることから初代と位置づけたようだ。ただこの文書は，廻船の経営や金融活動にともなって作成されたもので，すでにそのころ別家していた阿部家は船主として廻船経営を展開している。別家してすぐに活躍する土壌が大須にあったのかという点も加味すると，ここでは『雄勝町史』が示す年代記をもとに以下展開したい。

明和4（1767）年生まれの二代目・阿部源左衛門は66歳で亡くなるが，寛政元（1789）年生まれの三代目・阿部安之丞は39歳と比較的早くこの世を去る。そして，四代目・阿部源左衛門が文化12（1815）年，父・安之丞が26歳の時に生まれた。三代目が39歳で死去する文化・文政期（1804～1829年）は，江戸の食文化を変えた時期である。それには太平洋側の廻船ルートの充実があった。土佐の鰹節，蝦夷の昆布に比べ品質は落ちるにしても，三陸の鰹節，昆布を江戸に安価で大量に運び入れることを可能にした。一方，奥州の大豆が三河・尾張地域に運ばれ，瀬戸内海産の塩とドッキングすることで，味噌（赤ダシ，八丁味噌），醤油（タマリ醤油）の生産を活発化する。これらの動きは，江戸のにぎり寿司，天ぷら，うなぎの蒲焼の考案を可能にした。

　四代目・阿部源左衛門の活躍によって，阿部家は天保7（1836）年から15年間に巨額の富が築かれ，大須の阿部家が江戸に知られるようになったのもこのころである。四代目・源左衛門の代には，数百石積みの船2隻，後に75石積みの船を建造し，地先漁業とともに，米をはじめ日用雑貨，海産物の商いで莫大な利を得た。ただ大須は良港でなく，地元の浜に大型船を碇泊させることができなかった。親船が常時停泊する港は船宿がある船越で，四代目・阿部源左衛門は船越の清水屋を定宿とした。また阿部家の古文書で廻船帳簿はあまりなく，慶応期の2年分の「通元丸勘定帳」が唯一残されており，この時期の発着港はいずれも石巻に近い牡鹿半島の小竹浜だった。

　四代目・阿部源左衛門は，1830年代に起きた天保の大飢饉の時，貸金などの融通を行う。それは阿部家に残る184点の借金証文でわかる。そのうち59点，全体の32%が地元大須，53%が周辺エリアと，身近かな人たちに手厚く融資した。「お月様より殿様よりも大須旦那は有り難い」と謳われ続けた。

　回船問屋の地位を築いた四代目・阿部源左衛門が慶応3（1867）年に57歳で死去した後，五代目の阿部源左衛門（天保13（1842）年生まれ）が44歳，六代目の阿部源之助（慶応2（1866）年生まれ）が36歳と，廻船の商いを熟達する前にこの世を去る。そのために，七代目は四代目の四男である阿部安蔵（嘉永2（1849）年生まれ，66歳没）が継ぐ。六代目の嫡男がまだ成人していない状況だったことが察せられる。阿部家の系図を辿ると，阿部家の一族がサ

ポートしていた状況があったのではないかと推察される。共同体の仕組みが,大須にあったと実感する。ただ,より詳細な成果は今後の共同調査研究に譲りたい。

## 6 雄勝半島の地域システム

### (1) 石神社と千葉宮司家

大浜の千葉秀司さん(昭和53年生まれ)は,石神社(いそのじんじゃ)・葉山神社の宮司を務める(写真2-2-3)。千葉宮司の話によると,葉山神社は,現在宗像大社の神様を祀る。これは中央からの指示で神様の名を付けて祀った時代のもので,石神社を祀った時代はもっと以前であったとのこと。その時代は定かではないが,境内に縄文前期の遺跡があり,古代以前に祀られたものと考えられる。

写真2-2-3 大浜にある葉山神社の鳥居

千葉秀司さんは,雄勝町および女川町内に合計18社ほどの神社の宮司を兼務してもいる。千葉宮司家の先祖は,修験時代に何回も出羽三山に修行に行っており,代々羽黒山から辞令の交付を受け,針岡の清水川地方から雄勝町一円及び女川町の桐ヶ崎地方までを掌祭範囲としてきた。雄勝の十五浜にはかつて出羽三山参詣のための「霞場」(かすみば)と呼ばれる講のエリアがあり,住民の間でも出羽三山に行く習慣があった。

十五浜にある神社は家の守護神から発展したものと千葉秀司さんが話してくれたが,千葉宮司家は九曜星(くようせい),七曜星に羅(ら)・計都(ご)の二星を加えた社紋である。平氏良文流千葉氏の流れをくむ相馬中村藩の家紋と比べると,白黒反転しただけで形は同じで,信州を拠点とした望月氏とは全く同じ家紋であり驚く。また本流の千葉氏の家紋は,星と月を象った「月星」であり,何れも妙見菩薩信仰に深く根ざした家紋といえよう。

明治初年に神仏分離があり、修験を辞める人たちが増え、現千葉宮司の祖父の代に10あった法印を統一したという。その時大須は、統一後も別に神楽を試みており、独自で神楽の道具を揃え、大須の神楽師（大浜の弟子）だけで修験の宮（大性院）を開き続けてきた。ただ現在の大須は雄勝浜金剛院小田宮司家が祭事を行う。統一前の十法印と呼ばれた10の宮司家は、市明院の千葉宮司家（雄勝町大浜）、金剛院の小田宮司家（雄勝町雄勝）、大性院廃絶（雄勝町大須）、龍性院の榊田宮司家（桃生町樫和崎）、龍泉院の及川宮司家（桃生町倉埣）、大善院廃絶（桃生町永井）、峯行院廃絶（桃生町太田）、良泉院廃絶（河北町中島）、千珠院廃絶（河北町三輪田）、明学坊廃絶（北上町大須）があり、その専門集団が各浜の行事を仕切った。

## （2）出羽三山と石峰山

十五浜の法印神楽はもともと修験者が祈祷のために行った。江戸時代以前の神仏習合時代は、僧と神主とが共存しており、葉山神社の別当寺として市明院があった。すなわち、現千葉宮司の先祖は神主というよりは、宮司の上に位置する別当であり、羽黒山の修験者であった。十五浜の雄勝法印神楽は、千葉宮司家の先祖である41代修験者が持ち込んだとされる。

石神社の里宮である葉山神社の別当寺として、市明院は600年前に建立された。葉山神社は薬師如来像を守り本尊として祀る。現在出羽三山は月山、羽黒山、湯殿山が信仰場だが、かつては月山の東方にある葉山が三山に含まれていた時代があった。湯殿山は「出羽三山総奥院」とされ、三山には数えられていなかった。天正年間（1573～1592年）に葉山が別当寺であった慈恩寺との関係を絶ったことで葉山信仰が衰退し、それ以降湯殿山が出羽三山の一つとして数えられるようになった。大浜の葉山神社は、衰退した葉山の末社として命脈を今に保ち続けてきたことになる。

石神社がある山頂までは45分くらいかかる。その石神社は、石峰山の南側の山頂下にある一大奇岩を祀ったもので、従って祠はない。自然信仰がそのまま維持されてきた。石峰山への登り道は大浜からが表参道といい、名振・船越からが裏参道といわれる。古い時代、裏参道の中間にも石神社の別

当寺として観音堂があった。また，小富士山にも祠があるという。大須の方たちと話をしているなかで，阿部利徳さん（昭和9年生まれ）が「大切なことがある時，小富士山に登って拝んだ」と，思い出したように口をついた言葉が強く印象に残る。

### （3）山岳信仰と漁師の世界

　雄勝半島は，明神山（347m）・石峰山（352m）・小富士山（308m）からなる尾根が西から東に走り，太平洋に没する一連の稜線により地形をつくりだす。名振，船越，荒は，大浜とともに石峯山を信仰し，立浜，大須，熊沢は小富士山を信仰してきた。昔の漁師たちは山を大事にした。真水の関係もあるが，自分たちが命綱として燈台がわりの山だったからだ。漁師になる時には杉の苗木を山頂に植えて願をかけた。山岳信仰と海民の世界が結びつく。

　大浜の千葉宮司家は，いい伝えによると平家の流れを汲むという。また，桓武17代の末裔が千葉助（介）太郎平朝臣義清であるともいわれる。「修験道一明書上」（安永8年）には，千葉助太郎平朝臣義清の代から41代目の人が延徳2（1490）年修験となり石峯山日光寺延命院と号したと報告され，千葉助太郎平朝臣義清以降安永期に至る歴代宮司の名が記録されている。

　千葉宮司は，「筑婆山天妻之麓」という雄勝法印神楽の口上から，この筑婆山が「筑波山」であるともいう。太平洋を渡って来た千葉宮司家の先祖が初めて雄勝の地にやってきた時，筑波山と似ていた山のかたちから，懐かしさもあり，荒浜に上陸したとの伝承を話してくれた。最初に上陸した荒浜は「あらなつかしや」といったことから名が付けられたといい伝えられる。荒は，波静かな砂浜の入江で，船を着けるには適していた。また，上陸した時鎧と兜を脱ぎ捨てた島が荒浜にあり，現在の島の名前も鎧島，兜島である。

### （4）千葉頼胤下向の伝説と奥州の千葉氏

　『葛西繁盛記』などの歴史書には，千葉頼胤（1239～1275年）が奥州探題となって下向し，6人の男子が奥州にあって誕生しその後葛西の家中となったとの伝説が書かれている。これを史実として受け入れるには難があるが，葛

西領への千葉氏進出について『石巻の歴史　第一巻』では鎌倉後期に地頭一族による分割相続の進行による可能性を指摘する。それは，他家に嫁いだ子女に郷村の地頭職（一分地頭職）が分譲された後，その息子らに相伝され，他家勢力の入り込む事態を発生させたのではないかとの推論である。千葉と葛西の両氏は下総国御家人の双璧として，親密で友好な関係を維持しており，婚姻を繰り返す間柄にあった。葛西氏に嫁いだ千葉氏の女子に分譲された一分地頭職を足がかりに，葛西領の中心に千葉氏勢力が及んだとする考えは興味深い。頼胤の場合も，葛西氏の妻が分譲された一分地頭職を息子らに相伝させ，その息子らが在地に根を下ろし，諸方面に勢力を拡張するプロセスが考えられる。頼胤下向説の背景にはそのような事情があったのかもしれない。

### （5）大浜に伝わる2つの伝説

　安永年間（1772〜1781年）に，仙台藩の村，あるいは知行所単位に提出された「安永風土記」がある。それには，現在の千葉宮司家につながる2つの伝説が書かれている。一つは，桓武天王十七代末孫千葉助（介）太郎平朝臣義清が，雄勝法印神楽の口上にもなった「常州（常陸国の別名）筑婆山天妻之麓」より許されて下り，大浜の石峯山権現の神主になったいい伝えである。千葉助（介）太郎平朝臣義清から数えて41代目の人が，室町中期の延徳2（1490）年に修験となり，石峯山日光寺延命院と号したともある。ちなみに，桓武天皇からの系図をたどると，17代目に当たる人物が上総・下総に勢力を張った千葉氏8代当主の千葉介頼胤と時代が重なる。また筑波山は，すでに延暦元（782）年に法相宗の僧・徳一により筑波山知足院中禅寺が開かれてから神仏習合がなされ，修験道の道場となっていた。

　いま一つは，市明院が所管する薬師堂に「天竺釋胆國」(しゃくたん)（明確な場所が分からない）から来た「千葉大王御子（皇子）」の御守本尊だったとされる仏像があり，薬師堂付近には「千葉大王御子（皇子）御墓所」が祀られたというものだ。一説には朝鮮の王子の墓ともいわれる。この七歳の御子（皇子）は，父王の勘気を被り，「日本将軍」となるようにと追放され，神亀年中（724〜729年），第45代聖武天皇在位（724〜749年）のころに遠島に流れつく。その最初に上

陸した場所が王浦（現女川町尾浦），その王子の養育者が「蘇十郎」，その御守本尊を預った主が「千葉義清」だったとする伝説である。

　この2つの伝説から，千葉義清が生きたとされる時代は，御子（皇子）が父王の勘気を被って追放された神亀年中（724～729年）と，桓武天皇十七代末孫の千葉介頼胤（1239～1275年）が生きた時代とが考えられる。しかしながら，この2つの時代は500年以上もの開きがあり，結びつけるには不明な点が多すぎる。

　また興味深い出来事が以下のようにあった。千葉頼胤は，仁治2（1241）年に父・時胤が死去したため，わずか3歳という幼少で家督を継ぐ。宝治元（1247）年，宝治合戦が起きると，当時まだ幼い頼胤の任を代行し，父の兄弟である千葉泰胤ら一族の者が鎌倉幕府の命令で一族の千葉秀郷の一派を滅ぼす。この時，千葉秀郷の一派が船で落ち延びたことも考えられる。これは仮説に過ぎない。今後の調査・研究に委ねることになるが，大浜に住みついた千葉家が千葉頼胤の時代に何らかの事情で雄勝半島の地にたどり着いたのではないかとの想定ができる。

## 7　雄勝法印神楽と地域文化

### （1）雄勝法印神楽

　元文4（1739）年に書かれた神楽の教本「大乗神楽之大事」（大浜千葉雪麿文書）がある。ただ，この教本で神楽の動作がすべて会得できるものではないようだ。千葉宮司の話によると，法印神楽は，元来修験者の行なうもので桃生郡内の「羽黒派十法印」と呼ばれる家に一子相伝し，口伝のみで伝えられて来たとのこと。葉山神社所蔵の「羽黒派未派修験帳」には，旧桃生郡内の十法印の地区に互いに山河を越え往来しており，その結びつきは明治中期まで固かったと書かれている。明治以降，法印神楽の舞は明治政府の「神仏分離令」によって神職に受け継がれ，大正初年からは民間の有志が加わり伝承保存されてきており，時代とともに舞に変化があった。

　神楽は独自の動作であり，現在の演目にある『古事記』，『日本書紀』の神

話と神楽の動作とはあまり関係していないと千葉宮司は話す。神仏分離以前は，神楽にかなり仏教色が入っており，神仏習合思想を利用して土着信仰との融和を図った「本地垂迹(ほんじすいじゃく)」の思想が顕著に具現化したものだ。仏教が入って来てから，十五浜の神楽は法印のお祓いの作法が入るようになった。すなわち，雄勝法印神楽は人に見せるものではなく，お祓いと神様に奉納するかたちが本来の姿である。

　千葉宮司の話からさらに以下のことがわかってくる。現状の神楽は，仏教色を抜いたかたちである。明治のころどのように変えたのかがわからず，それを江戸時代の状況に戻すことは困難であり，どういうふうに戻せばよいのかもわからないと話す。一方で，仏教の部分を全部はぶいてしまうと演目が成り立たないという点も指摘する。雄勝半島は地理的に僻地で，他所からあまり注目を浴びないこともあり，ここを残しても大丈夫というところは残したそうだ。それは，千葉宮司が神職として仕えていて，まったく理解できない動作もまだあるからだ。また，神楽と名がついても他とは全く異なり，雄勝法印神楽は神道の神楽とも違うという。

　現在主として桃生・本吉・牡鹿の3郡下に伝承されている法印神楽は，大体似ている。羽黒派（太鼓2，笛1）と本山派（太鼓1，笛2）の二系統があるが，雄勝半島に伝承され保存されている法印神楽は羽黒派系統のものである。ただ，大浜は強弱が激しいという点で十五浜の他との違いもあるようだ。演目や演ずる風袋(ふうたい)が変わっても，足の運びや動作は変わっていない可能性があるのかとの質問に，大浜に住む千葉文彦さん（昭和25年生まれ）は「そうかもしれないし，そうでないかもしれない。よくわからないのが現状だ」との返答だった。

　雄勝法印神楽は，宮守を務める家の前庭に舞台が設置される。舞台は浜ごとに準備する。以前は，演目の途中で，役職を受け持つ人たちのところへ行っていなくなることがあった。「ササムスビ」といって，たのまれて家を訪れて舞う。神楽自身が信仰をあつめるために行われていることから，不在の舞台では以前太鼓をたたいているだけだった。だが，今は少し観光化しており，お客さんを飽きさせないために別の演目をやる。舞台には，地元の人

143

による獅子が最後にあがる。舞台の上はもともと女人禁制で，聖域だったが，今はそのようなこともなくなったという。

### （2）お金が回る仕組みの祭り

十五浜の場合，祭りによって旧雄勝町全体にお金が回る。祭りの時，ご祝儀をいただき，そのご祝儀を地域に還元する。祭りが開かれるとそこにお金が流れた。旧雄勝町の十五浜では独自の経済が祭りによって成り立っていた。

このように旧雄勝町のエリアでは伝統的に経済システムが出来上がっていて，大須でお祭りをする時，他の地区から地区長が呼ばれる。お膳を取り，家の中でずらっと40人くらいの人がお膳の前に座る。この時いただいたご祝儀の差額が運営費にあてられる。隣りの地区で祭りを行う時は大須の人も呼ばれ，お金を回す相互関係がうまく出来上がっていた。お祭りをやったからお金がかかって負担ということはない。地区にお金が残る仕組みだ。

祭りを通じて十五浜全体でお金を回す経済の仕組みがつくられた。それは，経済的な裏付けと，信仰心が強いということが同居する。神楽は見るという感覚ではない。神様に奉納することで，神楽をあげられてよかったねという感覚が現在も生き，地域システムとしての経済が自然に宿ってきた。

写真2-2-4　立浜の龍沢寺の参道

### （3）十五浜の寺院

16世紀中ごろの十五浜には，立浜の龍沢寺（1559年，曹洞宗），名振の満照寺（1572年，曹洞宗），分浜の高源寺（1573年，曹洞宗）など，新しい仏教が急速に建立される（写真2-2-4）。これらと併存するかたちで，十五浜地方を霞場として，密教に属し修法を主とする神社神道と仏教とを融合した修験道が，千葉家を修験とし信仰し続けた。

十五浜周辺の寺院は，万年寺（1420年

開山）系統と松音寺系統の2つに分かれるという。十五浜の場合は，万年寺系統で，天雄寺（1390年開山）に引き継がれ，後に立浜・龍沢寺など6ヶ寺が十五浜の集落に建立された。いずれも当初から曹洞宗に属し，船越の滝泉院（1622年開山）を除き，室町時代後期の開山である。このことから，十五浜内で単一社会を形成した各集落だが，仏教においてはより広域の宗教圏・文化圏を構成していたと考えられる。

ただ，大須が雄勝半島で有力な集落であるにもかかわらず，現在寺院が一つもないということが気になる。過去に廃寺した可能性もある。明和年間（1764〜71年）の田辺希文による『封内風土記』に記載されている旧雄勝町の戸数，寺社数を見ると，明和の時点で大須に寺院が明記されていない。

時代が下った嘉永3年の「風土記御用書出」には，修験として大須の羽黒派白銀山大性院，仏閣として太子堂，地蔵尊，滝不動尊が見られる。また，『雄勝町史』に掲載されている阿部家の納経の記録には，白銀山大性院が記載されているが，それ以外の史料にはまったく出てこない。明治初期の神仏分離が大きく影響しているのかもしれない。


## 8　大須の集落空間を読む

### (1) 大須の発祥

大須で発掘された板碑は室町時代以前まで遡る。一枚は北朝年号でいう延文5（1358）年，もう一枚は足利義教が将軍であった永享9年（1437）年との記載がある。ただ伝承としての大須の発祥は奥州藤原氏滅亡まで遡る。大須に最初に入ってきた人たちは，奥州藤原氏の落ち武者である藤原兵部の他，阿部家，佐藤家など計5人（他にも従者や婦女子もいたと思われる）だったという。彼らがなぜ大須を目指したのかは，遺跡や史料からのアプローチが全くできない現状がある。最初の大須入植者といわれる阿部家と佐藤家には，それぞれいい伝えがある。阿部家では，その本家といわれる「オーエ」がこの地の最初の定着者とされるが，「オーエ」の名の由来は不明である。また，大須に残る一番古い墓石として文保元（1317）年と記したものがあり，佐藤

写真2-2-5　大須の鎮守である八幡神社

家の人とされる。現在，大須の鎮守である八幡神社はもともと佐藤家の氏神だったという（写真2-2-5）。

　頼朝の奥州統治を概観すると，雄勝半島の先端部分にまで頼朝の強い支配が及んでいない地理的環境があった。先祖代々大須に暮らす前大須地区会長の阿部利徳さんが「収穫できないのは米だけ」というように，前面の海は魚介類の宝庫であり，生きていくには充分な環境があった。またその後の生活では，「冬でも燈台あたりはタンポポが咲いて，温暖である」と語った米倉勇二さん（昭和7年生まれ）の言葉がいいあてており，温暖な気候に恵まれた土地条件があった。

　このような生活環境に恵まれた大須にたどり着いた人たちは，住まう場所を決める。落ち武者という境遇から，手っ取り早く飲料水が得られる場所が望まれた。幸い大須は，豊富に沢水が流れており，彼らはその沢を前にして家を建てる。入植した当初の沢沿いは急傾斜面地で，現在のあべきん商店の向かいあたりから佐藤家本家である宮守の家まで，背後の斜面地を切り崩し，整地して5軒の屋敷が建てられたと口伝されてきた（図2-2-2，写真2-2-6）。当然沢の北も南も急斜面だが，沢の北側，南向き斜面を整地して開発した理由があった。現在地区会長である佐藤重兵衛さん（昭和13年生まれ）の話では，建物は基本南，あるいは南東にするとのことであった。それは，冬部屋の中に充分陽が差し込み，夏風が入って涼しい居住環境をつくれるからだという。夏の暑い時，風は南から入る。地形条件と，土地の広さがある程度あれば，必ず南向きに建てる。現在でも，東北の寒いイメージとは異なり，思いのほか暖房・冷房は頻繁に使わないと聞く。生活の知恵がうかがえる。これは石巻地方の共通する風土で，石巻地方は4月くらいから夏にかけて南風が入る風向きの特徴がある。

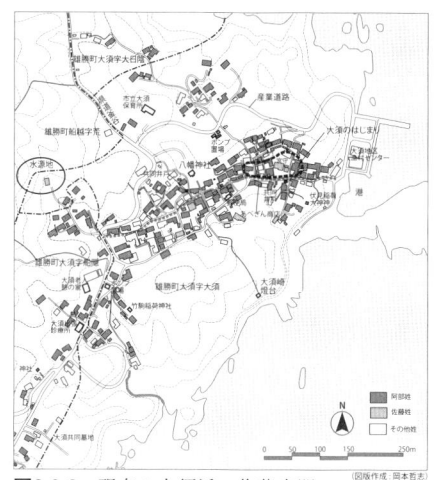

**図2-2-2** 現在の大須浜の集落空間

**写真2-2-6** 沢が流れていた浜に続く道（左側が宮守宅）

　最初に場所を選んだ人たちも，自然環境とうまく順応する土地の選択をしたことになる。これが後に永く住み続ける条件の一つとなった。それとともに，この度の巨大津波でも港近くの一部の建物が被災したが，多くが無事だったように，津波被害を受けてこなかったことは永続条件といえる。

### （2）集落空間の形成プロセス

　大須の集落は，海岸より10mほど上がったところから沢に沿う南斜面に5軒の屋敷が建てられたことからはじまる。阿部重兵衛さんはチリ沖地震の津波体験と比較し，3.11当時「大須はチリ津波で2m，今回は12,3m上がった。他はチリで5m，今回は2,30m」上がっただろうと直感したそうである。船越も，13軒を残し，他すべてが壊滅し，大須は丁度宮守の佐藤家本家の敷地近くで水が止まった。

　沢沿いに屋敷を構える佐藤家本家は大須集落の鎮守である八幡神社の宮守を代々務めてきたという。17世紀中ごろから18世紀中ごろ（270～350年前）にかけては，宮守である佐藤家の先祖が肝入をしており，大須の有力者であり続けてきたことがわかる。法務局に保管されている現在の公図から，概算だが宮守である佐藤家の敷地を測ると700㎡ほどの規模がある。背後にある

147

敷地が後に分割されたと考えられるので，ほぼ1,000㎡の規模が原敷地規模となる。両側の敷地は400〜500㎡におさまる。また，佐藤家の敷地間口は約27m。両側の敷地は，15m，17m，21mとなっている。背後の敷地背割り線は，斜面の等高線に合わせて引かれたと考えられ，緩やかな放物線を描く。地形と公図による敷地割と，大須の伝承とが重なる。

### （3）文化的生活が漂う大須

『雄勝町史』に興味深い一文がある。その内容は，奥州藤原氏が京都の文化，特に仏教文化を平泉地方に移植することに異常な努力を払うが，それ以前蛮族視された浮囚の長といわれる安倍氏一族もまた，仏教文化の信奉者であり指導者であり，一族からも僧侶や文学的な素養のある者も出たという内容である。大須に落ち延びてきた人たちのなかに，安倍氏一族の末裔も含まれており，高い教養と土木技術に長けていた可能性がある。現在大須には2つの共同井戸がある。

**写真2-2-7** かつて共同で使っていた「下井戸」の跡

「下井戸」（公共），「尺井戸」（これは個人所有だがみんなが使っていた）である（写真2-2-7）。また，旧家といわれる55軒の家にはそれぞれ井戸が掘られ，一つ一つの敷地を調べていくと，現在も実に多くの井戸が残されているとわかる。沢にある本家から別家(べっか)（分家）した家がまず，背後の土地を得て住んだように思われる。

　先祖代々大須に住む阿部文子さんから，大変興味深い話が聞けた。いまだと非常に不便な場所と思うと前置きしながら，「沢沿いに住みはじめた本家が，後になると奥に引っ込むケースも見られる」と話をしてくれた。大須は本家筋の屋敷も，より良い敷地環境を求めて移動しているのだ。最初に住みはじめた土地は別として，沢沿いは湿気のある土地柄から，背後の斜面地を

開墾して移転したと考えられる。またごく限られた人たちだけのヒアリング調査であるため，近世，近代における屋敷立地のあり方とその移動状況は充分に把握できていない。これは今後の研究課題であるとしても，井戸が掘られ，生活の向上に伴い，高地への屋敷の移動があったことは確かだ。

### (4) 旧家55軒と近代以降の大須

　大須の方の話によると，旧家55軒が村の共有林を所有する人たちであるという。明和年間(1764～71年)の『封内風土記』(田辺希文)に見られる大須の戸数は59戸。ちなみに，嘉永3年が54戸，明治21年が59戸なので，江戸時代中期から明治前期まではほぼ横ばい状況が続く。

**写真2-2-8**　窪地に集住する大須の家並み

そのことから，18世紀中ごろまでには旧家といわれる55軒によって集落空間が整えられ，長らく維持され続けてきたようだ。ここに至る集落空間の拡大は，5軒の後背地と沢に沿った南向き斜面沿いを中心に拠点を設けた後，その後背地，沢の上流，沢の反対側(南側)に宅地化が行われたと考えられる。だが，これらの拡大は沢が流れる谷戸周辺に限定された(写真2-2-8)。

　明治前期までは，現在旅館を営む長栄館の奥には人家はなかったという。その後の明治後期以降になって，集落の人たちが年貢などを検分されるときに船を隠したことに由来する船隠にも，別家した人たちが住むようになる。明治から戦前にかけては100戸前後に戸数が増える。それぞれ，旧家の山林や畑の土地を使って宅地化し，別家の家を建てた。豊かな漁場が目の前にあり，漁から，加工，行商まで一貫して家内でやるシステムだが，それだけでは，大規模な人員を集落内で吸収することが難しい。ただ，明治，大正，昭和戦前期の好景気と不況が波状的に繰り返される時代，生活の安定という面では人口を増やす要因となったと考えられる。

さらに戸数を急速に増やした時期は，戦後である。戦中から戦後にかけ，日本の主要都市が空襲で壊滅的な状況にあったなか，身近かに優良な漁場があることと，畑地を開墾できる地形条件に加え，生活しやすい温暖な気候は都会に出た人たちのUターン，あるいは新規に入ってきた人たちの流入を加速した。舘森は，もともと国有林だったところが，戦後の開拓で開かれた地域である。それまでは舘森に道がなく不便であり，小舟しか付けられない浜であり，漁業には適していない場所だった。その舘森にも人が入るようになり，昭和40年代には220～230戸ほどの規模になっていた。

　人口の増大にともなって，上水道の整備，中学校の新設が見られたが，陸上交通の整備は遅れた。船越へはバスが昭和33年に来ていたのに対し，昭和44,5年ころになってやっと大須にバス路線が開通する。

　大須の人口は，200海里（日本は昭和52（1977）年に設定）の問題が起きるまで，増加傾向にあり，遠洋漁業が生計の中心だった。戦後の宅地化も戦前と同じように，別家は旧家の山林，畑地を利用して家が建てられた。しかしながら，遠洋漁業に歯止めがかかり，加えて鉄道も通らず，陸路の不便さは戦後社会の仕組みとして，不利な条件として大きくはたらいた。陸上交通の不便さが現在の大須を「限界集落」の域をはるかに超える状況に陥らせていく。現在の戸数は180戸を欠くという。それは，35年の間働き盛りの人たちが取り残され，そのまま年をとった状況である。

　大須の集落が再生し，持続可能な社会を再び取り戻せるかという命題は，数十年後の日本社会への問いでもある。この度の津波にもほとんど影響されずに生き残った，これほど豊かな集落が陸上交通の不便さだけで消滅してしまう日本社会は存在の価値を失うことになろう。これは限界集落の救済ではない。日本の進路を問い直す決断に他ならないと強く感じる。


## 9　集落構成と水

### （1）井戸の分布と沢の位置

　大須を訪れて驚いたことの一つに，井戸の多さがある。そこで集落内の井

戸と沢の流れる位置に着目した。大須浜を俯瞰すると，沢が集落の真ん中を流れ，海に注ぐ。現在その沢のほとんどは車交通に支障があるために暗渠化されているが，痕跡は充分読み取れる。これを境に北と南，それと八幡神社や郵便局がある西側とでは，集落空間をつくりだす仕組みが大きく異なる。

　四代・阿部源左衛門の末裔が住む阿部家の北側エリア（南斜面）は各戸にほぼ井戸があるが，他の2つのエリアには井戸がほとんどない。その替わりに，共同井戸が2つある。港に下りていく途中と，八幡神社の近くにあり，個人井戸のない2つのエリアをカバーする。調査中路上でヒアリングした70代の方の話によると，八幡神社より上に居住する人たちは比較的新しいとのこと。これまで調査した港町や漁村の発展プロセスと比較考察していくと，おおよその大須集落発展のイメージが描ける。最初に入植した5軒の屋敷のエリアを核に，背後の南斜面の開発と，沢に沿った上流の開発が進められ集落を拡大する。その後，居住条件はよくないが，海に近い北側も開発されていったと考えられる。

　このように井戸のあり様から大須の集落の発展を考察していくと，八幡神社の位置が気になる。現在は集落の中心にあるかに見えるが，最初は集落の奥に位置していたとわかる。これは羽黒派の修験者が持ち込んだといわれる法印神楽との関係を理解する上でも重要である。山岳信仰であるから，漁村集落の仕組みとは異なる。

### （2）飲料水の話

　旧家の人たちは，敷地内の井戸を飲料水として昔から利用してきた。ただ佐藤重兵衛さんのお宅のように海抜が高いと，夏の渇水時期には枯れてしまうことがよくあったという。その時は，沢近くの共同井戸まで水を汲みに行ったそうだ。沢に近い井戸は夏でも枯れない。大渇水の時でも，1，2本は枯れない井戸があったようだ。1つは，宮守である佐藤家前，道路を隔てた向かいにある「下井戸」と呼ばれる共同井戸。この井戸は以前周辺が空地となり，皆が洗濯できるように洗い場の施設もつくられていた。この共同井戸は，洗濯場として昭和40年ころまで使われた。もう一つは，八幡神社脇

にある個人の敷地内にある「尺井戸」と呼ばれる共同井戸。もとは個人の井戸だったが、次第に共同井戸として使われるようになった。

　戦前の大須は井戸水が生活の基本だったが、大渇水の時ほとんどの井戸が枯れてしまうこともあり、渇水対策として昭和27年に小富士山の水源から簡易水道が引かれた。大須周辺で高い山は大須の集落から見える小富士山である。大須中学跡の裏に水源があった。舘森に「うじまの浜」があって、そちらの方に流れる沢水をせき止め、大須まで引水した。簡易水道ができてからは、使い水（飲料水以外）として井戸を使うように変化した。

　ただ、大旱魃があると、ここの水も枯れてしまう。大須の水源は山が低いために水量が少なく、そこで雄勝の方まで水源を求めた。雄勝の方は大須より水量が豊富だったことから、最近まで大浜の上の沢の水を貯水して使った。現在は、地下水量が最も豊富な硯上山の水源水を水道として使っている。


## 10　大須の居住空間1（阿部文子さんの話から）

### （1）被災した港と民宿・日の出館

　港部分は今回の地震津波で被災した。埋立地に建つ鉄骨造の大須地区漁村センターは躯体を残し1階部分が大きな被害を受けた。その後何度か訪れるうちに、応急的に修復し、活用されるようになる。その南側は漁船が乗り上げられるようにコンクリート舗装された斜面の港である。この2つの施設と道路を隔てた内陸側に阿部家の民宿・日の出館があった。低地に建てられたこの建物は津波で押し流され痕跡すら無い。建物の表側には井戸があり、この度の地震津波まで使われていた。民宿・日の出館は、廻船業で莫大な資産を残した、文化12（1815）年生まれの四代・阿部源左衛門寿保の末裔で、阿部文子さんの父親・九代目にあたる阿部栄次さん（大正10年生まれ）が経営していたものだ。

　被害にあうとともに、限られた海側に土地を所有する阿部家の存在が気になった。江戸時代後期に繁栄した資力が港近くの土地を得て、後に民宿日の出館となったと考えられるからだ。民宿は父親の代からはじめたという。近

くの荒浜にはきれいな砂浜があり海水浴に訪れる人たちがいて，夏は海水浴で民宿が繁盛したとのこと。お客さんは仙台からの人が多かったと話す。

阿部文子さんの話で興味深かったことの一つに，地震当時の体験がある。民宿の日の出館にいた文子さんは地震が起き，危険を感じて母親と自宅に避難した。その後文子さんだけ民宿の状況を確認するために，宮守である佐藤家の屋敷辺りまで戻った。その時，すぐ近くまで海水が上がりはじめてきたのを見て引き返したという。貞観の大地震津波と同じ，あるいはそれ以上かもしれない状況を体験したのだが，集落の原構造からすれば，それに充分耐えられる空間の仕組みをつくりあげていたことも証明されたことになる。

### （2）阿部家の戦後と敷地内配置

港から沢筋の道を上ると両側に何本かの細い道が通されている。右側にある2本目の細い道を右に折れ，少し上った道を突きあたって右側に門がある。この大須では唯一の門である（写真2-2-9）。ここが阿部家の自宅で，文子さんが生まれてからしばらくは米屋を商っており，米

**写真2-2-9**　阿部家の庭から見た門

は女川から仕入れたという。阿部家九代目の父親が，結婚してから機械を入れ，麦突きをやり，穀類の販売に携わってからのようだ。船の扱い所も同時にしており，文子さんの小さいころ，集金に行かされたと話す。廻船で名を馳せた時代から引き継がれたものだろうか。八代目となるおじいさんは，文子さんが1歳くらいの時，昭和28年ころに亡くなっており，ほとんど記憶にないとのこと。

門は昔からあったという。門を入った左右に庭があり，江戸時代に船で運んできたといわれる石が庭石として置かれていた（写真2-2-10）。ちなみに，写真手前左に写っている石はこの度の地震で転がり落ちたものだと文子

写真2-2-10　江戸時代に廻船で運ばれた石

写真2-2-11　庭側にある井戸

さんが話してくれた。門を入った左手が母屋で，現在の建物は，建てられてから約30年が経つ。向きは南南東。南に下る斜面地なので日当りがよい。大須は近年に建て替えた立派な建物が多いが，多くはまだ平屋建てである。

　建物正面の右3分の1ほどの所に玄関がある。玄関の右手に井戸があり，雄勝の天然スレート石で組まれている（写真2-2-11）。地震津波の時には重宝したという。井戸は裏にもあり，阿部家は敷地内に2つの井戸がある。何のために2つも井戸を掘ったのかは不明だが，文子さんの記憶では奥の井戸はほとんど使われていなかったと話す。戦後簡易水道が引かれるまで表の玄関側の井戸が主に使われた。

（3）阿部家の母屋の間取り1（日常の空間）

　現在の新築した母屋は，昭和59（1984）年に建てた。この建て替えはすべて大工さんに頼んだという。また，現在の建物と建て替え前の建物との比較では，3室を基本とする部屋の間取りに変化はない（図2-2-3）。南南東向きに3部屋連続し，右端に土間を設ける間取りは豪商であるかどうかを問わず，また建物の規模の大小にかかわらず，ほぼ同じである。これが大須の伝統的な間取りといえる。阿部文子さんのお宅の近くに三間間取りの「ヒロマ型居住形式」の古い住宅が空き家となっていた（写真2-2-12）。大須では建て替え

図2-2-3 阿部家の旧母屋の概略平面図

写真2-2-12 天然スレート瓦を葺いた「広間型三間取り」の古い形式を残す家

ても、規模や方位はあまり変化がないようだ。ただ、玄関を入った真ん中にある廊下は、建て替え以前の母屋になかった。生活様式の変化が見られる。

建て替え前の建物は、一番右側に通り土間を設け、勝手口を入ると通り土間に水回りの流し台や火気類のかまどが並ぶ。それが新築になり、3室続きであった部屋の右から1室と2室の間に廊下が設けられた。廊下の奥に台所、便所、浴室など水回りと火気類の部屋が置かれた。これは、阿部家が特殊な変化をしたのではなく、阿部家の背後の斜面地上に住む佐藤重兵衛さんなど、幾つかヒアリングで訪れた家の建て替えパターンは基本的に同じだった。冠婚葬祭の変化が間取りを少し変えた要因と考えられる。

旧母屋に向かって一番右端に勝手口があり、その左隣に玄関があった。玄関を入ると、その奥は板敷きの部屋となる。玄関の右側には、文子さんが物心ついた時、ボックス状の木製電話置場が設けられていた。板の間側に入口があったが、玄関側にも小さな窓が付けられており、そこからも受話器を取れた。早い時期に設置したことで、緊急電話の取り次ぎが多かったという。

板の間の奥が「茶の間」(一般には「ダイドコロ」と呼ばれる部屋)となっており、その間には障子戸がはめてあった。茶の間の裏側には不要なものを一時しまっておく物置のような部屋が母屋のなかにあった。ちなみに、石巻地方では、一般的に外にある板蔵に米とともに味噌を入れていた。

155

## （4）阿部家の母屋の間取り2（接客する空間）

　玄関の左側は庭に面して縁側があった。茶の間の左隣りは「オカミ」と呼ばれる部屋で、文子さんの記憶では15cm位の段差があり、「茶の間」より一段高い。建て替えの時、オカミの屋根裏にあった棟札から、以前の母屋が築170年前とわかった。文子さんは棟札に書かれた具体的な年代を覚えていなかったが、棟札を見た父親が話していたことを記憶していた。今の家が昭和59年に建てられており、新築の時から差し引きすると1810年代の文政期、三代目、四代目の阿部家当主の時代に建てたと推測される。

　オカミは畳24畳の広さがあり、かなり広い部屋だった。阿部文子さんが子供のころ、八幡神社の祭りの時に多くの人たちが訪れ宴を設けたと話してくれたが、その時に使う部屋として24畳の広さが必要だった。オカミには、庭側から見て奥に仏壇と神棚があり、下に仏壇が置かれ、神棚が上に置かれた。このような仏壇と神棚の配置は、この地方で一般的に見られるケースで、神棚には屋根がかけられていた。神仏が分かれる場合は、神棚が真ん中にあるオカミの部屋、左奥3番目のザシキの部屋に仏間のスペースを設けるケースも見うけられた。オカミの隣にあるザシキは表と奥の2つに仕切られ、一つのザシキが8～12畳の広さだった。一般的に、奥の部屋はナンドと呼ばれた。さらにその奥の北側に蔵がつくられた。この蔵は母屋と別建てで、父親の代に蔵の壁を修復して、母屋と一続きにしたそうだ。

## （5）祭りの時のオカミの使われ方

　文子さんは母親から聞いた話だと断って、お祭りの時のオカミの使われ方を話してくれた。祭りの神輿は阿部家の門を潜り、庭先まで入ってきた。阿部家が御旅所の役目を果たしていたようで、担ぎ手たちはここでお神酒をいただき、休憩した。世話人の人たちがオカミに上がり、家の者はお膳を用意して振舞った。これは、毎年だった。神輿を担ぐ人はオカミに上がらなかった。お膳は用意しなかったが、酒や肴は縁側に用意した。このような宴は文子さんの母親が嫁に来てからも何回かやったという。

　神輿が門をくぐって庭まで入り、神輿を「モム」。文子さん自身も、その

様子を記憶する。ただし，阿部家の庭まで神輿が入ったのは文子さんの父親の代までである。祭りは，潮時の関係で旧暦の3月15日に決まっており，変化しない。息子さんの代になっても，祭事の重要な役割を担っているという。祭りの時には帰ってきて，八幡神社の祭りに参加する。九頭竜信仰だろうか，息子さんが龍のような縁起物を持ち，宮守の佐藤さん，その別家の方と3人並んでお祓いを受ける写真を見せてもらった。神主さんは，雄勝の人で小田家の方がお祓いに来る。

お祭りは，佐藤家が主導してやるが，四代目・阿部源左衛門の家系である阿部家だけが特別に祭事に加わる。江戸後期の大須への限りない貢献が今もこのようなかたちで続いているように思う。

## 11　大須の居住空間2（佐藤重兵衛さんの話から）

### (1) よう壁や建物の基礎に使われた石と自前の材木

佐藤重兵衛さんの家は，昭和52（1977）年に建て替えた。その切っ掛けは，敷地の裏につくられた産業道路だったという。この道路は，昭和52年に完成予定の大須漁港に向かう荷物運搬用の漁港関連道路で，裏の畑を買収して建設された。重兵衛さん所有の500坪の畑も道路建設で一部つぶれた。

道路ができる時期に合わせて，昭和50（1975）年から敷地の造成をはじめる。大須は勾配がある土地が多く，高い方の土を削り取り，低い方の土地に石垣を積んで土地を平らに整地して家を建てる。よう壁や家の基礎に使う石は，大須の場合，裏山の石ではなく，海にある石を使った。磯の岩をダイナマイトで砕いて利用した。人一人が通れるくらいの小道が浜に通じていて，そこを背負って石を運ぶ。石運びは親類が中心となるが，村の人たちの共同作業が習慣で，村中が総出で運んだ。

現在の建物は，重兵衛さんが所有する自身の山林から切り出した木を使い，製材した木ですべて建てた。製材は，山林近くの浜にある製材所で行った。しかし，それ以降大須に建てられた新築の建物は自分の山の木ではなく，すべてを大工に頼むようになる。自分の山から切り出した木を使う方が高くつ

く時代になったからだ。自分の山の木を切らなくなり，山の手入れをしなくなったという。

(2) 以前の建物配置と母屋の間取り

　古い建物は現在の母屋より敷地の左側にあった。新しい建物と隣の敷地の間くらいと話す。現在の建物のところは山の斜面が迫っており，平らに整地して新しい建物を建てた。以前の建物は自然の窪地にあった。

　古い母屋は南向きで，建物の東寄りに玄関が設けられ，その玄関を入ると土間となっていた。建物の間取りは，母屋の東側奥に細長い土間があり，カマドが置かれた。その奥が水廻りで東向きに流し台と水瓶があった。佐藤重兵衛さんの記憶によると，すでに土間の一部に板が張ってあり，台所として使われていた。土間の左隣に茶の間があり，茶の間の奥にはくくり付けの棚があった。茶の間の左隣がオカミ，その隣がザシキだった。オカミには仏壇を置いた。神棚はザシキにあった。西側の壁に床の間があり，その脇に神棚が置かれた。一般的に見られる神棚，仏壇が置かれる位置と異なる。オカミとザシキのある南東側には縁側（廊下）があった。

　便所は母屋と別で，外に2つ。1つは畑のたい肥用で，母屋から離れて置かれ，集落の中心部から上がってくる細い道の近くにあった。たい肥用の溜めは大きいものだった。もう一つの便所は，汲み取り式で，母屋の左隣りにある納屋（3間×2間）の中にあり，風呂も一緒とのこと。

　また，大須でも養蚕が行われていた。大規模にはじめた時期は明治に入ってからで，養蚕部屋（入母屋風の切妻屋根）が母屋と別途に建てられた。取れた繭は山形から買い付けに来たという。

●注

1）江戸時代の村は，現在の町村の規模とは違い，大字地域が一村を形成した。

●参考文献

雄勝町（1966）『雄勝町史』雄勝町役場総務課

山口弥一郎（1943）『津浪と村』恒春閣書房，(再録：石井正己・川島秀一編　山口弥一郎著（2011）『津浪と村』三弥井書店)
大石直正（1993）『地域性と交通』，岩波講座日本通史，岩波書店
網野善彦（1997）『日本社会の歴史（上・中・下）』岩波書店［岩波新書］
網野善彦（2000）『中世再考――列島の地域と社会』講談社［講談社学術文庫］
網野善彦（1997）『海の国の中世』平凡社［平凡社ライブラリー］
三浦茂一責任編集（1989）『図説　千葉県の歴史』河出書房新社
陣内秀信・岡本哲志編著（2002）『水辺から都市を読む』法政大学出版局
斎藤善之（2003）『海の道，川の路』山川出版社［日本史リフレット］
斎藤善之（2002）「陸奥国桃生郡大須浜・阿部源左衛門家文書目録」東北文化研究所紀要（東北学院大学）．34，pp.85〜132
斎藤善之（2004）「［東北の近世］雄勝の海商阿部家と奥筋廻船」東北電力株式会社広報誌『白い国の詩』（2004年5月号）特集
千葉賢一「葛西繁盛記についての一考察」(石巻高等学校（1973）『石巻地方の歴史と民俗　宮城県石巻工業高等学校創立十周年記念論集』石巻工業高校)
石巻市史編さん委員会編（1996）『石巻の歴史　第一巻通史編（上）』石巻市
田中幹夫（1970）「東北地方の漁村資料１　宮城県雄勝町大須浜の事例（その２）――明治以前の漁業と村落――」研究紀要第１巻（東北歴史資料館），pp.104〜125
岡本哲志（2010）『港町のかたち　その形成と変容』法政大学出版局

# 第3章　広田半島の漁村集落


長谷川真司・古地友美

## 1　広田半島の地理的環境と津波被害の状況（長谷川真司）

### （1）広田半島の概況

　広田半島は，岩手県の東南端の陸前高田市に位置し，旧広田町と旧小友町の一部から成る半島である（写真2-3-1）。その主要エリアである現在の広田町は，豊臣秀吉による太閤検地時点から気仙郡内の広田村として存在し，明治維新まで続く気仙郡24村（現在の陸前高田市域では10村）の一つである。昭和27（1952）年に町制をしいて広田町となり，昭和30（1955）年に8町村が合併して陸前高田市へ移行した。

**写真2-3-1**　箱根山からの広田半島の全景

　広田半島は，宮城県気仙沼市の唐桑半島を南端とする広田湾の東端に位置する三陸リアス式海岸の一部に位置し，黒潮と親潮の交差する漁業に適した環境にある。リアス式海岸は，一般的に磯浜が多いが，広田半島は砂浜も多い。根岬[1]，集，長洞などが磯浜であり，中沢浜，大陽浜，大野浜などが砂浜である。ただし，防波堤や護岸工事などにより形を変えた海岸もある。

　広田半島では現在9つの漁港（広田，六ヶ浦，大祝，三鏡，根岬，大陽，只出，両替，矢の浦）があるが，広田半島の海岸は天然の良港湾が少ない（図

2-3-1)。東海岸では六ヶ浦が船舶の停泊に最も適しており，西海岸では泊湾が良港として活用されてきた。南海岸では，漁場の関係で根岬・集が太平洋に直面する荒波の地域ではあるが，港として活用されてきた。そして，これらの湾は島や岩礁で波浪から守られてきた。例えば，泊湾は冠岩，赤磯岩や中島岩などが，根岬・集は椿島や青松島が波浪から守る役割を担ってきた。また，これらの島々は海藻などの豊かな漁場ともなっている。

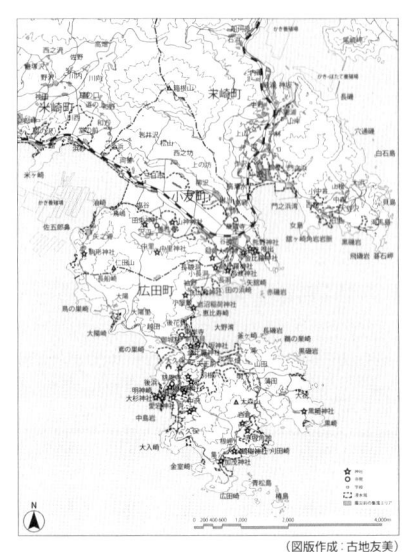

**図2-3-1** 広田半島の地形と集落分布
（図版作成：古地友美）

　広田半島は古くから三陸沿岸の自然豊かな漁場であったため，縄文時代から人々が暮らす環境にあった。陸前高田市全体で約130ある遺跡のなかで，広田町だけで中沢浜貝塚や大陽台貝塚など20を超える遺跡がある。隣接する小友町を合わせると全体の約3分の1の遺跡がこの地域に存在する。


### （2）近世の広田半島

　天正18（1590）年から始まる太閤検地により旧来の郷村は近世の村に移行することになる。従来郷村の範囲は生活環境から生まれ，年中行事や祭りなどで意識されていたが明確な境目がなく，村切りにより境目が明確に設定された。陸の場合は分水嶺である「峰切水落」が，また川の場合「片瀬片川」が基本であった[2]。

　広田半島の中心である広田村の場合，南側（「南ハ当村分根崎と申海上より」）と東側（東ハ当村分黒崎と申海上より））については「海上」を境目としていた[3]。漁村において村の境目が海上の場合，漁場については「磯漁は地附根附次第」であるという従来の慣行の基で設定されたが，「沖は入会」のた

162

め沖での漁場の境目ははっきりとはしていなかった[4]。従って，広田村と隣接する小友村の間では，入会問題が万治・寛文時代（1658～1672年）からたびたび起こった。漁業が重要な生活の糧であった広田村では漁場の問題は深刻であり，当事者同士で解決する事が難しい場合が多く，江戸時代には紛争のたび仙台藩庁の裁定をもって，また明治時代に入ってからは行政裁判を経て仲裁がはかられた。寛治・寛文時代（1658～1672年）の裁定では従来の慣行を認め，天明4（1784）年の裁定では海草，カキ，マリコ等の岩付については浜切に，その他小漁の分については入会のこととされ，広田村の望む解決とはならなかった。明治に入り，明治23（1948）年に大きな紛争が起き，宮城県により調整が行われたが，従来の慣例に従うべきであるという処分であったため行政裁判へと発展した。明治28（1895）年に広田村の漁民による請求は却下され，明治23（1948）年以来の入会問題は広田村の主張に沿う解決にはならず，それまでの状況がその後昭和27（1952）年に入会区域を根岬から有松島中央にするまで続く。

　広田半島沿岸の村々では，近世にこの地方の実態がわかるようになるなか，安永6（1777）年の風土記御用書出では広田村には18浜あることがあげられ，漁業を行う生活の場としてこの浜を中心に村が形成されてきた。浜によって海への依存度は異なるが，漁業を主な生業としつつ漁業のみで生計を立てる事が難しい事もあり，一般的には多くの人々が半農・半漁の生活を行っていた事があきらかになっている。この地方では，可能な限り田畑を耕し百姓として働く事が主体であわせて漁業を行う人々を「浜方百姓」といい，主に浜仕事を行う人々を「浜人」とよんでいた[5]。広田村は，農耕を行うにはあまり適していない浜も多くあったが「浜方百姓」が多い村であった。

　正保郷帳では，広田村の村高は81貫298文であり，田が43貫165文，畑が38貫133文で新田が138文であった。また，安永風土記では田が44貫979文，畑が38貫875文であった。これらからわかるように，地形の関係上畑作地域が多くあった。それに対して，海産物については，安永6（1777）年の海上高指出並御物成極小割帳によると，広田村の海上高（海産物を米に換算）として5貫700文あり，また安永風土記によると海上御年貢以外にも133の船に

種類に応じて御役金が課せられていた。明治以降になっては，昭和5（1930）年の広田村においては，総人口3,890人のうち漁業従事者は443人であり農業従事者の半分以下であった。ただし，ほぼ同時期（昭和7年）の広田村における生産額からいうと，農産物が1割程度であるのに対し，水産物が全体の約7割も占めていた。

また，明治期の海運としては，明治10（1877）年に気仙郡全体で75隻の荷船があるなか，73隻が50石以上で200石未満（約7.5トン以上30トン未満）の船であった。広田村では実態として10隻の荷船があったが，全てが200石未満の小型船であった。そして，干鰯，煮干鮑や鰹節などの海産物を東京まで運んでいた。しかし，明治20（1887）年に郡山から仙台・岩切・塩釜港まで，そして明治24（1891）年に上野青森間に鉄道が開通し，鉄道網が発展するなか気仙地方における海運の航路による交易も少なくなっていった。

広田村の人口については，明応5（1496）年の御竿答によると24軒が記され，また慶長年間（1596年から1615年）の御竿答によると44軒と記載され，100年の間に戸数がほぼ倍に増えた事がわかる。その後も軒数は増加し続け，寛永19（1642）年の御竿答では63軒，宝永年間（1704年～1710年）の御竿答では183軒，そして安永8（1779）年には323軒まで増えている。そして，宝永2（1705）年の人数改には「人頭189，総人員1861名子6水呑85」とあり，安永6（1777）年の風土記御用書出によると，この時の広田村の状況は，人頭325人で，人口は1,560人（男性805人・女性755人）であった。

### （3）黒崎神社

黒崎神社は，広田の東端に位置し，黒崎明神と呼ばれていた（写真2-3-2）。近世においては，広田村の鎮守であった。明治4（1871）年の「神社明細上」では広田町の神社は黒崎神社とその他16社が記載されている。そして，その中心となる黒崎神社は明治5（1872）年に黒崎神社と改称され，明治8（1875）年に村社として位置づけられている。その黒崎神社は，嘉祥年間（1106～1108）に創設された小さな祠があり，承安2（1172）年に山伏源真（2代）が息気長帯姫命（神功皇后）を勧請したと伝えられている。そして，元徳2（1330）

年に現在の場所に遷宮したと言われている。

漁業は常に危険が付きまとうなか，広田半島の漁民は古くから大漁や船舶の安全の祈願を黒崎神社に対し行い，沖を通る船舶は帆を下げ航行し祈願を行ったと言われている。また，黒崎神社は年中行事の中心でもあり，例祭日は旧暦の3月10日と9月10日であるが，大例祭が現在は4年に一度行われている。

写真2-3-2　黒崎神社

漁村においては，「共存共栄・相互扶助の精神に基づく団結」[6]が必要であり，漁業に従事する人もその家族も漁の無事や豊漁をみんなで祈るなかで共同体としてのそのような精神が育まれるという特徴がある。広田村ではその中心的な役割を黒崎神社が担い，共同体の精神的な支柱として存在してきている。また，黒崎神社が創設された祠の場所からは，広田半島の一番の漁場である根岬を眼前に，北には大野から門の浜や碁石に連なる海岸線を一望に収め，自然景観上漁業を行っている船舶を確認する事が出来る海と深くつながった場所として，また日の出を見るにも絶好の位置であるため信仰に適した場所として黒崎に神社が存在してきた。

(4) 住居のあり方

住居については，昭和初期の広田半島の家屋について記録が残っているのでそれに基づき当時の状況についてまとめる。農家，漁家，商家により間取りが異なるが，ここでは漁家の一般的な間取りを見てみる[7]。

昭和初期の広田半島における住居は，地形の関係上小規模で入り組んでいた場所に建てられた家も多くあったが，生業の関係上住居の方位については8割以上が東南から南向きの家であった。そして，漁業に便利な浜を中心に海岸沿いに多くが居住していたため，泊のように明治29年や昭和8年の津波で倒壊や流出などの被害を受けた家屋が多くあった。だが，高台移転するより生業に便利な海岸沿いにほとんどの人が戻ってしまった。

165

また，幹線道路が整備されるなか商業を営む人たちは道路沿いに居住し，泊のように商業地を形成する地域もあった。そして，根崎のように古くからある建物の多くは，小高い丘を背にした幹線道路沿いの中腹に建てられ，平地の少ない広田半島ではこのような斜面の段丘などに集って家屋が建っている集落が多くあった。また，広田半島は良質な花崗岩があちこちに散在し豊富なため，ほとんどの住居に石垣が作られ，町の中心部であった泊など以外では敷地内に多くが畑を有していた。

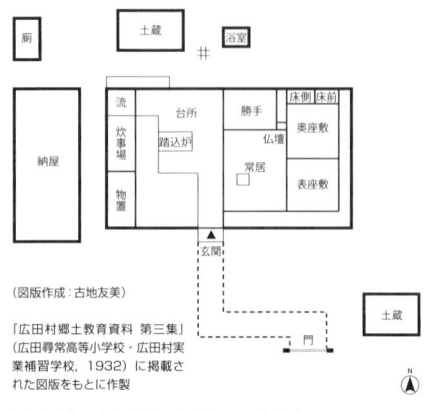

（図版作成：古地友美）
「広田村郷土教育資料 第三集」（広田尋常高等小学校・広田村実業補習学校，1932）に掲載された図版をもとに作製

**図2-3-2** 広田の漁家の間取り図

　昭和初期の広田村における一般的な漁家の住居の間取りについては，入口を入り台所があり，手前の部屋が「オカミ」（「常位」ともいう）と呼ばれる来賓をもてなし，神棚が飾られている主人の部屋であった。オカミの奥の部屋が勝手であり，通常物置として使われる事が多いが，子供や高齢者の寝室として使われる事もあった。オカミの隣の部屋に「ザシキ」（「出座敷」や「表座敷」とも呼ばれる）があり，来客の宿泊などに使われた。その奥の部屋は「奥座敷」として使われ，冠婚葬祭の時には表座敷と通して使用する事もあったし，納戸として使われ衣類や家具などの収納場所と使われたりもした。オカミと座敷の間に「小座敷」（「中の間」とも呼ばれる）のような部屋が仕切られている場合には，仏壇はこの部屋に置かれ仏間のように使われていたが，オカミと座敷が隣り合わせになっている場合には，オカミに神棚と仏壇が両方置かれていた（図2-3-2）。

　現在の家の間取りについては，広田半島で古くから居住している住民の方の話や彼らの家の間取りによると，改築をするなかで玄関の位置の変更や部屋と部屋の間に廊下を新たにつくったりはしたが，基本的な間取りは昭和初期の漁家と同じであった。例えば，インタビューをした住民の自宅の場合，

玄関を入ってすぐ右手にオカミがあり，その部屋に改築前の家からまつっていた神棚と仏壇が置かれ，その奥に座敷が2つに分けられていた。

### (5) 広田半島を襲った過去の津波と津波被害

　三陸地方は地震・津波が古くから多い地域であり，記録としては貞観11 (869) 年の津波から残っており，特に江戸時代以降は記録が多く残っている事もあり津波の回数が増えている。気仙地方を襲った主な津波としては，江戸時代では，慶長16 (1611) 年の津波が貞観11年の津波の地震に匹敵する大きな地震と津波であった。ちょうどその時に，イスパイヤ使節ビスカイノが気仙地方に金山の調査と沿岸の測量のため来航していたため，一行の報告から津波の状況がわかった。それによると，使節団が津波に遭遇した越喜来湾では波の高さが3メートル89センチを超え，翌日訪れた今の気仙町の今泉では，ほとんどの家が流され50名を超える人が亡くなったとされ，広田半島含め気仙地方で大きな被害があったことが記されている。寛政5 (1793) 年の津波でも，三陸全域の海岸で大きな被害があった。また，安政3 (1856) 年にも大地震があったが，地震の大きさの割に津波の被害はそれほどでもなく，広田村では特に被害がなかったし，長部村や今泉村でも人家に被害はなく田畑などが浸水しただけであった。

　明治以降では，明治29 (1896) 年の三陸大津波，昭和8 (1933) 年の三陸大津波，昭和35 (1960) 年のチリ地震津波などがこの地方を襲い，大きな被害を与えている。

　明治三陸大津波では，気仙地方で大きな被害を受けたのは外海に面した広田村と小友村であり，広田村では518名 (全人口の16.7％) が亡くなり，全半壊・流出した家屋は149戸 (全戸数の34.8％) という被害状況であった。また，田畑の流失は51.4haに及び，漁船も大きな被害を受けた。被災者や被災地域に対しては，広田村に恩賜金386円31銭や義損金として11,878円46銭が支出された。そのなかで，横浜居留外国人団体代表のベンネット氏からは，罹災漁民に対し漁船及び船具製作費として426円16銭が義損金として拠出され，かっこ船16艘が造船され，櫂や櫓などが製作された。また，国庫救済金と

して潰家取片費（1788円85銭），食糧費（711円60銭）や死体埋葬費（570円90銭）など合計16,976円51銭が支出された。

　昭和8年の三陸大津波では，広田町を襲った津波の高さは泊港が4.5m，根崎が11.2m，六ヶ浦が3.5mで大野湾が4.0mであった。死者・行方不明者は現在の陸前高田市域では広田村が一番多く，死者26名行方不明者19名であった。建物の被害も甚大で，103の住家と370の非住家が流失し，船舶の被害も流失破損（泊浜200隻や長洞50隻など）が多くあった。

　復興については，広田村では住宅適地造成事業を進め，広田村信用組合が住宅再建の資金融資を行った。また，朝日新聞からの寄付金（4,100円）を基に，泊から田谷への道路をつくるなど民間からの寄付金も活用し復旧が進められた。さらに，生業への支援も復興には重要であり，漁業組合として無動力漁船（小漁船571艘や二丁立船30艘など）622艘の建造や，動力漁船（モーター船20艘など）48艘の造船，その他共同製造場や倉庫の建設などの事業を実施するため県からの助成金，一般寄附や借入金などあわせて35万円の事業を企画・実施した。これらの復興事業が大きな成果をあげ，その後の広田町の発展に貢献した。

　昭和35（1960）年のチリ地震津波では，広田町では泊が2.4m，六ヶ浦が3.8m，長洞が2.9mの高さの津波を受けた。この津波で大きな被害を受けたのは広田湾の奥に位置する気仙町，高田町，米崎町，小友町などであった。広田町は他の地域と比べ被害が少なかった。陸前高田市全体で被害世帯が542世帯あるうち広田町は11世帯で，船舶の被害も244隻のうち広田町は11隻であった。チリ地震の津波を受け，津波対策として市内全域に防潮堤の建設を国の事業として県が事業主体となり行うことになり，広田町では大野海岸，六ヶ浦漁港，根岬漁港，広田漁港，大陽漁港に防潮堤の建設が進められた。

　以上，広田半島の漁村集落について地理的環境と津波の被害状況について歴史的構造システムを踏まえながらまとめてきた。次に，広田半島には集落がいくつかあるなかで，重要な生業である漁業を中心に発展した漁村集落である根岬集落，広田半島の中心として栄え港町として発展した泊集落，古くから「浜方百姓」が多いなか半農半漁の集落として発展した長洞集落を取り

上げ，それぞれの集落の地理的環境や過去の津波の被害状況などについてもう少し触れてみる。

## 2　プリミティブな集落構造を残す根岬（長谷川真司）

### （1）地理的環境の特徴と集落空間

　根岬は，広田半島の大森山の南側に位置し，中央の志田と堂の前，北の岩倉，南の集と，4つの集落が一つにまとまった地域である。これらの集落は豊かな漁場を持つ浜であったため古くから漁村として発展してきた（写真2-3-3）。明応5（1496）年の

**写真2-3-3**　現在の根岬集落の風景

御竿答には広田村について24軒記載されており，根岬の地名は記されてはいなかったが，現在の根岬を構成する志田，集，堂之前の地名がすでにあった。慶長年間（1596～1615年）の御竿答では，広田村には44軒あると記され，そのなかに「一，集り屋敷　四代武せん」，「一，志田屋敷　四代さつま」，「一，堂の前屋敷　三代太郎左右門」があり，根岬には広田村のなかでも何代かにわたる古い家がいくつか示されている。寛永19（1642）年の御竿答では，「志田屋敷，拾四軒，集屋しき，拾壱軒，堂之前屋敷拾軒」と記され，集落をなしていたことがわかる。風土記御用書出では，根岬浜の大きさは南北7間，東西150間であったとされている。そして，昭和7（1932）年において根岬は，人口622名で戸数95戸と広田村のなかで泊に次いで2番に大きな集落として存在していた。

　文政年間（1818～1829年）の広田村の絵図によると，村の中心となる幹線として泊浜から長洞そして小友村への続く道が描かれ，その幹線が唯出～泊浜線として大正初期に整備されたが，根岬への交通の便はあまり良くなかった。根岬への道は，天王より根岬に至る根崎線が大正末期に整備された。根

**図2-3-3** 現在の根岬の集落構成

岬においては、住居の多くは道路に沿って南向きに段丘にかたまる形で建てられ、本家・分家関係にある同じ姓の家がかたまって地域を形成している。志田の菅野姓、集の伊藤姓や岩倉の臼井姓などが各集落を構成する主要な姓としてあげられる（図2-3-3）。現在は陸地となっているその入江ごとに古い集落の骨格があり、根岬は広田半島のプリミティブな集落構造を維持し続けてきたと考えられる。

### （2）過去の津波の被害と高台移転

　根岬は、津波の高さが明治29（1896）年の明治三陸津浪の時32.6m、そして昭和8（1933）年の昭和三陸津波の時28.87mと両方の津浪において最も高い波を受けた地域であった。これは湾形に関係しており、根崎は直接外洋に向かうV字形の湾であるため海岸線において波が勢いを増し高くなる傾向があった。事実、明治三陸津波と昭和三陸津波の時に波高の地域は、外洋に直接接しV字形の湾（綾里村白浜や吉浜村本郷など）であった。ただし、津波の高さが被害の大きさに直結するわけではなく、浸水地域も昭和8（1933）年の昭和三陸津波の時は宅地の浸水が1.07haであり、同じ広田半島では泊や大野の宅地浸水被害の方が大きかった。また、家屋の流出や倒壊についても24戸（根岬・集で全戸108戸中）の被害であり、死者・行方不明者も2名（根岬・集で全戸678名中）と津波の高さのわりに被害が大きくなかった。これは、湾の地形から平野部がそもそも少なく、昭和三陸津波の時点で多くの家屋が高所にあった事がその一因と考えられる。

　昭和三陸津波では、当時の根岬集落と集集落のなかでも、志田が最も家屋流失及び倒壊の被害を受けた地区であった。内務省の復興計画では、高台集

団移転を行う部落として根岬集落は計画には入っていないが，現在の集落の住民に確認したところ各戸移転として志田で4戸が昭和三陸津波後に高台に移転したとの話であった。

## 3　廻船で繁栄した泊（長谷川真司）

### （1）地理的環境の特徴と集落空間

　泊は，縄文時代の遺跡と弥生時代の遺跡が重なる中沢浜貝塚のすぐ近くにあり，海岸からすぐ近くの段丘の上にある遺跡の立地条件や出土した土器から稲作を行っていた土器などは特になく，漁業を行い生活していた人々が古くからこの地に住んでいたことがわかる（写真2-3-4）。奥州藤原氏の時代には，泊は気仙産の木材を運ぶのに筏を集結させた海上輸送の湊の一つとして使われた。

　そして，泊が大きく変化するのは近世以降である。もともと天然の良港であり，海産物も豊かであった泊は海運で栄え，現在港がある場所に平らな土地もあったため人が集約し，水面に面して短冊状に割れた敷地構造をつくりだしたと考えられる（図2-3-4）。

写真2-3-4　愛宕神社から見た泊の風景

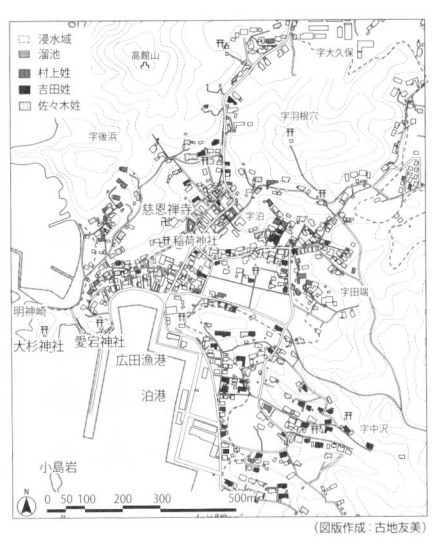

図2-3-4　江戸時代の敷地構造が残る現在の泊の集落構成

江戸時代奥羽地方の海運は，三陸沖を航行する航路は運航の難所が多かったため，日本海側の航路が早くから活用され北前船などが活躍していた。仙台藩では，米が江戸で評価を得て消費されるようになり，藩の財源確保のためにも多くの米が江戸に送られるようになったが，その輸送は当初非常に困難であり，石巻から船に積み込まれ海路で那珂湊に至りそこから川船や陸路を使って江戸に運ぶか，銚子を経由して利根川を下るという経路が活用されていた。気仙郡の村の場合，さらに石巻までの輸送も加わるという状況であった。そのような状況下，寛文10（1670）年幕府は河村瑞賢に石巻荒浜から江戸への航路の開発を命じ，東廻り航路として石巻荒浜から安房小湊を経て相州三崎もしくは伊豆下田へ行き，江戸へ入る航路を開発した。

　東廻り航路が利用できるようになった事で江戸への輸送が容易になり，米以外の海産物も江戸に盛んに輸送されるようになった。そして，古くから三陸沿岸は自然の良港で天然資源も豊富な漁村だが外部とのつながりが少ない集落が多かったが，江戸とのつながりが深まるなか，漁港として発展していった集落もあった。昆布，鮭，鰯粕などは三陸俵として江戸へ輸送され，特に干鮑，いりこ，鱶鰭は「長崎俵物」として海外へ輸出され幕府が大きな利益を得ていた。広田村の場合，泊浜が天然の良港で，海産物も豊かであったため，漁労の中心として，また気仙地方の交易の中心の漁港として発展した。そして，多くの「親船」を持った「登せ商人」が集り，交易を行っていた[8]。藩政時代「風土記御用書出」によると，浜の大きさとして泊浜は南北10間，東西180間であった。

　江戸との交易が盛んになるなか，藩内の重要な港において米俵検査や脱石・密石の監視のため，また船や物資の取締や難破船の救助を行う機関として御石改番所が気仙郡では4ヶ所におかれた。そのうちの1ヶ所が広田村の泊にあった。元々は六ヶ浦にあったが，享保14（1729）年に泊浜に移転し，役人は慶応年間（1865～1868年）まで常駐した。

　昭和初期広田村の商業の中心は泊であった。泊集落のなかでも西側の住民は主に漁業を生業にしていたが，中央部の住民の多くは商業を生業にし，このエリアが広田村の中心地であり漁業組合事務所，郵便局や消防本部などがあった。また，水産製造販売業を営む人も多くこの地域にいた。東側には農

桑園芸を生業にする住民が多く住んでいた。

　泊は，旧広田町の中心地として発展し，明治29年の津波と昭和8年の津波で大きな被害を受けたが，また同じ低地に家屋を再建しさらに発展をとげた。近年では，遠洋漁業の港として，遠方からも漁業に従事するため多くの人が集まり，商業の中心地としてスーパーや映画館などもあり繁栄していた時代もあった。

### （2）過去の津波の被害と高地移転

　明治29（1896）年の明治三陸津波については，集落ごとの被害状況について詳細な記録は残っていないが，復興に関しては国からの支援はほとんどなく自力で復興及び津波対策を行った集落の事例があるだけであった。そのなかで，私財を投げ打ってでも集団移転取り組もうとした人々がおり，そのうちの一人が泊港の佐々木大三郎であった。佐々木は高台にある畑を買収し整地まで行い集団移転を構想したが，実際移転したのは3戸だけであった。

　昭和三陸津波では，泊は港湾の形が大湾の内にある港湾で，かつ海岸線に凸凹が少ないため津波の高さ（波高4m）はそれほど大きくはなかった。しかし，漁港として栄え広田村の中心地域であったため，昭和7（1932）年時点では村のなかで人口（752名）も戸数（117戸）も一番多い集落として存在していた。従って，宅地の浸水域では広田町で一番被害が大きく，また家屋の流出・倒壊でも50戸が被害を受け死者・行方不明者は8名であった。

　岩手県では，復興について明治29年の津波浸水線以上の高台に移転する計画がたてられ，泊集落では被災を受けた50戸のうち45戸を集団移転するための用地として，2ヶ所で合計2,735坪の敷地を計画し移転先として決めた。しかし，用地の買収や造成に時間がかかるなか，一部の住民は浜の近くの被災地域に仮住宅を建て住むようになった。そして，生活が落ち着くと津波の恐怖も薄れ高台への移住も不便に感じるなか，恒久的な住宅を被災した地域に建てることになり，結局分散移転をすることになった。

　泊は交通，産業また文化の中心であったため，津波や火災などにより大きな被害を過去何度も経験してきたが，その度に復興するなかで人々が被災地

域にも住み生活を営み，繁盛を取り戻してきた。

## 4　水の恵みを享受した長洞（古地友美）

### （1）集落形成された環境

長洞は広田町の北東部にあり，小友町との境に位置する集落である。仁田山から東に向かってだんだん低くなっていき，海岸と接する一帯に長洞の集落が形成された（図2-3-5）。海沿いの一帯は緩やかな斜面の低地となっており，一面に広大な水田が広がる。住居はゆるやかな斜面に分散して配置されているため，各敷地は広く，その中に畑を持つ家が多い。漁港は湾内の中央にある防波堤を境にして，広田町と小友町とに分かれる。長洞は漁村でありながら，広い耕地面積を持つ半農半漁の村である。

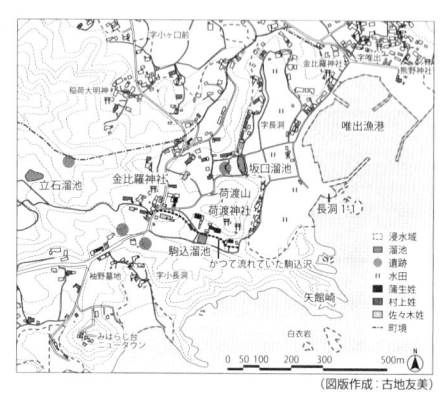

図2-3-5　農村と漁村が共存する長洞の集落構成

### （2）津波と高地移転

明治29年の三陸津波では只出港に9.2 mの高さの津波が押し寄せ，長洞の平田部落が全て流出したと，「廣田村郷土教育資料」に書かれている。昭和8年の津波では7.7 mの高さの津波によって，8戸の住宅が流出した。同津波において，只出港沿いの小友町唯出地区でも33戸が流された。しかしながら，3.11の津波では，地図の等高線から推定して十数mの高さまで波が到達し，長洞の全60世帯中，約半分の28戸が流された。

長洞の海岸付近に住んでいた方の話によると，明治津波後に高地移転をしたが，昭和8年の津波で再び被害を受けたという。その後さらに高地へと移転を試みたが，高地に移ったことから強風の影響を受け，生活環境が悪化した。また，漁業をするには高地移転した場所から港まで距離が遠く不便なた

めに，再び海の近くに降りて家を建てた経緯がある。そして3.11の津波で被害を受ける結果となった。

長洞には急な斜面が少なく，湾沿い一帯に低地が広がる。日頃津波や高潮の被害を受けやすい低地一面に水田が耕作され，斜面をある程度上がった位置から住居のための建物が建ち始めた。この形態は，根岬と共通する。

長洞の旧家に着目すると，どの家もある程度高台にあり，津波の被害を免れた。高地だと海からの強風の影響が出て来るが，特に旧家では海側に防風林を持つ場合が多く，それによって生活環境の悪化を避けることができた。

(3) 集落の出現

長洞からは貝塚が出土しており，その歴史は弥生時代に遡る。また，長洞の石切り場から出土した太形蛤刃棒状石斧は弥生時代を特徴づける石器である。そのころから，この石切り場付近一帯は安定した土地であり，人々が安心して暮らせる場所であった。

中世に入ると，気仙郡は葛西氏の支配下に置かれる。長洞の矢館崎には「矢館」という名の小さな館が存在した。矢館崎は小友町唯出の蛇ヶ崎半島に対峙した小さな岬で，矢館崎の延長上には赤磯，小赤磯の岩島がある。矢館の北西部は沖積部が堀状に入り込み，郭は小さかった。

寿永4 (1185) 年の壇ノ浦の戦い後は，気仙の金山のために来住した落ち武者が数多くいたという。長洞の蒲生家もその例である。蒲生家には，壇ノ浦の戦い後に四国から兄弟で広田半島へと落ち延びてきた平家の落ち武者という言い伝えがある。それぞれ「長洞」と広田半島の北西に位置する「船荒（現長船崎）」に住み着いた。長洞の仮設住宅で話をうかがった蒲生哲さんは，蒲生姓になって，24代目だというが，それ以前は藤原姓を名乗っていたという。

船荒の蒲生家とは現在でも深い繋がりがあり，冠婚葬祭の時には，互いを招き合う風習を持つ。その際には，呼ばれた方が本家として上座に座ることになっている。

写真 2-3-5　現在も林に囲まれた蒲生家の屋敷

### （4）蒲生家から発展した集落

　蒲生家は「駒込の大屋」という屋号を持つ。長洞に来た蒲生家が，当時駒込沢の付近に住みはじめたことからこの屋号がつけられたと考えられる。駒込沢の北側には「荷渡山」と呼ばれる小さな山がある。そこには荷渡神社があり，代々蒲生家が，この神社の社守を努めてきた。蒲生家の敷地は，海側や南側も周囲をほぼ林で囲まれている（写真2-3-5）。かつては敵から身を隠すための工夫であったが，海からの強風を遮断する効果もあり，居住環境としては非常に良い場所である。また，地形的にはある程度の高さがあるため，海からあまり離れていないにもかかわらず，津波等の被害も過去にほとんど受けてこなかった。今回の3.11の大津波においても同様である。そして，立石の水源から豊かな水が流れて来る。蒲生家はその後，時代とともに沢沿いに分家していき，小さな集落を築いた。近年までは，夏になると駒込沢に無数のホタルが飛び交う光景が見られたそうだ。

### （5）蒲生家の氏神

　蒲生家所有の「長洞一番地」が興味深い。「長洞一番地」は，漁港の防波堤の付け根の位置にある，小さな岬状になった場所である。そこには，大漁祈願をする恵比須様と大黒様が海の方角を向くように祀られていた。だが，3月11日の津波で大黒様が流され，現在不在である。

写真 2-3-6　海と深く結びついて建てられた荷渡神社

蒲生家の氏神は，もとはこの岬に祀られていた。広田町では古くから「神様あそばせ」という，「オガミ様（イタコ）」に家族を占ってもらう習慣がある。そのイタコから，氏神様を海岸沿いの岬から奥へ移すように言われ，現在の荷渡神社の位置に氏神様が移されたのだという。蒲生家では以前，漁業と廻船業を行っていた。荷渡神社が建つ小さな山は「荷渡山」と呼ぶ。長洞一番地である岬に着けられた船から荷物を降ろし，この山へ運んでいたことが由来となった。荷渡神社の移転は，神様を津波や高潮の影響を受けやすい岬から，安全な高台へ移動させるためと考えられる。荷渡神社の本宮は海の方角を向き，稲荷神社は南南西を向く（写真2-3-6）。

### (6) 金毘羅信仰

気仙地方の人たちは，漁の神として金毘羅様への信仰があった。近世になって長洞に金毘羅神社が建立される。これには広田で起きた遭難事故が関係する。弘化4（1847）年6月18日，鰹船が大時化により遭難にあい，広田村だけで44人の漁師が亡くなる「18日流れ」という出来事があった。長洞の鰹船の乗組み員は金毘羅大権現に必死に祈った結果，奇跡的に助かる。その後，船頭の佐々木長治郎が金毘羅さまを勧請し，長洞にお堂を建てた。金毘羅神社へは幹線道路から参道が山側へ向かって延びている。神社は海側を向き，漁の神として海に出る漁師たちからの見え方も意識した，象徴的な位置に建立された。

### (7) 長洞の水源

長洞は仁田山からの豊かな水源があり，地下水も豊富に存在する。どの家でも地下15mほど掘れば水がでてくるのだという。そのため，ほとんどの家は敷地内に一つは井戸を持っている。また，長洞には三つの溜池がある。ひとつは蒲生家本家の敷地の前にある駒込溜池である。この溜池は蒲生家が所有する水田や畑の用水となっていた。その他に，坂口溜池，山にある立石溜池があり，長洞の田畑の灌漑用水に欠かせなかった。長洞では，山から流れる水，井戸の水，溜池などの豊かな水によって人々の生活が成り立ってきた。

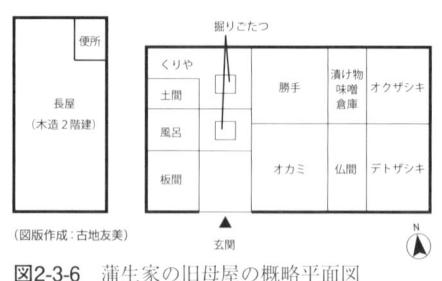

**図2-3-6** 蒲生家の旧母屋の概略平面図

### （8）蒲生家の住居構成

広田町全体に共通しているが，長洞の家屋においても，南側に入り口を設けるものが大部分である。ただし，海岸からある程度急な斜面地に建つ家屋は，海側に屋敷の長手方向を向けて配置せざるを得ず，漁の利便性から海岸側に入り口がある。

蒲生家については，斜面が緩やかな場所で敷地を広くとれることから，南向きに入り口が配置されている。母屋を建て替える以前の住居の平面構成は，入り口を入るとまず土間，炊事場があり，左側には板敷きの部屋，風呂が並ぶ（図2-3-6）。入り口を入り右側の間は「オカミ」と呼ばれ，神棚がそこに置かれる。その北側の部屋は「カッテ」である。「オカミ」の次の間は「仏間」となっており，仏壇を置く。「仏間」の北側は，漬け物や味噌の入った壺が置かれた部屋である。そして，「仏間」の右隣の間は「ザシキ」である。手前側の座敷を「デトザシキ」，奥の座敷を「オクザシキ」と呼び，分割していた。「オクザシキ」は床の間を持ち，冠婚葬祭時にはここが使われた。

広田町では，大正7年から優良な繭をつくれるようになる。昭和7年には広田町内に養蚕業を営むものが95戸あった。蒲生家も破風を設けた入母屋の屋根裏部分を利用して養蚕を行っていたそうだ。屋敷の敷地内には茅葺き屋根の「長屋」を設け，農業，漁業などの資材置き場としていた。便所も長屋にあった。敷地の前には3反分の水田がある。以前は人を雇って米をつくってきたが，現在は人を雇う程の利益にならないことから，営農するほどつくっていないのだという。

### ●注

1）根岬の地名については，文献によっては根崎を使っている場合もあるが，本稿では現在の地名として使われている根岬を使う。

2）陸前高田市史編集委員会，1991，184頁
3）陸前高田市史編集委員会，1991，323頁
4）陸前高田市史編集委員会，1991，324頁
5）陸前高田市史編集委員会，1995，643頁
6）陸前高田市史編集委員会，1995，643頁
7）広田尋常高等小学校・広田村実業補習学校編，1932c，37-49頁；陸前高田市史編集委員会，1991，158-166頁
8）陸前高田市史編集委員会，1991，802-803頁

## ●参照文献

田中館秀三・山口弥一郎(1936)「三陸地方における津浪による集落の移動(三)」『地理と経済』第1巻第5号(1936年6月)

内務大臣官房都市計画課(1934)『三陸津波に因る被害町村の復興計画報告書』内務大臣官房都市計画課

広田漁業史編集委員会(1976)『広田漁業史』広田町漁業協同組合

広田尋常高等小学校・広田村実業補習学校編(1932a)『広田村郷土教育資料 第一集』岩手県気仙郡広田尋常高等小学校

広田尋常高等小学校・広田村実業補習学校編(1932b)『広田村郷土教育資料 第二集』岩手県気仙郡広田尋常高等小学校

広田尋常高等小学校・広田村実業補習学校編(1932c)『広田村郷土教育資料 第三集』岩手県気仙郡広田尋常高等小学校

東北歴史資料館(1984)『東北歴史資料館資料館10 三陸沿岸の漁村と漁業習俗(上巻)』東北歴史資料館

平凡社地方資料センター(1990)『日本歴史地名大系第三巻 岩手県の地名』平凡社

陸前高田市史編集委員会(1991)『陸前高田市史 第五巻 民俗編(上)』陸前高田市

陸前高田市史編集委員会(1994)『陸前高田市史 第一巻 自然編』陸前高田市

陸前高田市史編集委員会(1995)『陸前高田市史 第三巻 沿革編(上)』陸前高田市

陸前高田市史編集委員会(1996)『陸前高田市史 第四巻 沿革編(下)』陸前高田市

陸前高田市史編集委員会(1998)『陸前高田市史 第七巻 宗教・教育編』陸前高田市

陸前高田市史編集委員会(1999)『陸前高田市史 第八巻 治安・戦役・災害・厚生編』陸前高田市

山口弥一郎(1943)『津浪と村』恒春閣書房，(再録：石井正己・川島秀一編 山口弥一郎著(2011)『津浪と村』三弥井書店)

山口弥一郎(1965)「津浪常習地三陸海岸地域の集落移動(四)−津波災害防御対策実施状態の地理学的検討−」『諸学紀要』第14号

# 第4章　漁村集落の再生・振興へ向けて

岡 本 哲 志

## 1　浜の独自性からの再起とは

　三陸の漁村集落の再生・振興に向けて『持続可能性の危機』(御茶の水書房, 2012年, pp.152〜157) で詳しく述べた3つのレイヤーを基本に, 集落の再生計画を論ずることが重要だと考え続けてきた。それは, 集落の長い歴史が選び出したその価値と可能性を探る結晶だと思うからだ。ここまで論じてきた漁村集落の分析を踏まえた上で, 再び3つのレイヤーの考えを共有したい (図2-4-1)。第1のレイヤーとして取り上げたのは「死なない」という考え方である。三陸の再生・振興に関して今の政治に欠けている視点としては, 個人所有財産を守る以前の前提がない。東北には神社と祭りが高いレベルでコラボレーションをし実践してきた経緯があるが, この価値を認識できない日本の危うさが今の政治にはある。

　集落には, 本来その土地ならではの記憶や文化継承してきた自律性をベースに集落の「死なない」工夫があった。日々坂道を上ることはしんどいが, 少なくとも年に1〜2回の祭りのたびに高台の神社を訪れる習慣は, 祭りを通じて避難経路を家族全員, 近所の人たち同士で確認できる意味があり, 無意識に体で覚える仕組みが備わる。今回も, 江戸時代に風や波の様子を確認する日和山や高台の神社に逃げて助かった人が多い。津波が来襲する恐れがある地域では, 少なくとも, 10分程度自力で走って逃げられる, 誰でもが訪れる安全な高台の存在が重要であり, 集落の再生にはその核となる場の再構築が欠かせない。機械的につくられた安全性では代を重ねる間にほころびる。

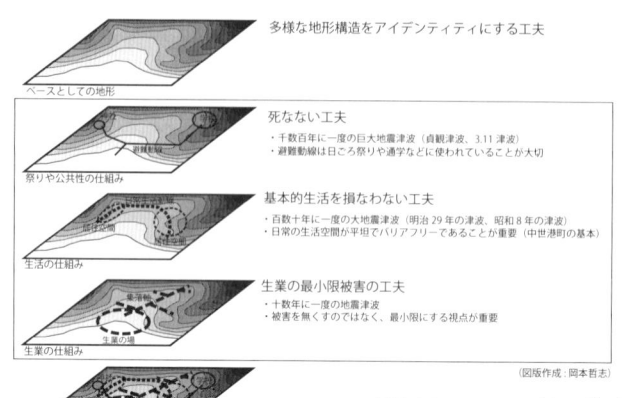

**図2-4-1** 3つのレイヤー構造からなる漁村集落の空間システム形成概念図

　第2のレイヤーは，居住空間をどう守るかである。高地移転を前提として，与えられた環境でどう生きるかではない。津波被害が比較的少なかった漁村集落をよく見てみると，実は中世の集落空間の形態を残したまま今日に至る場所が多いと気づく。このような集落空間の良さは，古代・中世の空間構造を生かしたまま集落を新たに形成した点にある。すなわち，集落に中世以前の空間の記憶が残り続けることで，近世以降につくられた空間が被害を受けても，背後の中世以前の空間がカバーする仕組みになっていることだ。何代も続けられた価値をうまく継承する仕組みが大事で，歴史的文脈が伴わない高地移転をすれば，先に述べたように風土の解体を意味する。繰返すようだが，高地移転は，津々浦々の地理環境，歴史が培ってきた文化環境，人々の営みに見いだされる空間の価値にてらし，その可能性の仕組みが組み立てられなければならない。

　第3のレイヤーは，被災した港をどう考えるべきかである。それには，まず数十年に一度起きる地震津波の規模を想定した対応を視野に，生業の仕組みを考えておくことが賢明であろう。巨大な地震津波が来るか，来ないかではない。被害を無くすのではなく，最小限にする視点が重要である。三陸の漁港に建つ施設を考えた場合，塩水に浸かるという前提条件が重要である。同時に広域的な視点も必要となる。一様に被災したとしても，地域連携で設

備投資の時期を段階的にずらしていれば，計画的に復興プログラムが描けるからだ。いざという時の共働性は，広域的な視点で漁村集落に潜在的に備わっていることが重要である。

## 2 コミュニケーションの場の創造と可能性

　小さな漁村集落を現在の経済的価値判断だけで切り捨ててよいのかという疑問がある。巨大流通産業は観光や文化を生まない。高齢化に悩むといわれる漁村集落は自然が豊かで，自給自足性が高い。一方，今60歳代でまだ体力・気力もある人たちが消費性の高い大都市で生活する不安を抱えている。
　バブルの時は，自然豊かな漁村集落近くの高台にリゾート地建設が花盛りだった。ただ多くは不発に終わり，野ざらしの状態にある。落下傘的な手法は意味をなさないとわかる。この度の地震津波で，漁村集落の人たちは，ファンド的な手法を使って都市の人たちとの交流をはじめた。顔の見えない，単なる生産する者と消費する者との関係でなく，消費する者が生産現場を訪れ，環境を体験し，生産する人と交流する仕組みである。
　イメージを膨らませると，次のようなストーリーも描ける。取れたばかりの海の幸を都市の人たちが現地で口にする。「ちょっとしたレストランがあると素敵だね」，あるいは「泊まるところがあると訪れ易いね」という会話が生まれる。「パリや東京で修行したけど，こんな場所で小さなレストランが開けたら最高だけど」といえば，「地元の大工だったら友人がいる。山林を持っている人も知ってる」と会話がはずむ。「レストランの設計だったらまかせてよ」と近くで聞いていた都会の人が会話に参加する。このような会話が東京ではなく漁村集落で起きる。ある意味で，これも文化を基盤とした経済効果といえる。
　自然豊かな場を借りて，気軽に，もう少し身を寄せて，あるいは永住も視野に入れて，交流することが本来的な観光となっていく。欧米のように地元の人たちが楽しむことのできる観光地。きっかけはインターネットだとしても，その後は身体感覚で付き合う観光が大切となろう。行政依存の社会シス

テムは固定化を招き，流動は都市へ向かうベクトルだけに目が向けられてきた。しかしながら，それは意味をなさないとわかりはじめてきた。

ただ困ったことに，これまでの日本の観光は，ある場所の人気がでると，旅行会社も，観光客も，集中し破壊して過ぎ去っていく。再び，孤立と固定化が残る。このような観光を断固として断る地元と観光する人の姿勢が重要だ。今，被災した漁村集落で芽生えはじめようとしている動きは，本物の観光を日本でも実践できる可能性を指し示している。

観光は，人が自然と共に培った場でのコミュニケーションである。被災した漁村集落だからこそ，本当の観光を育て上げる基盤もつくれる。行政や大学はこの地道なソフトに協力すべきではないか。目に見えるハードの復旧・復興も大切だが，再生に向けたもう一つの重要な視点がここにあるように思う。観光は本来物見遊山ではなく，衣食住遊職の営みと，それを包み込む環境によって描かれた風土の魅力を体験し，感じ取り内面化することである。

## 3 水の視点を強調した地域ネットワークの再構築

経済活動をどう立て直していくか。復興においても極めて重要なテーマである。そのことは間違いない。経済活動は，東日本における太平洋側地域の復興・再生にとって重要な必要条件である。しかしながら，戦後の経済成長の枠組みで考えていただけではだめだ。文化を積み重ねてきた歴史的な背景，仕組みの上に経済のあり方を示すべきである。その点において，三陸の地域産業の後継者となる都市の人たちの職業訓練の機会をもっと積極的に広げていくべきではないか。そこで必要なのは，人の流動性である。

現在，第一次産業の高齢化が問題視されているが，実は明治も昭和もずっと高齢化の問題を抱えてきた。問題の根は高齢化にあるわけではない。むしろ，地域に人がどう入っていけるかである。戦後日本に建設された住宅団地のように，入居した人たちが一緒に高齢化してしまう状況は，流動性を妨げた結果である。面白いことに，過去の漁村には常に新しい人の入り込む歴史があった。高齢化しながら流動性をもって続いてきた歴史がある。それこそ

が，海のネットワークのなせるわざといえる。

　それには，都市と集落，集落と集落，それら同士の複合的・有機的なネットワークの形成が重要である。雄勝町水浜で展開するファンド的な考えを加味し，消費者と生産者が生産現場でコミュニケーションする試みのように，小さな漁村が一気に日本や世界とつながることも可能な時代である。

　また，雄勝一帯の祭りで結びついた集落同士の集合体としての緩やかなネットワークも再評価し，その再構築も視野に入れるべきではないか。そのベースとなるしっかりとした基盤の上に，都市と地方を結ぶネットワークが本物となる。地方のとびきり旨いものを，全部，築地に集めてしまうような一方通行ではなく，東京の人が地元の漁村集落まで食べに行くような，相互交流のしかけづくりをすべきである。美味しい食事，美しい風景はやはり現地で味わうことが重要で，食によって都市と地方の漁村集落を有機的につなぐことになる。今後の道筋として，この三陸地域では，石巻を核にした水のネットワーク構想への考えと，その可能性が思い浮かぶ。

〈第3部　地域の生業・暮らしを紡ぎだす〉

## はじめに——3つの半島の漁村の生業と暮らしとその変容

吉野 馨子

　雄勝半島大須地区への何度目かの訪問からの帰り道，二つ先の浜の羽坂浜から，60代ほどの女性が一人，町民バスに乗ってきた。車窓から山の斜面のくぼみにかじりつくように並んでいる家々をみて「すごいところに家が建っていますよね」と思わず声を発したところ，彼女は，「そうだね，長年住んでいる中でこういうふうになったんだろうね。高いところにあると作業場は遠くなるけれど，これまでも津波があって，こういうところに住むようになったんだろうね。地域の人たちの智恵だよね」と教えてくれた。彼女の住む立浜は，津波の大きな被害を受けた地区だった。

　私たちがたびたび訪れている大須は，雄勝町の中で奇跡的に，ほとんどの家が残され，ムラの機能が保全されている。大須では「うちの地区だけが残っても……」と声を落とす人も少なくなかったが，彼女は「大須が残ってくれて本当に良かった」と言っていた。自分たちのよりどころとなる雄勝での暮らしの場が，生きた形で残ってくれたことへの思いだろうか。

　「今回の津波では，ほんとうに都市の人に本当に助けてもらったよ。だけれど，これからどうなるか……。もっと雄勝に来て欲しい。私たちのことを都市の人に知って欲しいのよね」という言葉は，ただ話を聞くことしかできないことに無力感を感じていた私を力づけてくれた。

　「都市も雄勝のような漁村があって，海を守ってもらって食べ物を提供してもらって成り立っているんですよね。都市の人も，もっとちゃんと共有しないといけないですよね」と答えると，「そうだね，ほんと，共有したいね」と深く頷いていた。現在は仮設住宅に住んでいるという彼女は，立浜の停留

所で降りていった。大須から飯野川(雄勝半島の人たちも,被災後,多くが居住している大きな仮設住宅群がある地域。石巻の中心部にもほど近く,そちらでの定住を希望する人たちも多い)までの1時間弱の行程で乗り合わせたのは彼女一人だけだった。

津波被害,高齢化・過疎と,三陸漁村は大きな課題に直面している。その一方で,甚大な被害の中にありながらも,目を見張るような地域の底力を私たちに示した。高齢化は,農山漁村のみならず,日本全体が迎えようとしている局面でもある。第3部では,三陸の漁村の人々の基本的な生活のロジック(自分たちの力でどのように地域の資源を認識し管理・利用してきたか,そのためにどのような地域の共同が作られていったのか)に注目し,三陸漁村の強靭でしなやかな底力を可能としたものを探ってみたい。

## 1　浜をみる視点

第2部では,三陸の3つの半島について,その立地と歴史的背景,さらにそれらをベースにした集落形成,空間利用の状況について述べてきた。第3部では,これまでの議論を踏まえつつ,3つの半島の漁村の生業とくらしの成り立ちについて述べる。地域資源のありように大きく暮らしの成り立ちが依存する漁村において,生業と暮らしの形成のロジックとその変容をたどる。これまでの我が国における農林漁業振興,あるいは地域振興の政策的方向性は,肥大化する都市部への食糧供給基地としての役割を第一に,より標準化したものを,流通させやすい形態で大量に出荷する,ということに重きを置いていた。近年政策的にも注目されるようになった地産地消運動や六次産業化などは,そのような政策のもとで農林漁業は衰退の一途をたどり行き詰っていた中で,生産者や消費者たちが自分たちの暮らしからのニーズ(自分たちで作ったものを自分たちで食べたい,地域のものを食べたいという思い)に即し取り組んでいたものを,遅まきながら評価し,政策に取り込もうとしただけのものである。農業就業人口は現在,261万人(平均年齢は65.8歳)と,社会における少数派に転じている。さらに漁業就業人口をみると,20万人

## はじめに——3つの半島の漁村の生業と暮らしとその変容

を切り，さらにマイノリティな存在に追いやられていると言えよう。

しかし，農山漁村が国土に占める面積は大変広く[1]，また，真に"持続可能"な社会の実現を目指していくならば，そこに賦存するさまざまな資源とそれを利用する知恵を生かさなければいけないことは自明である。第3部は，そのような問題意識から，現在あるいは震災後における漁村地域の状況や課題だけではなく，近世から振り返り，人々が，自分たちの力で，どのように地域の資源を認識し利用してきたか，その基本的な成り立ちから注目してみていきたい。地形や生産性等の立地条件という与件のもと，人々が働きかけることにより，各浜の暮らし方が作り上げられてきた。そのようなそれぞれの浜が組み立ててきた生活のロジックに注目する。

三陸漁村は，リアス式海岸であり，山がすぐ背後に控えた地形的特徴が，浜に住む人たちにとって山のもつ意味の大きさを示しており，それは各浜に共通する特徴を付与しているかもしれない。それぞれの浜の多様性と共通性の双方の視点からみていきたい。また，"僻遠の地"と思われがちな三陸漁村が，陸路や海路を通して作り上げてきたネットワークについても注目する。

浜の生活のロジックは，近代化，高度経済成長などの，大きな地域経済の変化のうねりを受け，どのように変化してきただろうか。そのような変化の中でも，変わらなかった特質はあるだろうか。今回の震災は，漁村の経済，地域社会に大きな打撃を与えたが，漁村の暮らしが作り上げてきた大きな特質を浮かび上がらせもした。

本章では引き続き，対象地域の経済（農林漁業）の特徴と変化についてセンサスをもとに比較検討し，それぞれの地域の特徴を対比しつつ概説する。続く第1章からは，事例地域について，牡鹿半島，雄勝半島，広田半島の順に，各半島の集落を取りあげ各地域の生業と暮らし，そしてその変容について論じている。

そして結章の第4章では，浜の多様性と共通性に注目しつつ，浜で築き上げられた生産と生活のロジック，漁村のもつ力と可能性について論じる。

## 2　3つの半島の概要

　雄勝半島(旧十五浜村)，牡鹿半島(旧荻浜村及び旧牡鹿町)，広田半島(旧広田村)の3地域は，江戸時代にはいずれも旧仙台藩に属していた。明治に命名された"三陸"の中では，陸前浜に位置する地域である。この3つの半島は，同じ陸前浜にありながらも，その様相は大きく異なっている。
　雄勝半島は，3つの半島の中でもっとも規模が小さく，かつて行商の人は一日でぐるりと半島を歩いて回れた，という。山は浅いが，海岸線，山並みは急峻であり，とくに外洋に面している浜の平地部分は大きく限られている。
　牡鹿半島は，雄勝半島の規模を大きくした印象で，一般に呼ばれる"表浜"(半島の南西側)と"裏浜"(半島の北東側)で様相がかなり異なっている。外洋に面する裏浜は，雄勝半島と同様，急峻な崖が続き，浜の形成は石巻に近い表浜から進んでいった。半島の突端に位置する鮎川浜は，近代捕鯨の町として大きく発展した町であり，また金華山は，豊かな漁場を提供するとともに，三陸沖を渡る船にとって大きな目印であり信仰の対象でもあった。深い山では林業，馬産も盛んであった。両半島とも，現在では，陸路で石巻や仙台に遠く離れているために，僻遠の地という印象を与えるが，江戸時代，明治期の舟運は，私たちが現在考えるよりも深く人々を結びつけていた。
　一方，広田半島は，上ふたつの半島とかなり様相が異なる。海岸線は急峻な崖が続いているが，山自体はなだらかで広々とした印象を与える。低平な地域も比較的広くそこではまとまった稲作がなされ，丘陵部にも棚田が広がっている。かつては馬産もおこなわれていた。また，半島全集落の共同の萱取り場もあったといい，半農半漁的特質がうかがわれる。また，広田町が位置する気仙地方は，気仙大工で有名な地域でもある。気仙杉など，豊かな林産資源を背景に，高い技術を誇る気仙大工を育ててきた。

## 3　事例地域の生業の成り立ちと推移

3つの半島及び，第1部で論じた大槌を含めた4つの漁村地域の生業の概

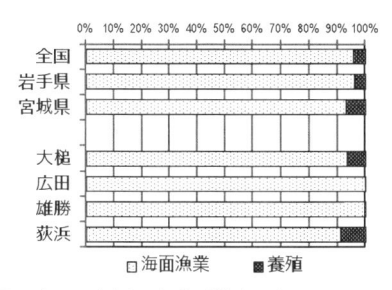

はじめに——3つの半島の漁村の生業と暮らしとその変容

図3-序-1　各浜の漁業形態（S29）
（出典：昭和29年漁業センサスより筆者作成，以下同じ）

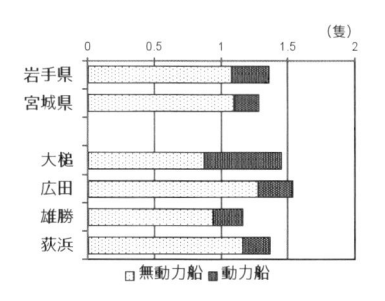

図3-序-2　各浜の漁船保有状況（S29）

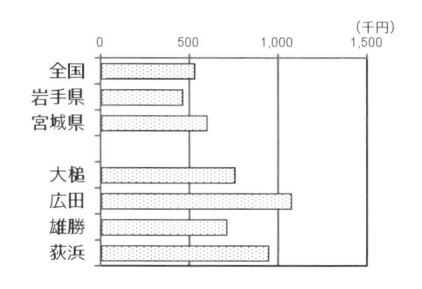

図3-序-3　各浜の平均漁業収入（S29）

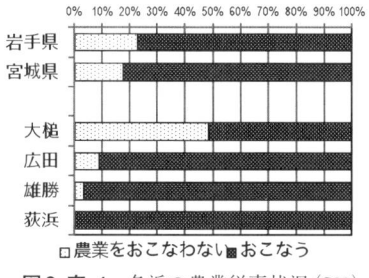

図3-序-4　各浜の農業従事状況（S29）

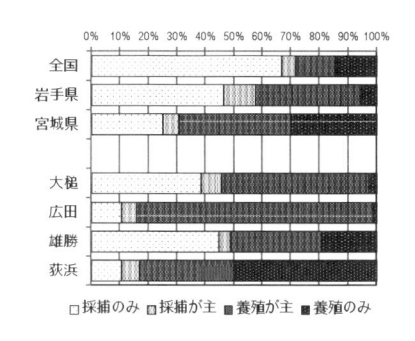

図3-序-5　各浜の漁業形態（S43）
（出典：昭和43年漁業センサスより筆者作成，右も同じ）

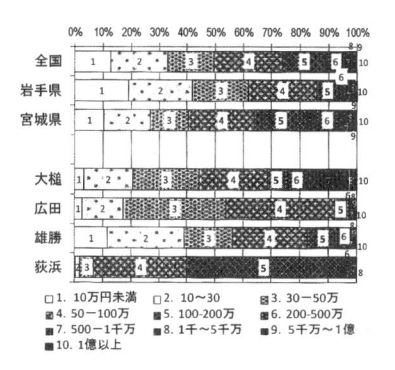

図3-序-6　各浜の漁業収入分布（S43）

　況を，農林業センサス及び漁業センサスよりみてみよう。
　図3-序-1〜4は昭和29（1953）年の漁業センサスのデータである。当時は，まだ高度経済成長による産業や地域社会の変容は本格的には始まっていなかったので，戦前の様相を色濃く残していた時期であるといえよう。昭和

193

29年時点では，採捕によるものが大半であるが，大槌と荻浜では，養殖がすでに小規模ながら始まっている。所有船数をみると，広田，大槌がやや多く，また大槌は動力船の割合が他地域より高い。経営体当たりの漁獲高(円)をみてみると，広田半島が一番高いが，どの地域も，県平均，国平均のいずれも超えている。最後に農業の従事状況をみると，大槌のみが約半数と，顕著に低い割合を示している。

　図3-序-5,6は昭和43 (1968) 年の漁業センサスデータである。漁業経営体は，昭和38 (1963) 年をピークに漸減していく(岩手県では，昭和43年がピークであった)。昭和43年は，そのピーク時での各地域での漁業の状況を反映しているといえよう。これをみると，すでに広田，荻浜では養殖が中心的になっている。収入は，荻浜は，他の地域より高めの階層が多く，また均質性が高い一方，大槌，雄勝，広田では，収入が低い層から高い層まで多様な階層に分布している。

　図3-序-7～10は，昭和63 (1988) 年の漁業センサスのデータである。雄勝町は，外洋に面する東部漁協管内の地域（大須地区が属する）と，雄勝湾に面する地域（大浜地区が属する）で区分され，表記されるようになった。この時期は，経済成長期頃からの遠洋漁業の成長と衰退（日本の遠洋漁業の漁獲量が最高を記録したのは昭和48年であったが，同年の石油ショックにより燃料費の負担が大きく増えたことに加え，各国が水産資源の保護と自国の漁業の発展のために沿岸からの200海里規制を取り入れるようになると——米国，ソ連，日本は昭和47年に制定——急速に衰えていった），それを補う沖合漁業の成長と衰退（漁業生産量は，昭和59 (1984) 年にピークを迎えたが，1990年代に入ると，マイワシやマサバなどが，急に不漁となり，沖合漁業の生産量も激減するようになる）の間の時期を示している。外延的に成長していった漁業の曲がり角の時代といえよう。

　図3-序-7,8をみると，各地域ともに，養殖の割合が増えている。しかし，その中で，雄勝東部地域は，採介藻の比率が依然半数を占め，格段に高い。また，大槌，荻浜では遠洋・沖合漁業もあり，拠点基地としても機能していることがうかがわれる。漁業収入分布をみると，昭和43 (1968) 年と同

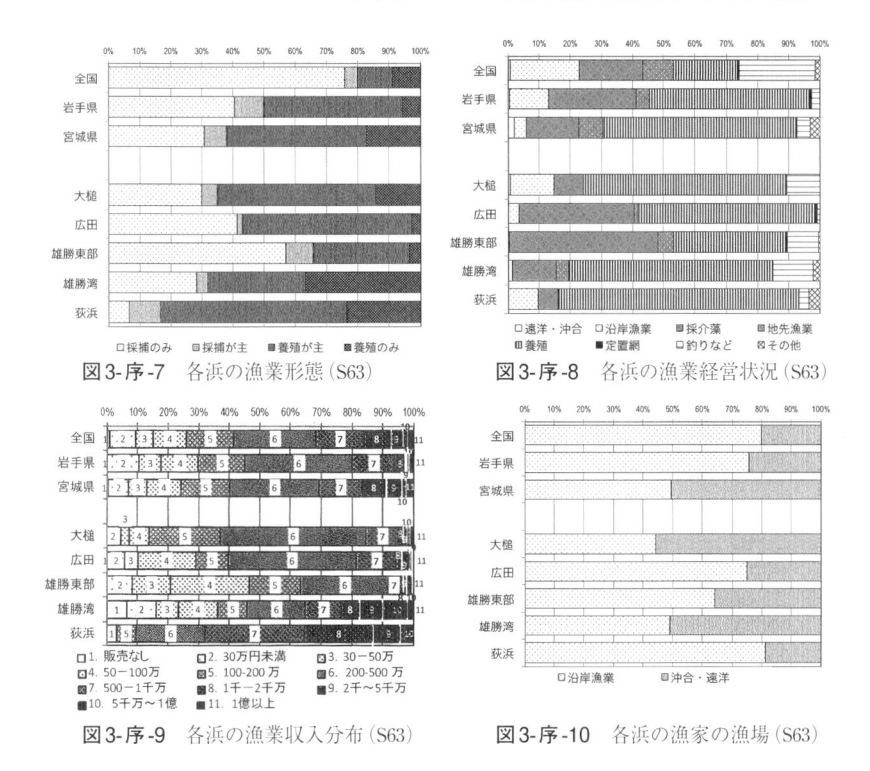

はじめに——3つの半島の漁村の生業と暮らしとその変容

図3-序-7　各浜の漁業形態（S63）

図3-序-8　各浜の漁業経営状況（S63）

図3-序-9　各浜の漁業収入分布（S63）

図3-序-10　各浜の漁家の漁場（S63）

様，荻浜が他地域より高めであった。一方，雄勝東部は収入の少ない層が多くなっている。図3-序-10では，各地域における漁業形態別の従事者割合をみたものである。大槌及び雄勝湾で，沖合・遠洋漁業に従事する従事者の比率が高い。

## 4　浜ごとの違い

次に，集落別のデータが入手できた昭和63（1988）年のセンサスより，浜ごとの特徴をみてみよう（図3-序-11）。漁業経営を大別すると，雄勝東部と牡鹿半島裏浜では養殖以外の沿岸漁業層が多い傾向がみられる。大規模漁業層は大槌及び牡鹿半島に見られ，その他の地域ではほとんど見られない。また，農業への従事の割合は，広田半島の集落に顕著に高く，牡鹿半島裏浜も

195

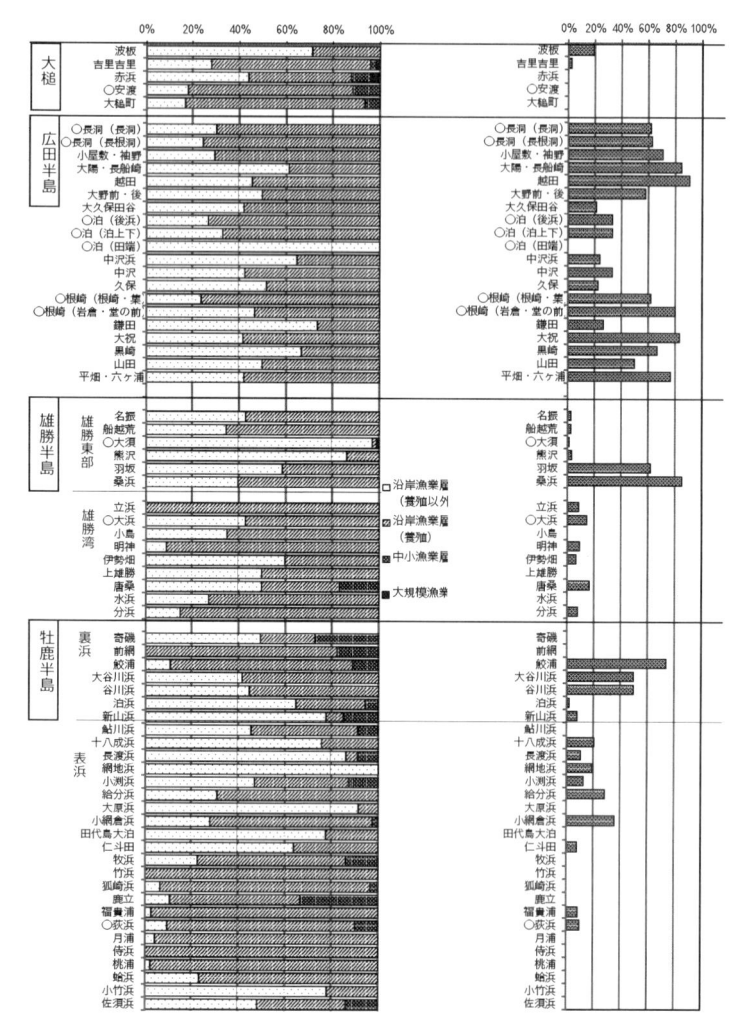

図3-序-11　集落別にみた漁業形態（左）と農業従事状況（右）（S63）
　　　　　（出典：S63年漁業センサスより筆者作成）

比較的高かった。事例地域では，広田半島の長洞，泊，根崎（岬）のいずれも養殖が盛んであるが，農業従事については，泊は他の集落ほどには盛んではない。雄勝半島の大須は養殖以外の沿岸漁業層が大半を占め，大浜は養殖が半数以上を占める。いずれも農業への従事の比率は低い。しかし，大須か

はじめに——3つの半島の漁村の生業と暮らしとその変容

ら少し南に下がった羽坂，桑浜では農業への従事比率が半数を超え，ほんの数キロ離れただけでも生業のあり方が大きく異なることがうかがわれる。牡鹿半島は多くの浜を抱えた半島であり，多様性に富むが，荻浜は養殖業が中心であり，大規模漁業層も2割弱存在している。農業への従事は，裏浜ほどに盛んではなく，2割弱にとどまっている。

## 5　最近の漁業の状況

まずは，最新の平成20（2008）年センサスより，震災前の各地域の漁業の状況を確認しておこう（図3-序-12〜14）。

漁業形態でみてみると，養殖業が盛んなのは雄勝湾と荻浜であり，その他の地域は採介藻をメインとした沿岸漁業が主となっている（図3-序-12）。漁業の先進的な地域であり，これまでのセンサスでも養殖が盛んであった大槌で養殖業従事の割合が下がっているのは，高齢化のために，小づかい稼ぎの採介藻のみ従事する漁家が増えたためであろう。それは，図3-序-13の所得階層の図でも顕著に表れている。大槌，広田，雄勝東部では，漁業収入

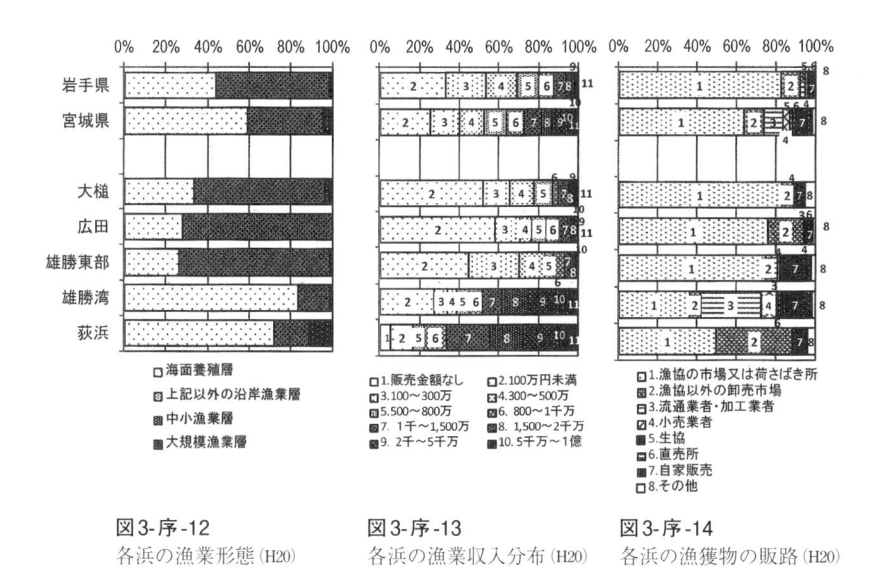

図3-序-12
各浜の漁業形態 (H20)

図3-序-13
各浜の漁業収入分布 (H20)

図3-序-14
各浜の漁獲物の販路 (H20)

が100万円未満の漁家が約半数を占めている。雄勝湾，荻浜では，世帯により漁業収入の幅が広く，多様な経営規模の漁家が存在していることがうかがわれるが，雄勝湾では約半数，荻浜では7割近くが，1千万円を超える漁業収入を得ており，漁業専業的な世帯の比率も高いことがうかがわれる。最後に，漁獲物の販売先をみてみよう（図3-序-14）。大槌，広田，雄勝東部では，漁業への共販が大半を占めているが，雄勝湾，荻浜では，漁協以外の独自の販売ルートを確保している。また，自家販売については，荻浜が群を抜いているが，広田でも他の地域よりも比率が高い。個々の生産者が，独自の販売ルートを切り開こうとしている様子がうかがわれよう。

## 6　農業，山林との結びつき

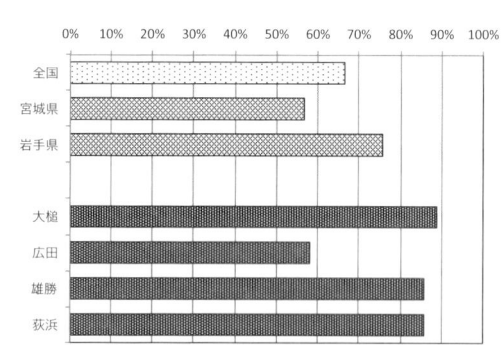

図3-序-15　各浜の林野率（H20）
（出典：H20林業センサスより筆者作成）

これまでの節でみてきたように，三陸の漁村は，半農半漁性がもともと高かったが，地域によっては，近年，農業性が顕著に低くなっていることが明らかとなった。また，林野率をみると（図3-序-15），なだらかな傾斜が続き，耕地の開墾の割合が他の地域よりも高い広田ではやや低いが，その他の地域では，80％を超える面積が林野であり，漁村であり山村である，という三陸漁村の特徴を顕著に示している。

●注
1）温暖化防止のための国民運動チャレンジ25の農山漁村サブWGでは，農業センサスにおける農業地域類型区分の「平地農業地域」，「中間農業地域」「山間農業地域」に該当する市区町村及び「都市地域」のうち一定水準以上のバイオマス賦存量と利用可能量（1万トン以上の利用可能なバイオマスが存在）がある市区町村を農山漁村地域と想定

し，それが国土面積の92％を占めていると算出している。

● **参照文献**

環境省(2009)「中長期ロードマップ農山漁村サブWG現時点での取りまとめ説明資料」中長期ロードマップ小委員会（第19回）資料http://www.env.go.jp/council/06earth/y0611-19/ref03-17.pdf（2013年1月9日）

# 第1章　牡鹿半島の生業とコミュニティ

吉野馨子・洞口文人

牡鹿半島は三陸海岸の最南端に位置している。江戸時代には，仙台藩牡鹿郡の狐崎組16浜及び十八成（くぐなり）浜組11浜で構成されていた[1]。明治22（1889）年の町村制施行の際に，渡波町に属することになった祝田浜と佐須浜，大原村に属することになった小網倉浜と清水田浜を除いた

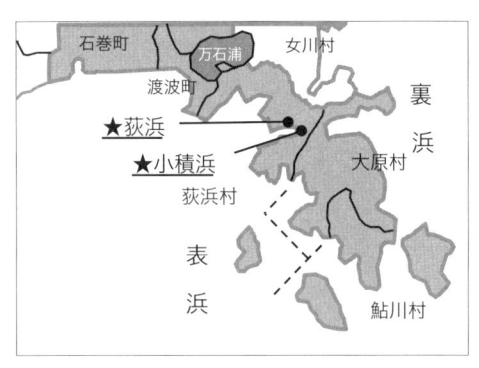

図3-1-1　牡鹿半島とその周辺の旧町村（明治22年当時）（出典：吉野馨子作成）

狐崎組の12浜で荻浜村となった。同じとき，牡鹿半島では，大原村と鮎川村（昭和15年より鮎川町）も発足し，昭和30（1955）年にこの2町村が合併し牡鹿町になった[2]。なお，荻浜村は昭和30年に，牡鹿町は平成17年に石巻市と合併し，現在はいずれも石巻市に管轄されている（図3-1-1）。

次項で牡鹿半島の生業について全体的に俯瞰したのち，同半島の中でも，旧狐崎組，旧荻浜村に位置する荻浜（おぎのはま），小積浜（こづみはま）を取り上げる[3]。現在荻浜，小積浜が属する荻浜地区8浜（小竹浜，折浜，蛤浜，桃浦，月浦，侍浜，荻浜，小積浜）は，表浜のなかでも牡鹿半島の入り口部分にあたるエリアに位置し，石巻市市街地にも近い（図3-1-2）。荻浜は同地区の中心にあり，小積浜は荻浜の隣に位置している。隣接する浜でありながら，二つの浜の震災前の生業のあり方は大きく異なっていた。荻浜では，

201

図3-1-2 牡鹿半島の地形と浜 （図版作製：洞口文人）

牡鹿半島の主要な海産物である牡蠣養殖が盛んにおこなわれている一方で、小積浜では、漁業を営む世帯はおらず、石巻等に勤めに出ている世帯が大半であった。さらに小積浜では、集落の背面にあるなだらかな斜面は農耕地として開墾され、農業が営まれていた。

このように、隣接しながらも対照的な生業のあり方をみせている荻浜、小積浜をとり上げ、歴史的な変遷をふまえつつ、震災前の生業・生活のあり方と震災後の状況について述べたい。

## 1 牡鹿半島の自然、生業と暮らしの変化（吉野馨子）

### （1）牡鹿半島の漁業

牡鹿半島は、北上する日本海流（黒潮）と南下する千島海流（親潮）が金華山沖合でぶつかる。黒潮に乗って北上するマグロは、太平洋上に突き出した牡鹿半島に遮られ、突き当たった半島の南西岸に群れ集まる。このように豊かな漁場に恵まれ、牡鹿半島では漁業が重要な生業であった。ここでは、牡鹿半島の漁業について、『牡鹿町誌』及び『石巻の歴史第2巻』よりみてみよう。

牡鹿半島は、大きくは表浜と裏浜に分かれ、表浜は、牡鹿半島の西側にあたり遠浅である一方、東側の裏浜は水深が深く、リアス式海岸が連なる地形を成している。また、表浜と比較し、裏浜は石巻などの都市部へのアクセスが悪い。このような地形、地理的条件のために、江戸時代より、表浜ではマグロなどの回遊魚の捕獲を目的とした定置網（大謀網、大網）が主流であり、

裏浜では岩礁の多い深海を利用するカツオの一本釣り，はえ縄によるタラ，アカウなどの釣り漁や磯での採介藻が盛んであった。アワビ，イリコ，コンブなどの磯物は，長崎俵物として，江戸幕府の中国交易品として徴収された。

同じく仙台藩の浜方であった雄勝半島と比較してみると，江戸時代の桃生郡雄勝の浜の大須浜，名振浜の記録からは，全世帯が本百姓であり平等な権利を所有していたのに対し（Ⅲ-2-1），牡鹿郡狐崎組では，総世帯数の3割，浜によっては半数にのぼる世帯が本百姓ではなく，水呑みや名子といった従属的な位置づけにある世帯を含んでいた。ごく小規模な自給的漁民が大半であった雄勝半島と異なり，牡鹿半島では水呑みや名子を養うだけの富の蓄積があったことを意味しているのだろうか。

天保9（1838）年の調査では，女性の人口11,113人に対し，男性は千人以上多い12,901人であり，男性の人数の多さは，困窮した農村地域（陸方）からの男児のもらい子によるものであった。男性人口の1割に達するようなもらい子の存在も，浜のもつ豊かさを示しているといえよう。一方，浜方に居住しながらも，浜先の海面で漁業をおこなう権利を持たない本百姓もあったということであるが，その詳細は明らかではない。

### 定置網（大謀網）

大謀網（大網）は，西南地方の大敷網，北陸の台網と並んで，三大定置網の一つとして名高く，牡鹿半島の大原湾で考案されたといわれている。その歴史は古く，伝承のレベルでは11世紀に創設されたといわれており，16世紀には明らかに存在している。旧狐崎組の全ての浜で大網は存在しており，その圧倒的大多数は鮪漁のためのものであった。事例地である荻浜にも金敷大網（1770年に存在確認）が，小積浜では引網（1646年同左），大網（1770年同左）が確認されている。

江戸時代の大謀網は，村落共同体の村網であったという。村人が共同で網を作り，網を入れ，網おこしをし，漁獲物の分け前を受け取って生活していた。大謀網の漁獲は，村人たちの生活の存立に関わるものであったため，網同士や隣村の網との建場争いが頻発した。その解決に当たっては，お互い

の権利義務までも明確に記載し，網主だけでなく，村の主だった人たちや他村の肝入たちも多く出席して連署した証文を取り交わしていたという。大謀網の存在が，村落共同体内の連帯と，隣村との組織だった交渉のあり方をつくってきたということが察せられる。牡鹿半島では，年齢階梯制の地域住民の自治組織（契約講，あるいは実業団）が戦後も維持されていたことで注目されてきたが[4]，これは，やはり組織的な対応が必要となる集落レベルでの大網経営がその背景にあるのではないだろうか。

　大網は，昭和の戦前期まではさかんにおこなわれていたが，漁獲の減少や養殖棚との競合のために，次第に衰退していった。それでも，平成15-16年の調査では，旧牡鹿町管内で30の定置網が確認されていた（うち個人所有が26）。

### 近代以降の漁業

　江戸時代より，金華山のクジラ資源は識者の注目するところであった。迷い込んできたクジラなどを捕まえることはあり，それは村人に大きな恵みをもたらしてくれた。また，天保期に大須浜の阿部源左衛門が藩命により捕鯨に着手したおりには（Ⅱ-2-1），牡鹿半島も漁場とされた。

　牡鹿半島が捕鯨の基地として急速に発展するのは，明治39（1906）年に東洋漁業（現日本水産）が事業所を置いてからである。それ以降，鮎川浜は近代捕鯨の基地として急速に大きくなり，近隣浜からの労働力を吸収し，加工までも含めた，地域の一大産業集積地として君臨するようになった。しかし，「鮎川の捕鯨か，捕鯨の鮎川か」とうたわれた鮎川浜も，戦後，クジラ資源の減少とアクセスの悪さにより，捕鯨が徐々に縮小されていく。昭和27（1952）年，東洋漁業以来鮎川を捕鯨基地としていた日本水産が，昭和40（1965）年には極洋水産が撤退する。昭和51年には日本水産，大洋，極洋といった水産会社ごとの操業は断念され，同三社の出資による日本共同捕鯨株式会社が操業することになる。これにより，昭和52（1977）年，大洋漁業は鮎川事業場を閉鎖した。昭和57年（1982）年に国際捕鯨委員会で商業捕鯨停止が決議されると，後に日本もこれを受け入れて，昭和61（1986）年に南氷洋での商業捕鯨が終わり，2年後には太平洋でも商業捕獲が停止した。

一方，昭和初期より，万石浦及び荻浜でカキ養殖の研究開発が進み，表浜では，カキ養殖が急速に普及するようになった（詳しくは後述）。その後，養殖種は増え，カキ，ホタテ，ホヤ等の養殖は，近年の牡鹿半島の漁業にとって，最も重要な収入源となっており，漁家の生計を潤してきた（前掲図3-序-7,8,13,14）。

このように牡鹿半島は，豊かな漁業資源を背景に，藩政期の大謀網，近代の捕鯨，そして昭和のカキ養殖と，各期における我が国の水産業を象徴し，牽引するような役割を果たしてきたといえよう。

### （２）牡鹿半島の農林業

牡鹿半島は，豊かな漁場に恵まれているが，その一方で，豊かな森林資源にも恵まれている。明和4（1767）年から寛政6（1794）年の記録からは，藩有林の管理人である山守が，狐崎組のうち小積浜も含め8浜で確認されていた。また，大原浜には牡鹿郡の中でただ二つの苗畑の一つがあった。この地域における森林の重要性がうかがわれる。

また，広大な林野は名馬を生んだ。とくに大原馬は，名馬として名高く，近隣浜をまたがる形で藩の牧場が開かれた。明治期以降も，殖産興業の政策に乗り，馬産はさらに頭数が増え，戦時中は多くの軍馬を提供した。しかし，戦後，荷馬車がトラックに置きかえられ，農耕を耕運機やトラクターがおこなうようになるにつれ，次第に少なくなり，昭和40年代には全く飼われなくなった。

一方，農業を営むに当たっては，斜面が多く，あまり恵まれているとはいえない。安永年間に編纂された『風土記御用書出』によると，旧狐崎組のうち佐須浜，小竹浜，折浜，月浦，侍浜には水田はなく，祝田浜，桃浦，竹浜でもわずかであった。荻浜，小積浜は，同組内においては，比較的水田に恵まれた地域であった。一方，明治18（1885）年頃に編纂された地誌によると，同組のうち，荻浜，小積浜も含めた大半の浜が全世帯半農半漁であり，その他，3浜に採炭専業者が1，2人いる程度であった。ただ，狐崎浜，田代浜など4浜では商業を営む者が少なからぬ割合あり，海産物の集約や輸送がそれ

らの浜で行われていたことが推察される。昭和以降も，前掲の図3-序-4の荻浜のデータが示すように，戦後しばらくは，大半の世帯が，何らかの形で田畑を耕していたと考えられる。畑が多かった昭和の中期頃までは麦類の栽培が盛んであり，主食は，米よりも麦であった。戦後は，食料難のため，山林の緩斜面はもちろん，丘陵の頂まで掘り起こし，少しでも水の引けるところには水田を作り，水のないところは畑にして麦等を栽培した。しかし，食料事情の好転，交通アクセスの改善により労多くして実りの少ない畑仕事は敬遠されていった。農家は二種兼業農家が9割以上を占め，農家戸数自体も激減している。

### (3) 津波被害と東日本大震災

表3-1-1は，東日本大震災における各浜の被害状況をまとめたものである。このように，牡鹿半島は，家屋などの生活空間，生産手段ともに大きな打撃を受け人命も失われたが，浜により，その被害の状況に違いもみられている。事例地とした荻浜，小積浜では，津波の被害は，生活空間，生産空間ともに甚大であった。

**表3-1-1　東日本大震災による牡鹿半島の各浜の被害状況**

| 地区 | 集落名 | 世帯数 | 被災率 | 水産施設被害[1] | 地区 | 集落名 | 世帯数 | 被災率 | 水産施設被害 |
|---|---|---|---|---|---|---|---|---|---|
| 荻浜地区 | 折浜 | 18 | 22% | 大 | 牡鹿地区 | 鮎川 | 699 | 65% | 大 |
|  | 蛤浜 | 9 | 44% | 大 |  | 金華山 | 5 | 0% | 大 |
|  | 桃浦 | 65 | 92% | 大 |  | 新山 | 34 | 0% | 小 |
|  | 月浦 | 35 | 94% | 大 |  | 長渡 | 192 | 2% | 大 |
|  | 侍浜 | 11 | 18% | 大 |  | 網地浜 | 85 | 7% | 大 |
|  | 荻浜 | 57 | 96% | 大 |  | 十八成 | 133 | 94% | 大 |
|  | 小積浜 | 22 | 73% | 大 |  | 小渕 | 159 | 82% | 大 |
|  | 牧浜 | 28 | 50% | 大 |  | 給分 | 77 | 73% | 大 |
|  | 竹浜 | 12 | 75% | 大 |  | 大原 | 83 | 96% | 中 |
|  | 狐崎浜 | 28 | 7% | 大 |  | 小網倉 | 54 | 100% | 大 |
|  | 鹿立 | 11 | 91% | 大 |  | 谷川 | 60 | 98% | 大 |
|  | 福貴浦 | 35 | 66% | 大 |  | 大谷川 | 29 | 100% | 大 |
|  |  |  |  |  |  | 鮫浦 | 58 | 100% | 大 |
|  |  |  |  |  |  | 泊 | 60 | 33% | 大 |
|  |  |  |  |  |  | 前網 | 23 | 78% | 大 |
|  |  |  |  |  |  | 寄磯 | 103 | 58% | 大 |

(出典：アーキエイド編(2012)より吉野作成)

注1) 大＝80％以上、中＝50％以上、小＝50％未満

## 2　荻浜の生業と暮らし（洞口文人・吉野馨子）

荻浜は，上に述べたとおり，荻浜地区の中心であり，震災前には，石巻市役所荻浜支所，荻浜地区の公民館，郵便局，保育所などの各種の公共施設が置かれていた（図3-1-3）[5]。

### （1）荻浜の歴史
──日本郵船の寄港地

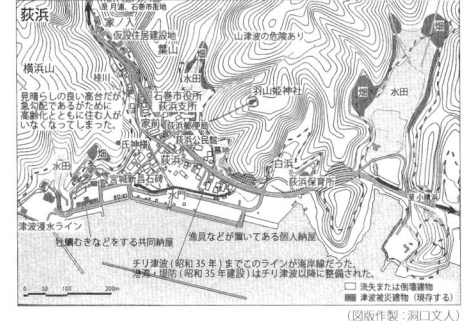

**図3-1-3　震災前の荻浜の集落のようす**

荻浜の歴史を，『石巻の歴史第2巻，3巻』及び『牡鹿郡誌』よりみてみよう。天保年間（1644-47）成立の「成立郷帳」に記された「遠嶋之内　荻之浜」が史書上の地名の初見と思われる。古来から荻浜は，牡鹿半島における漁業基地の一つであり，江戸時代は穀船などの中継港，避難港の役割をも担っていたが，明治初年までは「一面蘆荻の茂るわずか18戸の寒村だった」。

しかし，明治14（1881）年，三菱汽船により北海道定期航路，函館・横浜間の定期航路が開かれると，荻浜が寄港地となった。このころ，東松島市の野蒜海岸での近代港湾の築港が進行していたが，それが失敗に終わると，荻浜が本格的な汽船の寄港地となった。荻浜は，共同運輸会社（1885年三菱と合併し日本郵船会社となる）や地元の奥羽水陸運輸会社も加わり，県内最大の港として賑わいをみせた。一漁村にすぎなかった荻浜が一躍脚光を浴び，日本地図に宮城県唯一の要港として登載されるのに至ったのは明治22（1889）年のことという。

明治22（1889）年頃には明治初年の18戸の寒村が，170戸に増えていたようだ。多くの労働者や商人が往来したため，10軒の旅館が営業するに至ったが，それでも200人に上る旅客を収容するには足りず民家を借りて営業していたようで，当時の荻浜の繁栄がうかがえる。さらに，羽山姫神社への参拝客もあった。石川啄木も荻浜を訪れ，大森旅館（当時）に滞在し羽山姫神

社まで登り，『港町　とろろと鳴きて　輪を描く　鳶を圧せる　潮ぐもりかな』と一句詠んでいる。

　しかし，日本鉄道株式会社の東北線が明治24（1891）年に東京・青森間を全線開通すると，定期船の貨物はともかく，乗客が激減した。日本郵船は荻浜港を存続していたが，定期航路に対する政府の補助が打ち切りとなり，明治40（1907）年，横浜・函館航路を不定期航路に変更し，第一次世界大戦の最中の大正6（1917）年に日本郵船の荻浜寄港が中止された。

　牡鹿郡史には，以下のように当時の様子が記述されている。「日本郵船の荻浜寄港が中止されると，先見の明のあるものは早くに荻浜を去った。荻浜の旅館の一つ，鍵屋の主人は東京から荻浜にきて旅館を開き非常なる繁栄をしたが，日本郵船の寄港が中止されるとすぐに荻浜を去り，青森市にて再び旅館を開き繁栄したという」。

　航路が次第に縮小していく一方，その間に，荻浜には捕鯨会社，加工工場が設立されている。明治40（1907）年に内外水産株式会社（大阪）と大東漁業株式会社（高知）が，翌年には帝国水産株式会社（神戸）が事業場を開いた。これも日本郵船と同様，県外資本が入り込むことで，捕鯨会社や加工工場に勤める人々が荻浜に移り住んだと推測される。しかし，前2社は大正5年に鮎川に移り，帝国水産株式会社も他社と合同し，明治42年撤退した。

　日本郵船の寄港地になる以前は荻浜地区の中心は荻浜ではなく桃浦であった。三菱汽船の寄港が始まった明治14（1881）年当時は桃浦外15か浜とされていたが，明治22（1889）年4月の市町制施行の際に，役場庁舎が桃浦から荻浜へ移転し，牡鹿郡荻浜村と改称された。石巻市に合併した現在でも，荻浜は荻浜地区の中心であり，支所，公民館や郵便局などの公共サービスが充実している。このことからも日本郵船の寄港が荻浜にとって大きな変化をもたらす事柄であったことがわかる。

　現在も荻浜に暮らす伏見真司さんによると，日本郵船の寄港以前から荻浜に住んでいたのは伏見家，渡辺家，藤原家の三家であったという。それ以外は日本郵船の寄港，もしくは捕鯨会社，加工工場の設立など，県外資本が入り込んでから，住み始めたようである。役場，交番，公民館ができ，商店，

捕鯨会社，加工工場，積み荷の荷下ろし人，旅館業者など多くの人が荻浜に移り住み始めた。唐傘も通らないほどに狭いために「からかさ通らん横丁」と呼ばれる横丁があったほどに，浜には木造家屋が密集し，遊郭もあったという。

現在，荻浜で漁を行っている世帯の多くは日本郵船の寄港以降に荻浜に移住してきて漁業を始めたという。「当時，以前から住んでいた伏見家，渡辺家，藤原家に一定期間，弟子入りし下働きをして，その後，地元の漁師の3分の2以上の賛同と漁協の承認を経て，漁業権を取得したのだろう。」とのことであった。

(2) 荻浜の漁業──カキ養殖の発祥の地

震災前，荻浜の主要産業はカキの養殖であった。荻浜は世界のカキ養殖の中でも高級ブランドとして知られてきた。さらに，漁獲としては，2月末から4月までの間はコウナゴ漁，3月頃にシャコエビ漁，4月頃にカレイ漁も行われていた。また，地先の入会ではヒジキ，アワビ，ナマコが採れ，過去にはフノリ，天草，アサリも採っていた。アワビ，ナマコは"カギとり"という採り方で技術が必要なため，技能に優れた人が代表して採り，分配する。

荻浜のカキ養殖は昭和6 (1931) 年に始まった。きっかけは，後に「世界の牡蠣王」と呼ばれることになる宮城新昌が，荻浜でカキの種苗・養殖の最適地として研究・開発に取り組んだことであった[6]。宮城は宮城県石巻市の万石浦湾や荻浜湾をカキの種苗・養殖の最適地として，同地で研究・開発に取り組んだ。現在の世界のカキの80%が万石浦湾や荻浜湾にルーツを持つと言われている。

宮城は，大正14 (1925) 年に稚貝の付いた貝殻を縄に通し海中に垂下する方法「垂下式養殖」を考案した。同年，カキの養殖と種ガキの養殖の最適地として石巻市の万石浦を選び試験筏を設置し，昭和2 (1927) 年から万石浦において大規模な養殖を始めた。昭和6 (1931) 年からは，荻浜湾でもカキ養殖と種ガキの採苗が行われるようになった。その後，この方法が広く国内へ普及し，石巻よりアメリカやヨーロッパへ種ガキの輸出が盛んにされるように

なった。さまざまな人達の努力と知恵で現在の養殖方法へ移り変わり，外洋でも養殖の出来る形「延縄式垂下式養殖」になった。

　前出の伏見さんによると，種ガキの養殖は盛んに行われ，アメリカへも輸出された。当時，種がついているかチェックし箱詰めする仕事があり，二十歳前の数多くの若い女性たちが荻浜に滞在し働いていた。漁師の家は広かったため，住み込みで働いていたという。種ガキの輸出は，一年で家が一軒たつほどの利益を上げた。種ガキの輸出は昭和40年初頭まで続き，この時期，多くの萱葺き屋根の家が瓦屋根の家に変わっていったという。

　カキ養殖を始めた頃の荻浜を考えると，捕鯨会社が設立されたといえども，日本郵船の荻浜寄港が中止され衰退していった同浜にとって，カキ養殖と種ガキの採苗はとても大きな支えになったと考えられる。さらには，1988年の商業捕鯨からの撤退後は，カキ養殖は，荻浜を支える主要な産業となり，それは震災後の現在も変わらない。

### （3）浜と山

　「海が見えること」ということが漁業を生業にする荻浜の住民にとって一番重要なことである。住民への震災後の聞き取りでの「集団移転の際に求める事は何ですか？」という質問に対して，多くの住民から最初に返ってくる言葉は「海が見えること」であった。漁師の人たちにとって海の様子が常に見えるということは住環境の根本であり，震災時も多くの漁師は家から海の様子をうかがい，津波がくることを確信し，船を沖に出しに行ったという。県道2号線から堤防の間が荻浜の中心エリアとなっており，古くから住民の多くはここに住んでいた。中心エリアの隣には横浜山という山があり，そこに3戸（住んでいない家もある）ほどの住宅があった。いつ頃から住んでいたかは不明ではあるが古くから住んでいたようである。高齢化とともに急勾配の横浜山に住む事は諦め，中心エリアに移っていったと荻浜地区の豊嶋祐二区長は言う。以前は，横浜山にある住宅の裏には畑もあり，氏神様が祀られていた。何より，横浜山から海への眺望はとてもよく，漁師が好んで住んでいたことがうかがわれる。そのため，住民の方々に，希望する集団移転先に

ついて問いかけると，多くの住民が横浜山の名を真っ先にあげた。学校への通学路も横浜山を超えるルートであったそうで，住民にとって横浜山は慣れ親しんできた山であることがわかった。

　牡鹿半島の山々は雑木が主であったが，戦後，杉の植林が急増した。近年は山に人が入る事が減り，横浜山を含めた牡鹿半島全体の里山が衰退している。それは半島での山の使い方が大きく変化したことが大きな理由であると考えられている。昔は広葉樹を植林し，枯れた雑木を薪にするなどしていた。また，入会林も存在していた。入会林は基本的には個人の山を持っていない人のためのもので，村から借りる，もしくは譲渡されていたようである。入会林には杉などが植林され建材などに利用されていた。しかし近年では入会林の木は何も利用されていない。コストがかかるため入会林の利用方法がないという。また昔は，木の生育を妨げる雑草を処理し，間伐などをする里山の環境を維持する「やまこ」と呼ばれる職業を担う人もいた。

　里山の衰退と今後の里海に危機感を募らせ，若い漁師たちが集い，山に落葉広葉樹を植林するなどの動きもあった。しかし，鹿に食べられてしまい，全く効果が得られなかったという。

### （4）生業，暮らしの空間配置

　近年は荻浜もハウスメーカーなどの住宅が増えてきていたが，牡鹿半島の伝統的な住まいは，土間から茶の間，カミマ（神間），ザシキ（座敷）の4間続きとなっていた（図3-1-4）。茶の間，カミマ，ザシキの3間続きには縁側が回され，外部と緩やかに接続され，海への眺望も確保されていた。続き間なので広く使う事ができるため，冠婚葬祭に

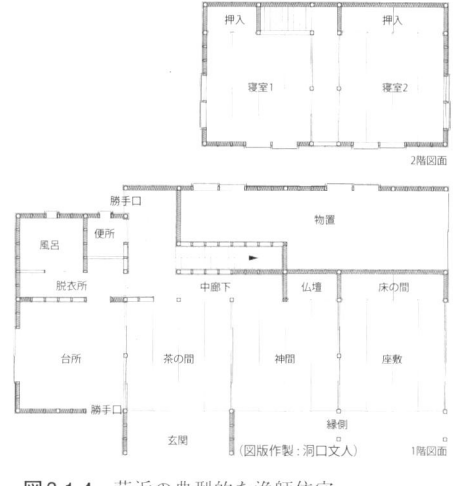

図3-1-4　荻浜の典型的な漁師住宅

も利用され，公共性の高いスペースにもなっている。恐らく冠婚葬祭時には，縁側越しに内部の様子を垣間みる事ができたのであろう。

土間には勝手口があり，漁から帰ってきた後に直接，漁獲物を運ぶ事ができるようになっている。漁から帰ってきた後に直接，お風呂場に行けるように，お風呂場も外からのアクセスが確保されている。このように水回りは漁師住宅特有の特徴をもち機能的にまとめられている。寝室などの個人のためのスペースは2階，もしくは団らんスペースの横に配置されている。家によっては漁具など収納する小さな納屋なども敷地内に持つ。

一方，漁師の仕事場は港湾エリアに集中していた。上述のように納屋を敷地内に持つ世帯も若干あったが，基本的にはどの漁師も港湾エリアに個人の納屋を建て，漁具などを収納し，簡易的な作業を行っていた。カキ養殖の時期には浜の漁師たちは共同の仕事場をもつ。港湾部分に共同納屋があり，そこでカキむきなどの作業を行っていた。

(5) チリ津波と山津波

住民への聞き取りによると，現在，荻浜にある堤防は，チリ津波以降に建設されたもので，チリ津波以前は現在の堤防の位置が海岸線であったということであった。現在，堤防より先は港湾部分となっており，漁師の個人納屋，共同納屋（カキむき場）が置かれ，漁師の仕事空間となっている。

また，住民と集団移転について議論していると，津波などの海の問題だけでなく，山についての話をうかがうことが多かった。集団移転候補先について議論していると「○○の山はだめだ。山津波がくるから住めない。」といった声が聞かれた。山津波とは鉄砲水のことで，実際，震災以降，荻浜では大雨台風で山津波が発生し，甚大な被害を受けている。また過去にも，山津波とともに荻浜の中心を流れる桂川が二度氾濫し，大きな被害をもたらしたという。牡鹿半島の山々の大半は，現在は杉の植林地となっており，それに伴い山津波の発生が増えていると住民たちは感じていた。また，カキ養殖などの漁業のことも考えると，杉ではなく落葉広葉樹を植林し，豊かな海と豊かな山をつくっていくことが重要であるとの声が聞かれた。復興の際には，こ

のような，震災以前からの半島の問題である里山里海環境の悪化をも解決していかなければならないだろう。

### （6）震災・津波を超えて

「3.11」の津波により，荻浜では57戸中，55戸が流された。被災後，住民たちは荻浜から車で2分ほどの荻浜中学校を避難所としていたが，その後，荻浜の家ノ入地区に仮設住宅が14戸建設された。小学生の子供のいる7世帯が，荻浜の仮設住居には入居せずに，石巻市街地の高校，小中学校にアクセスしやすく大型スーパーマーケットなどがある渡波や市街地の仮設住宅を選ぶなど，浜からの人口流出が問題となっている。

豊嶋区長は「漁業がまた復興し，集団移転などの住環境の整備が進めば，若い世帯も浜に戻ってくるだろう。」と語っている。特に印象的だったのは，「荻浜は津波も大きく被災率も大きいが，石巻の市街地に比べて，山もすぐ近くにあるから津波が来ても走ってすぐに山に逃げられる。石巻市街地なんかより，浜の方がそういう意味でも住みやすい」と語っていたことである。

今回の震災では，荻浜の住民の多くは津波がくるのを察知し，県道2号線を渡り石巻市役所荻浜支所に避難した。しかし，津波の大きさは予想を超え，支所の2階まできたため，屋上に避難しかろうじて免れた。支所よりさらに先にある羽山姫神社に逃げた住民も多くいる。羽山姫神社は荻浜の中で最も高台にあり，荻浜を一望できる。参道は，県道2号線を超えて堤防（港湾地区）にまで伸びている。この参道は，被災前までは多くの民家が建ち並び，浜の中心的軸線であった。

今回より大きな津波がきた場合は羽山姫神社が避難先になるであろう。羽山姫神社は，少なくとも百数十年前には荻浜に存在していたという記録があり，平成元（1989）年に改修され現在の姿になっている。毎年9月9日に祭りが催され（震災後もおこなわれた），地域の自治組織である実業団が祭りの補助などをしている。現在でも，荻浜では，牡鹿半島に特徴的といわれる年齢階梯制の実業団が機能しており，浜の若者は高校を卒業したら実業団に加入し，満50歳で引退するという。明治以降の，外来からの流入により人口

**写真 3-1-1** 震災後，牡蠣の養殖が再開した。明け方に収穫した牡蠣を載せた船が港に戻ってきた。

**写真 3-1-2** 共同の作業小屋で牡蠣の殻むきをおこなっている。

が膨張したハイブリッドな地域コミュニティではあるが，浜の元来の生業であった漁業を軸に，伝統的な組織が維持されてきたようである。

　津波被災後，個人納屋は全て流されてしまった。カキの共同納屋も相当な被害を受けたが，幸い流されずに残った。荻浜の人たちは，その小屋を修理し，震災直後からカキの養殖を再開した（写真3-1-1）。震災後の初収穫は平成24（2012）年度であり，平成23年度は収入がなかったため，ワカメの養殖も行った。ワカメ養殖はカキ養殖のように個人事業ではなく，浜の漁師たち全員で共同事業として行ったという。震災後の危機を共同でワカメ養殖を行うことで乗り切ったのである。なお，平成24年度は，ワカメ養殖は共同事業ではなく個人事業に戻っている。

　また，カキ養殖は個人事業ではあるが，牡蠣むきなどは，もともと共同納屋で行い，仕事場を共有し合っていた（写真3-1-2）。また，養殖においても，カキ棚の沖への移動の際は共同でおこなうなど[7]，個人事業の中にも，地域での協同の要素が含まれている。

## 3　小積浜の生業と暮らし（洞口文人・吉野馨子）

### (1) 小積浜の概況と現状

　小積浜は前述のように荻浜の隣に位置する浜であり，図3-1-5のような集落構造である（図3-1-5）。小積浜には，震災前には漁業従事者は一人もおらず，

住民曰く「サラリーマン浜」である。平成23（2011）年1月時点で人口は56人，世帯数22世帯であり，このうち，16世帯が被災（被災率は73％）した。被災後，多くの住民が流出し，それらの世帯は浜には戻ってこず，家が無事残った7世帯のみが浜に残ることとなった。ライフラインも復旧し生活には困らなくなったが，浜から人が流出したため今後のまちづくりが大きな課題となっている。

**図3-1-5** 震災前の小積浜の集落のようす

### （2）小積浜の生業とは

なぜ，これほど多くの住民が小積浜を去ったのだろうか。それは，主要な収入源としての漁業の再開の必要性が高かった荻浜とは大きく異なり，小積浜は牡鹿半島の中でも珍しく唯一，漁業を収入源としていない浜であることが大きく影響している。震災前，漁業権をもっていたのは4世帯のみであり，その4世帯も自分たちが食べる分をたまに採りに行く程度で，収入源にはしていなかった。昭和40年代ころまでは，8世帯ほどは漁業を営んでいたようである。種ガキ養殖は一時期，盛んに行われ，他にも天草を採り干して仲介業者に売っていた。また，ナマコやアサリも地先から採っていたという。

住民の多くは役所勤めやサラリーマンが多く，石巻市街地で勤めている人も多い。地区の伝統的な自治組織である実業団は，昭和40（1965）年頃に解散したという。収入源として海に依存していないため，外部の人たちが浜を訪れたり滞在することに対して寛容であり，浜を外部に開放し，浜の交流人口を増やすことに対しても積極的であった。震災前，牡鹿半島の中で浜を外

215

部に開放していた浜は海水浴場をもつ十八成浜と，この小積浜のみであった。小積浜のような浜の外部への開放は，漁業が盛んな牡鹿半島にありながらも漁業を生業としていないがゆえに可能とさせていることであり，外部者が地域の魅力を知るアクセスポイントともなり得よう。

（3）牡鹿半島の交通の結節点であった小積浜

　小積浜は，古くより，金華山黄金山神社への参拝道である金華山道の宿場町であり，牡鹿半島の中でも重要な交通の結節点であった。小積浜の先には旧石巻市と旧牡鹿町を分ける小積峠がある。小積峠は金華山道の中でも細く険しい道が続く難所であり，そのために小積浜は峠を超える前の宿場町として古くから形成されてきたのであろう。事実，小積浜は，江戸時代から「金花山みち（金華山道）」の宿場で旅籠も3軒あったという[8]。その後，参拝道だった金華山道のルートと重なるように県道2号線石巻・鮎川線が整備され，住民には重要な生活道路として，また牡鹿半島の観光道路として多くの人々が利用してきた。県道2号線を整備した際に，新小積トンネルが貫通し，簡単に旧牡鹿町内へと入ることができるようになった。

　現在も，牡鹿半島のなかでも重要な県道2号線石巻・鮎川線が通り，そこに牧浜や狐崎浜などがある東浜地区へと抜ける道路とコバルトラインや牡鹿半島の裏浜へと抜ける市道が交差している。東西南北へと走る道路が交差する交通の結節点なのである。


（4）小積浜の産業

　小積浜は，先にも述べたように役所勤めやサラリーマンが多く，かつては鮎川の捕鯨関連企業への勤務者が大半を占める"筋金入り"の「サラリーマン浜」といえるが，江戸時代まで遡ると，他の浜と同様に，漁業を営む浜であった。『石巻の歴史』3，5，6巻及び『牡鹿郡誌』から，小積浜の漁業の変遷についてみてみよう。

　江戸時代は，前述のように浜には大網も敷かれ，近隣浜との入会をめぐっての引網場や小舌網（鰯漁のための，大規模な有嚢の巻網）の漁場について

の争論もあった．

　現在のような，「サラリーマン浜」へと移行するきっかけは，鮎川の捕鯨にあると思われる．明治39（1906）年4月，東洋漁業株式会社が鮎川字向田に事業場を開設し，金華山沖で捕鯨をはじめ，日本の近代捕鯨が開幕する．金華山沖での捕鯨を目的として，東洋漁業，土佐捕鯨，藤村捕鯨，紀伊水産，帝国水産などの捕鯨会社が鮎川にクジラの加工場を設けた．日露戦争後における株価高騰を背景とした起業ブームは，この頃好調な企業収入を上げていた捕鯨業を新たな投資の対象とした．その結果，明治39（1906）年から40年の間に東洋漁業・長崎捕鯨合資の既存二社の他に，新たな捕鯨会社11社が続々と新設されたのである．夏場の金華山沖には，常時10数隻から20隻の捕鯨船がひしめきあったという．こうした中，渡波町・石巻町においてもクジラを原料とした水産肥料の製造が行われ，捕鯨会社とそれに関係する加工業者など多くの労働者が必要となった．また，この時期，金華山道路も整備されていく．明治26（1893）年から明治36（1903）年の間に道路改修が行われ，急速に渡波町・石巻町へのアクセスが容易になった．その後も大正3（1914）年に金華山道路の表浜街道の渡波町祝田より風越峠に至る間の改修工事が行われ，昭和3（1928）年3月には旧石巻市と旧牡鹿町の境界である小積峠に小積隧道（旧小積トンネル）が建設され小積峠を越えるのが容易になった．このように陸路の大規模改修が行われ，渡波町・石巻町や鮎川へのアクセスが容易になり，同時に大正元（1912）年に仙北軽便鉄道石巻線が開通し，渡波町・石巻町が急速に発達していった．

　このような背景の中で小積浜の住民は，鮎川の捕鯨会社や，渡波町・石巻町へと勤めに出るようになり，自活するために続いてきた漁業が衰退した．小積浜は他の浜と比べ漁場が小さかった．その一方で旧荻浜村の中でも農地が広く水源が豊かであることから水田があり，また昔から「やまこ」と呼ばれる炭焼きなど山に生業をもつ住民が多いなど，海への依存度が低く，兼業性が高かった．

　しかし，戦後，小積浜でも漁業で浜を盛り上げようとした動きがあった．昭和30年代には，荻浜と同様に種ガキの輸出が盛んに行われ，女性たちが

種がついているかチェックし，種ガキの箱詰めをしていた。小積浜を種ガキ養殖のメッカにしようとする動きがあり，種ガキ養殖用のコンクリート杭が大量に湾の中央部に打たれた。しかし，コンクリート杭設置直後に種ガキ輸出の需要が激減し，結局，利用されずに永く放置されている。

杭が打ち込まれる前は，浜には藻場が形成され，多様で豊かな生物環境がつくられていたという。また，大量のコンクリート杭は，湾内の利用を限定的なものにしているなど，いくつかの問題が生じている。そのため，住民からは，コンクリート杭を撤去し，以前のような多様で豊かな生物環境を取り戻したいという声が多かった。幸い，現在でも小積浜では天然アサリがとれる豊かな浜である。コンクリート杭を撤去し，アサリだけでなく，カニや小魚などを育む藻場を再生していければ，里海体験などで浜を外部に開放するなどの可能性もでてくるのではないだろうか。

(5) 農業，林業，炭焼き

旧荻浜村の中で，それなりの農地を持つのは荻浜と桃浦と小積浜のみであり，その中でも小積浜は水源が豊かで水稲を作れる環境にあった。しかし全ての住民が水田を持っていたわけではなかったので，水田のない家は，昼飯，夜飯付きで田植え，稲刈りを手伝い，収穫の際に給料の代わりに米を分けてもらっていたという。このように，かつては米づくりは村全体で助け合い，共同で行われてきた。しかし，近年，鹿が急激に増え，その食害のために農地が次々に放棄され，荒れ地となってしまっている。

林業と炭焼きもかつては盛んに行われていた。江戸時代には，「小炭浜」とも標記されていたようである[9]。南部民謡「茸取り唄」の流れで「炭焼き唄」に転用された「小積節」（別称，ナントショウ節）がすたれてしまったことは惜しい。次の歌詞は後藤桃水編『宮城民謡』(1931年)に掲載のものである[10]。

　　山超え山越えまた山越えて　コラナントショウ　娘来たかと言われたい
　　おらがととさん炭焼き稼業　山は奥山さびしかろ
　　来るか来るかと坂まで出たが　今日も気はせで日が暮れる
　　山は焼けても山鳥立たぬ　何の立たりよか子を棄てて

わしとおまえは焼野のわらび　わらび焼けても根は残る

　小積浜では炭焼きをして炭を国に納めていた。炭焼きの流れは，大きくは①国有林から杉を切る（切る人は切る人でいる）②その場で釜をつくり焼く（焼く人は技術がいるため，焼く人は焼く人でいる）③炭を山から運ぶ，の3つのプロセスからなり，集落内で分担作業していた。炭焼きも米づくりと同様に浜の住民で助け合い，共同で行われていた集落事業であったという。また，茅を編んで，炭をいれる籠をつくっていたようで，「炭すご」と呼ばれ，これに炭をいれて国に売っていた。炭焼きは昭和30年代前半まで行われており，数年前まで炭焼きの釜が残されていたという。このように小積浜では山の仕事が多く，「やまこ」を生業とする浜であった。

　小積浜では炭焼き，林業，農業，漁業が複合的に行われていた。とくに林業，炭焼きを行っていたため定期的な萌芽更新が行われ，山仕事があった。住民が定期的に山に入っていたために鹿の活動範囲は制限されていた。近年，人が山の手入れや猟のために山に入らなくなったことに加え，平成10年ころ野犬が駆除され天敵がいなくなったことが，鹿の急増の要因となっていると考えられている。昔の小積浜では，里海，里地，里山の循環型の自然を活かした持続可能な住まい方が実現されていたのであろう。

### （6）津波と浜

　戦前は人口が増え，30-40世帯ほどあったと阿部長一区長はいう。捕鯨産業が好調であったためだろう。この頃の小積浜は小積地区に集落が固まっていたようだが，昭和35（1960）年のチリ津波により破滅的な被害を受け，集落が高所に分散した。また，この時に墓地も高台へと移転したようである。チリ津波以降，防潮堤も建設されたが，今回の震災で防潮堤はその高さを超えた。さらに地盤沈下もおこったため浜は跡形なくなってしまった。

　小積地区には五十鈴神社が高台にあり，毎年4月16日に例祭が行われている。祭事に使われていた獅子舞の獅子頭が津波で流されたが，幸い，区長さんが回収し奇麗に修復できた（写真3-1-3）。小網倉浜の獅子と大変よく似てい

るため，津波で流されてしまった小網倉浜の獅子を作り直す際，モデルにしたという。

小積浜での生業の変容をみていくと，荻浜では見えてこなかった牡鹿半島全体の問題が見えてくる。現在，他の浜では，住居の流失にかかわらず，地域ぐるみでの集団移転や漁業復興といった問題に向き合っているが，小積浜では，住居が流されてしまった大半の人たちは浜に戻ってこない。家が運良く残された住民7世帯で浜の将来と向き合わなければならなくなっている。

写真3-1-3　小積地区に戻ってきた獅子舞の頭

そこで残された人々が直面したのは，牡鹿半島の魅力とは一体何なのかというシンプルな問いであった。彼・彼女らの間には，かつてのような多様で人々の暮らしと結びついた豊かな海や山の姿を取り戻したい，という思いが沸き上がってきている。近年の，鹿の食害による山や農業の衰退は，海の衰退にも連ながるのではないだろうか。長い歴史の中で，牡鹿半島の一漁村が，浜の生産性の制約と山の多様な利用，街道の結節点としての役割，近代捕鯨の隆盛，そしてチリ津波などの天災など，自然条件や地理的制約及びさまざまな時代の波を経て，今日の小積浜になった。牡鹿半島の中でも特殊な小積浜であるからこそ，見えてきた課題であるともいえようか。

## 4　震災が映し出したもの（吉野馨子）

牡鹿半島は，豊かな漁場と深い山に囲まれた地であった。今は静かな海辺の村である荻浜，小積浜ともに，明治期以降の近代化において，殖産興業の政策に強く結び付けられ，その様相は大きく変容させられた。荻浜は東京と北海道を結ぶ航路の結節点として大きく成長し，小積浜は近代捕鯨の鮎川の成長とともに，生業が大きく変化していった。

荻浜は，明治期以降の人口の急速な膨張で，外来者（"ヨソモノ"）が大多数を占める浜となったが，生業は，依然，海に依存し，浜と向き合う暮らしを続けた。ハイブリッドながらも伝統的な地域社会のベースは維持されて来たようであった。震災後は，漁業の一部共同化などを通し，漁師全体で乗り切ってきた。一方小積浜は，浜や山との関わりを失い，生業や暮らしにおいて地域資源から遠ざかり，疎外（"ヨソモノ化"）されていった。一方，両浜での山との関わりの希薄化は，山林の劣化とそれに伴う災害の危険，獣害の増加等の課題をもたらしている。

　震災後，自分たちの地域を見つめ直した人々の間で，かつてのような暮らしと結びついた豊かな海や山の姿を取り戻したい，という思いが惹起されている。その取り組みは長い道のりとなるだろうが，私たちの社会全体の再生に向かう一歩となるだろう。


●注
1）その他，その他，女川組と陸方組があった。狐崎組16浜は，祝田浜，佐須浜，小竹浜，折浜，桃浦，月浦，侍浜，荻浜，小積浜，牧浜，竹浜，狐崎浜，福貴浦，小網倉浜，清水田浜，田代浜。十八成浜組11浜は十八成浜・鮎川浜・網地浜・大原浜・給分浜・泊浜・新山浜・長渡浜・谷川浜・寄磯浜・鮫浦である。
2）大原村は小網倉浜，清水田浜，大原浜，給分浜，新山浜，泊浜，谷川浜，鮫浦，寄磯浜から，鮎川村は網地浜，長渡浜，鮎川浜，十八成浜から成る。
3）洞口は，2011年度，東日本大震災における建築家による復興支援ネットワーク「アーキエイド」のサマーキャンプに参加し，以降，法政大学大学院デザイン工学研究科渡辺真理教授と下吹越武人教授の指導のもと，集団移転計画を住民，行政，土木コンサルなどと進めてきた。アーキエイドでの活動は主に住民と対話し，その意見をまとめ行政に提出するというものであった。荻浜，小積浜については，アーキエイドの活動（法政大学大学院在学中に法政大学大学院建築都市再生研究所の法政大学東日本大震災復興支援助成研究・渡辺下吹越プロジェクト）で得たものと，その後の独自の調査で得たものをもとに執筆した。
4）平山和彦(1969)「牡鹿半島における年齢集団の諸相－とくに契約講をめぐる諸問題」90-114
5）興味深いことに，荻浜には横浜の地名が多数存在する。横浜山，羽山，白浜があり，隣浜の小積浜には横須賀という地名がある。いつ頃にこれらの地名がつけられたかは不明であるが，荻浜が函館・横浜間の定期航路の寄港地であったことから，横浜にちなんでこれらの地名がつけられたと推測されよう。
6）三養水産株式会社HPより
7）牡蠣がある程度育つと，牡蠣の実入りが良くなるよう北上川から来るミネラル豊富

な沖へと牡蠣棚を移動させる。
 8）『石巻の歴史』第三巻815頁
 9）『石巻の歴史第三巻815頁
10）『石巻の歴史第三巻616頁


● **参照文献**

石巻市史編纂委員会 [1988],『石巻の歴史』石巻市。
牡鹿郡役所 [1929],『牡鹿郡誌』. 431頁。臨川書店.
牡鹿町誌編纂委員会（編）[1988],『牡鹿町誌上巻』牡鹿町。
牡鹿町誌編纂委員会（編）[2002],『牡鹿町誌中巻』牡鹿町。
牡鹿町誌編纂委員会（編）[2005],『牡鹿町誌下巻』牡鹿町。
平山和彦 [1969], 「牡鹿半島における年齢集団の諸相－とくに契約講をめぐる諸問題」和歌森太郎編『陸前北部の民俗』吉川弘文館。
三養水産株式会社 [2012] 「牡蠣と三養水産の歴史」2013年1月8日
　（http://sanyou-suisan.com/history.html）

# 第2章　雄勝半島の生業とコミュニティ

吉 野 馨 子

　雄勝半島は，外洋に面した雄勝東部と内湾に面した雄勝湾の2つに大きく分けられ，その生業は大きく異なっている。本章では，雄勝東部に位置し今回の津波災害で集落の被災がほとんど見られなかった大須地区を中心に，雄勝湾に面した大浜の暮らしも補足しながら，雄勝半島での浜の暮らしをみていきたい。

　大須地区は，地域の人々の記録に残る範囲では約600年前に"切り開き"と言われる人たちがやってきた，といわれている。それから今日までの間，慶長三陸津波(1611)，寛永5(1793)年の津波，天保大津波(1835)，安政3(1856)年の津波，明治三陸地震（1986年），昭和三陸地震（1933年），チリ地震津波（1960年）などの大きな津波からまぬがれ続け，大須では集落が残り続けた。600年の歴史に耐え，自然環境への働きかけの中で作り上げてきた暮らしのあり方について，とくに高度経済成長により，暮らしが大きく変容する前の昭和30年代頃までの営みを中心に記述したい。そして，その後の暮らしの変容，さらに震災後の同地区の対応から，浜の暮らしの成り立ちのロジックを探るとともに，今後の展望について考えてみたい。

## 1　大須地区の生業と暮らし

　大須地区は，上述のように，東日本大震災の津波から大半の住居が被害からまぬがれた地区である。津波による雄勝町の被害の大きさは，メディア等でも広く伝えられていたが，平地がなく山の斜面にへばりつくように町場が

でき，それが上に伸びていった大須地区は被害をまぬがれることができたのである。

　雄勝半島の突端に位置する大須は外洋に面し，豊かな漁場に恵まれる一方で，荒磯で良港には恵まれなかった。石巻へのアクセスが悪く，現在では交通の不便な地となっているが，かつては男は船乗りに，女は行商で活発に活動し，他の地域と強く結びつきながら暮らしが展開していた。女性が担当していた行商は，収穫，加工，販売までを含み，今日喧伝される"6次産業"を先駆けるものでもあった。

　また同地区は，江戸時代より，もらい子や親戚筋でない別家の多さがみられ，海辺の暮らしのもつ本質的な豊かさを示しているともいえよう。

（1）大須の歴史
　ここでは，大須の生業に注目し，田中幹夫氏による昭和51（1976）年の論文及び雄勝町史より，歴史的な経緯をみてみよう。

**江戸時代の大須の生業と暮らし：小規模で均質な漁民の暮らし**
　安永2（1773）年の『安永風土記書上』によると，人頭57（うち修験1ヶ院），家数57，人口265人，舟数58隻（うち小舟1隻は御用通舟），馬1匹，御林4ヶ銘との記録があるという。海からは，アワビ，コンブ，フノリ，タコ，スズキ，タラ，ミズガレイ，カツオ，アカウオ，サメ，ワカメ，ノリ，ホソメ，メヌケなどが漁獲されていた。

　家数は天保の飢饉以後54軒に減少したが，舟数は59隻に増えている。ムラの耕地面積は定かではないが，町史では，おそらく6町ほどであったろうと推計している。また，家ごとの年貢高をみると，ムラの土地が特定の家に集積された様子はない。舟の所有についても顕著な偏りはみられず，家々の間の格差はさほど大きくなかったものと田中は述べている。

　大須には名子や水呑などの隷農階層の家はなく，全て本百姓であった。全ての家が平等な権利を所有していたということになるが，これは裏返すと，世帯当たり山畑1反もないため隷農階層をもつほどの地主もおらず，道のど

ん突きに位置し宿場町でもないために馬子の雇い入れの必要も無く、荷役夫を必要とするような港町でもないという立地で、小規模な経営規模の世帯が大多数を占める自給的な側面の強い地域であったことを映し出してもいよう。

　天保期になると、先にも述べたとおり、五十集（いさば）商人としての阿部源左衛門があらわれてくる。阿部家は、天保期以降の凶作時に、施米や施粥を人々に施したことで名を高める。天保3（1832）年の凶作と翌4年、天保7年の冷害と翌8年、さらに天保10年、安政5（1858）、6、7年、万延元（1860）年、文久2（1862）、3年と数多くの年に、自分の米で足りないときは、秋田や水戸から買い入れまでし、大須浜だけでなく十五浜一円を対象に支援している。また、地域の生産を増やすための開墾資金を藩に献じるなどもした。これらの尽力により、大須浜は一人の餓死者も出なかったという。飢饉の時期を通じて、源左衛門に援助を求めた者は多かった。借金の返済及び日用雑貨品の前借りなどは、それぞれの漁獲物をもって返済する他なく、地域の漁民と阿部家の間の従属的な関係（「仕込み」と呼ばれる関係）が作られていった。

　このように地域の経済、社会において大きな存在感を示すようになった阿部家は、天保9（1838）年より、藩に「鯨漁方主立」として任ぜられ、大須浜での鯨漁が始まることになる。天保13（1842）年まで捕鯨は続けられたが、毎年、数隻〜10隻を超える船（一隻は8人乗り）を出し、数十日間の漁で得られたのは、合わせて17頭のみにとどまり、大きな赤字に終わった。船には、大須浜の漁夫が乗り込み、また陸でのさまざまな作業（解体作業、油とり、薪炭材の切り出しと運搬、縄ない、鯨肉や鯨油の運搬作業、食事の準備や後始末等）には、老人や女性も加わったという。仙台藩の特権商人であり、地域の肝入であり、さらに「仕込み」の関係があったからこそ、これだけ浜の人々が動員できたわけであり、阿部家を頂点としたヒエラルキカルな村落社会の構造を映し出していると田中は論じている。

　しかし一時は栄華を極めた阿部家も、その後経営が傾き、大須浜の中での他家（佐藤家など）による五十集商人が台頭するようになっていく。

**近代以降の大須の生業と暮らし：荒磯が阻んだ漁業の近代化，共同化**

ひきつづき，田中幹夫氏による昭和53（1978）年の論文と雄勝町史からみていこう。

明治10（1877）年，大須浜村は世帯数58，人口425人であり，地租の対象となる畑は17町8反7畝27分，舟数は50艘であった。

大須浜では，磯物としてのウニ，アワビに加え，フノリ，ツノマタ，コンブ，ワカメ，ノリ，マツモなどの海草の採取が基本的な漁獲物であった。さらに，明治期には，シラスなどの密集する性質をもつ小魚をすくって獲る「イケスクイ（すくい網漁）」，3〜4人で乗り込み，タラ・サメ・ブリなどを獲る「サシアミ（刺し網）」漁，アブラガレイ・赤魚などを捕る「ハエナワ」漁，イカ・スズキ・カツオ・ヒラメなどを獲る「一本釣り」漁などがおこなわれるようになった。浜の漁獲物の大半は，"ダンナ"と呼ばれる浜内の五十集問屋により集荷された。米が穫れず生活必需品の入手も不便，個別の出荷も困難であるという大須浜の立地条件に加え，漁獲が不安定で収入が不安定なために，金銭や生活必需品の前貸し‐漁獲物による借金返済という五十集問屋との固定的な従属関係（"ダンナ"から"仕入れを受ける"関係）が作り上げられていた漁家が大半であった。しかし，ダンナの権勢も，明治後半よりのカツオ漁の衰退により減少し，大正期まで残るのは2戸だけであったという。

他方，明治半ばからは漁業の近代化がピッチを上げる。船越・名振や雄勝湾内で船舶の大型化が進む一方，荒磯であり，舟だまりを作れる場所がない大須浜は大型化の波に乗りきれずにいた。その一方で，他の地域から近代的な漁法をもった人々が，大須の豊かな漁場を目指してやってきた。大正元（1912）年には，牡鹿半島の網地島より「シビ大敷網」が建てられた（資金は名振から，漁夫45名は網地島よりやってきた）が，あまり利益が上がらず3年には撤退している。大正6（1917）年には高知須崎の人が「ブリ大敷網」を建てる（資金，技術者は須崎から）。大須浜からも漁夫30人が雇われたが，1年で失敗に終わった。昭和9（1934）年にも，須崎の漁夫集団35人が「ブリ大敷網」を建てたが（大須からも5，6人雇用），これも1回で撤退した。

動力船が大須浜に初めて導入されたのは大正7（1918）年であった。浜の有

力者が購入したが，不漁に終わり，翌年船越浜の人に売却してしまう。また昭和9（1934）年には，他県からの船が大須浜の先でイワシの大漁に沸いているのをみて，瀬主を阿部家（源左衛門の子孫）に頼み，浜全体での共同のイワシ漁が試みられた。漁獲高は相当なものであったが，石巻や女川に販売した生イワシの価格が安すぎたために採算割れとなり，昭和12（1937）年に中止となってしまった。その後も，昭和10年代，イワシ漁，ブリ大敷網などの試みが個人的になされたが，荒天や不漁のために失敗に終わっている。

　大須浜は港に恵まれず，船の大型化が進まなかった。また，その漁場の豊かさに惹かれ，外部の資金，技術によって何度も定置網が試されたが，いずれも不漁，荒天により失敗に終わっている。荒磯であることが船の大型化，定置網漁業の双方を困難にさせた。漁業の共同経営も一回試みられただけで，依然として個別漁による磯物獲りと小漁を基盤に置かざるを得ない状況が続いていた。そのことにより，他の浜の漁船に乗り込む漁業出稼ぎ者が早く出るようになり，他方では，漁獲物を行商に歩く背負子を盛んとさせることになったといえよう。

## （2）住まいの成り立ち

### 人の住まい方

　前述のように，大須地区は大須，船隠，館森の3つに分かれている。もともとの集落は大須のみであった。大須集落は，中央に沢（現在は暗渠）が流れており，そこを水源としてムラは切り開かれたと言われている。

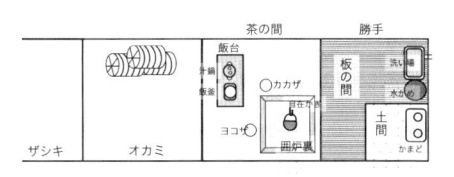

**図3-2-1　住まいのようす**
（出典：地域の方への聞き取りより筆者作成）

　屋敷は，磯の岩を浜から集め，村の共同で石垣を積み上げ，平地をつくることから始めなければいけないため，広い面積を取るのは物理的に難しい。その一方で，住居では漁獲物を加工したり，道具を手入れしたりするための作業空間は十分確保したい。そのため，屋敷地内は極力広く空間が取れるよう，植物も植えないようにするのが通常であった。漁業から離れるようになって庭に花木などを植える家が出るようになってきたという。

家は勝手から三間続きの間取りが基本形であった。勝手には，二口のかまどが土間に置かれており，板の間を上がったところに水がめと流しがあった（図3-2-1）。流しの水は，家の外に流れるようになっていた。勝手の横の茶の間は畳敷きで，その一角にいろりが据えられており自在鉤が下がっていた。食事はいろりの周りではなく，別に飯台を出していただく。飯台の上には木製の釜台が置かれており，その上にお釜を置き，横に汁物の鍋を置けばご飯の用意はできた，という形となる。戸主が座るヨコザと主婦が座るカカザは決まっており，その周りに子どもたちがワラワラと座ってご飯を食べる，という形であったという。味噌は手作りであった。畑で取れた大豆と麦を使った麦味噌である。6斗樽で作り，新味噌ではなく古いものから食べていった。米も一年分くらいは玄米で買い置いておくものであった。米はカミザに置かれていた，と記憶する人もいる。

### 境界争い

　上述のように限られた空間に家々が作られるため，大須の集落は大変な密集状態である。道路から自宅に続く道は，「ジョウグチ道路」と呼ばれ，自分の家に行くのに他の家の軒先，庭先を通らざるを得ないことも多々ある。集落の家々の軒先や庭先を結んで網の目のようにつながる小径には，他の人が気兼ねせず通ることができる「赤線」道路と，個人的な私道とが明確に区分されており，集落の古い人であれば，自分の通っている道がどちらかであるかはわかっている[1]。集落の人たちは，当然ながら最も便利な道を歩いて行くが，後者の個人的な私道を通るときは，その家人に一声かけて通るのが礼儀であるとされてきた。しかし，若い世代や他所から来た人であると，その区別を知らず，何も言わずに人の庭先を通っていくこともあり，それが小さな不和のきっかけともなる。また，密集した住居では，石垣が隣人の敷地に入っている，敷地いっぱいに建てすぎたために軒先が出過ぎているなどの諍いも少なくないそうである。

　これだけの密集集落だと火事はおそろしい。切り開きの集落に生まれ育った60代の女性は，覚えている限りで5回のボヤがあったという。消火訓練が

組単位でおこなわれており，火事が起きると，男たちが消火に出向いたという。

江戸時代，宝永年間（1704〜1711年）に，シラス油（シラスを絞る時に出る油。火を灯すために使った）に火がついて火事を起こしてしまった家がある。類焼した隣家に寄留していた修験者の入れ知恵により，放火であると中傷誹謗され，三郡（桃生，牡鹿，本吉）追放の目に遭い，登米に落ちのびたという。そのときは，河北町の長面に居住する人が藩主に褒美をもらった際に，その家の放免を申し出てくれ，ようやく大須に戻ることができた。恩に感じたその家は，その長面の人の息子を婿にもらい，絆を深めたという。

（3）ムラの組織：契約講と地区会

契約講は宮城県を中心とした東北地方で広く見られる村落自治の形態である。福田（1969）は，それまであまり調査が進んでいなかった陸前地方内陸部の契約講について，いくつかの事例調査からその範囲を調べたところ，かならずしも藩制村と一致していないことを見出している[2]。藩制村は世帯数が多すぎる一方，五人組では少なすぎ，いずれも「各家の再生産・生活互助組織としては意味の少ない存在」だったのだろうと推察している。事実上の再生産・生活互助組織の範囲は，その地域が中世から近世へと展開する中で形成された社会関係であり，それは，とくに平野農村部では，藩制村よりもずうっと小さく，五人組よりは家数が多い単位が，村人たちの生活感覚の中から選ばれてきたのだろうとする福田の指摘は大変興味深い。また，福田は，契約講が藩に認められていく過程として，幕藩体制の解体時期，肝入から五人組を結ぶ系列のみでは戸数の多い藩制村を掌握できなくなった段階に，従来からの集落を基礎に存続してきた社会関係を改めて"契約"として認知したのではないか，としている。福田の論文は，契約講が，人々の暮らしの中から生み出されてきた，自然で合理的な社会関係であることを示唆している。また，契約講は志津川町以北にも存在はしているが，その役割は不明確であり，むしろ親類関係の方が再生産・生活互助組織として機能していることを指摘している。その意味で，大須のある雄勝町は，契約講の位置づけが高い

地域であると考えられる。大須でも，契約講は藩政期から存在していたといわれている[3]。

大須の契約講は，牡鹿半島のような年齢階梯制にはなっていない。各世帯から代表者一名が参加し，ムラの共同に関する様々なことがら（地先や山林の入会の利用と管理に関する取り決め，神社・祭りなどに関する取り決め等）を決めることに加え，近隣の世帯の祝儀・不祝儀の際の手伝いも担ってきた。契約講は，現在は地区会と改称されている。

約30世帯で一つの組となる。現在は6組であるが，世帯が最も多く，230世帯を超えていた時期には7組あった。一組あたりの世帯数が30世帯程度になるように，組の増減によって調整してきたことがわかる。各組にはリーダーとしての組頭がいる。組頭は，地区会と組内の家々をつなぐ役を担うとともに，組内のさまざまなできごとの取り仕切りに関わる。組頭を務めることで，地区会の三役（会長，副会長，会計）に就くための準備ができると考えられている。地区会の三役は2年1期であり，総会で選ばれる。組頭など，そのほかの役員は組内で選ばれる。

地区会には水産部，神社部，寺院部，保健衛生会があり，各部は独立採算で運営されている。水産部が最も予算規模が大きく，会長，副会長，会計に加え，組頭と各組からの幹事2名ずつ及び監事3名の計21名が役員となり，貝類や海藻などの磯物の採集に関する開口日の決定や入札の管理，密漁の監視，禁漁区の管理，漁村センターや港のクレーンの管理などさまざまな仕事を担っており，予算規模は1千万円を超えている。神社部は祭りでの祈祷料や榊料を財源に，寺院部は2月の大般若入れの祈祷料を主な財源に，それぞれ独立採算で運営されている。

年一回の総会の前には，役員に加え，各部の部長と会計が参加し，議案の認定会をおこなう。戦前は，契約講（現総会）の日の前には，組ごとに飲食しながら議案についてさまざまな議論をおこなったそうである。そのため，総会の議論は大変活発なものであったという。近年はそのような下準備がないため，以前ほどの活発さがないことが残念であると，役員のある人は語っていた。

契約講は，昭和24（1949）年に雄勝町東部漁業協同組合が組織され大須浜が大須支部とされたときに「大須区・（東部漁協）支部」の名称に替えられ，契約講長が漁協の支部長を兼ねることになった[4]。大須地区の住民であるためには，漁協の組合員でなければいけないという決まりであったのを，平成22（2010）年にようやく改正している。それほどに，浜の利用と管理は大須の人々にとって最も重要な関心事であった。

### （4）磯，海の利用

#### 浜の名前

図3-2-2は，浜の各所の名称，養殖棚の位置と隣接集落との入会の境界を示している。このように，地域の人たちは浜を細かく区分し，それぞれの浜の特徴を捉えて認識している。

前浜は，集落から下りた正面にある浜で，北側には港が作られている。前浜は岩礁と黒磯に囲まれ，大須の浜の中では穏やかなエリアであり，磯物もよく採れる浜である。御輿が祭りの時に入るのもここである。

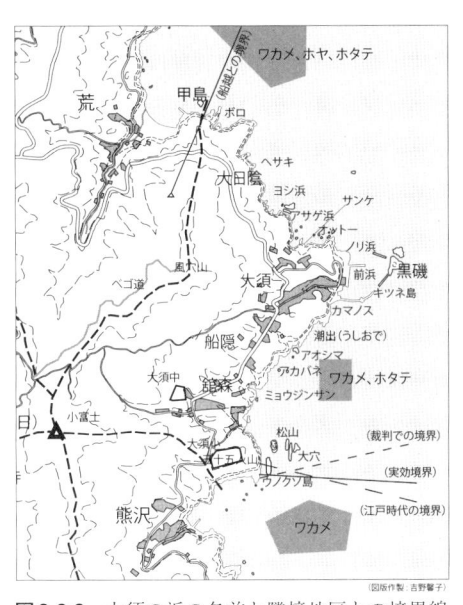

**図3-2-2** 大須の浜の名前と隣接地区との境界線

前浜のすぐ北側の浜は，ノリ浜と呼ばれる。昭和60（1985）年から平成の初めくらいまで，子どもたちのプール代わりに，親たちが見張りをしながら，泳がせていたという。

オットー浜からボロ浜までは大日陰とも呼ばれ，その名のとおり日当たりが悪い。コンブもウニやアワビの餌とするレベルのものしか採れない。足場も悪いため，ここに磯物を獲りに行くときには，船で海から近づいていく。

一方，前浜の南側は，良いコンブが採れる。カマノスは，江戸時代，ここ

で塩を煮ていたと言われているためにそう名付けられている。ウシオデ（潮出）は，波が良く当たり白波が立っているためにそう呼ばれている。この辺りがヨリメ（波などで洗われて，浮きあがったコンブ。入札で採る）がよく採れたところであったという。震災後は，さらに南の宇島のあたりに寄るようになっているため，これまでの経験に基づいて入札すると，思ったように採れないということになるおそれが高いということであった。

**隣接地区との入会争い**

浜は地区ごとに共有管理されている。そのため，隣接する地区との境界については，厳しいやりとりがあった。佐藤重兵衛さん（昭和13（1938）年生まれ）の記憶では，祖父の代に船越と名振の間で激しい境界争いがあり，名振の永沼家とつながりがある佐藤家は名振に加勢し，おじいさんが石や竹を船に積んで，海上から出向いたという（船上から相手方に向かって石や竹などを投げた）。

大須浜でも，同様に，隣接する船越，熊沢との境界争いがあった。熊沢は山林面積が広く，炭焼きなど林産資源への依存度の高い地域であり，元来漁業はあまり活発ではなかったという。しかし，営林署に勤める智恵のある人がバックについたため，大須にとって裁判は厳しい状況となった。そこで石巻の弁護士を紹介してもらい訪ねたが，素朴な大須浜の人たちは石巻の町の雰囲気に飲まれ，弁護士に適当にあしらわれ，裁判に負けてしまった。その時には残念ながら思いつかなかったが，大須には江戸時代に定められた各浜の境界を示す切り絵図が存在しており，そこにははっきりと松山の南端を通る境界（図3-2-2中の「昔の境界」）が書いてある。その後の交渉を経て，現在は図中に実効境界と書いてある境界で運用しているという（注　現在は，沖合は県有であるため，地先についてのみである）。地域の人々にとっての浜の重要性が浮かび上がってくる。熊沢は，南隣の羽坂とも境界争いがあり，結局，境界線を明確に出来なかったために，グレーゾーンを羽坂との共同の入会とし，その売り上げを熊沢・羽坂・桑浜でつくる「三区」の公共事業費に充てるようにしているという。

宮城県漁協に合併する前は、雄勝半島には雄勝東部漁業協同組合と雄勝湾漁業協同組合の二つがあった。昭和24 (1949) 年の漁協創設時、雄勝、大浜、立浜などの雄勝湾に面した浜は、磯物が豊かに採れる東部漁協とともに一つの漁協を作ることを希望していたが、当時、漁家にとっては磯物の収入の方が良かったため、断ったという。その後、それらの浜がつくった雄勝湾漁協では湾内の穏やかな海水面を用いた養殖事業を導入し、漁家経営に成功していく。図3-序-14でみたように、震災前には、むしろ雄勝湾漁協の方が漁家収入は高くなり、同漁協は、宮城県漁協への合併も最後まで合意しなかったという。

　雄勝半島の地先は集落ごとの入会であるが、北上町などでは各集落の浜を合わせ、全浜を共有化している。それを見習い、昭和50年代に、地先を全浜で共有しようか、という話がでたという。しかし、大須は、「百艘持ち」とその船の多さがうたわれていたため、隣接する熊沢、荒の浜から、大須の人たちが磯物の大半を取ってしまう、という反対の声が挙がり実現しなかったという。「昔は俺らの方が豊かだったのになあ」というぼやきは、大須でよく耳にするものである。


### 浜の資源の利用と分配

　浜は、大須の人々にさまざまな恵みをもたらしてくれる。春 (3～5月) には、岩ノリ、ヒジキ、マツモ、フノリが開口する。かつては土壁の材料として欠かせなかったツノマタは、土壁の需要が減るとともに採られないようになった。5月～6月は天然ワカメが採れ、ボイルして販売する。これも採る人はかなり減ってきている。ウニも5月頃から、夏いっぱい開口する。この季節は海が凪ぐことの多い、漁には適した期間であるが、大須は海が荒いため、採れない日も多い。7月より前は、ウニがまだ受精しておらず、卵巣が色も濃くたっぷりとはいっていておいしいが、受精してしまうと、白っぽくなり、味が落ちる。ウニは生で食べるほかに、塩を練り込んだ塩ウニも作られる。作り方も味も各家庭で微妙に異なる「おふくろの味」である。

　ヨリメは春に浜単位で入札されるが、収穫は8～10月 (味が落ちるため遅

写真3-2-1 台風の前日，浜に打ち寄せられたヨリメを集めている

くても年内）である。これは浜に寄せられたコンブを採る権利を買うものであり，とろろコンブに加工して販売している人たちが買っている（写真3-2-1）。大須のコンブは，厚みがやや薄いため，出汁コンブではなく，とろろコンブとして加工されている。地区内に，とろろコンブの加工をしている家がある。

　一方，ヨリメではない，磯のコンブは，9月の中旬から10月いっぱいまで採れる。波や天気をみて，全員に開かれる。

　数ある磯物のなかで，浜の人たちの目の色が変わるのがアワビである。11月～12月のアワビの漁獲期には，出稼ぎなどで浜を離れていた家族も，極力戻ってきてアワビ採りにいそしんだものだった。しかし，アワビは，海が川のように静かで海水が澄んでいないと採れないそうで，荒れがちな大須の浜では，一ヶ月に3回も採れれば良い方だという。採ったアワビは，以前は浜で加工していたが，現在は，生アワビを漁協をとおして乾鮑業者に販売している。

　ウニ，アワビの採り物は，目の良さが重要で，長年の経験がものを言うという。かつての名人曰く，コツは「何でも動いているものは引っかける」ことだそうだ。アワビ採りには船の艫（トモ，船尾のこと）とヘコ（舳先）を操作するために，最低2人が必要である。かつてはウニ，アワビ採りは男の仕事であった。男の子たちは，親について船に乗り込み，アワビ採りに関わったという。その間，学校は休みである。また，夏の子どもたちの遊び場は海であり，磯に潜ってはこっそりとウニやアワビを採って食べていたという。そのような暮らしの中で，採り物の感覚が養われていった。

　女性がウニ，アワビ採りの船に乗るようになったのは，30年ほど前からである。若者が地区から離れ，一家族から複数の男性の乗り手が確保できな

くなってくると親類同士など
で相乗りせざるを得なくなっ
ていった。しかし，そうなる
と収穫を分配しなければなら
ない。それよりは家族で乗ろ
う，と乗り始めたという。乗
り始めたころは，姑世代から
「欲深な嫁だ」とさんざんに
非難されたものだそうである

写真3-2-2　ヨリメを道路端に干しながら根を切り調製している女性

が，今になると女性たちも普通に船に乗るようになっている。女性は船を操作する役を担うことが多いが，自分でアワビを採る女性たちもいるそうである。

　一方，海藻類は女性を中心に家族総出で採りに行く。陸から離れた磯には，男性が船をこいで採りに行く。これも，やはり「○○が良く採れる岩」，といったことがそれぞれの家族で認識されており，それは秘密にされていた[5]。開口していればどこの磯で採っても良いが，問題なのは干す場の確保であった。あらゆる空間を利用しなければいけない。浜の岩で干せてしまうのが一番楽である。干しながら根を切ったり，裏返したりして時間は潰せた。干す場所は「席」と呼ばれ，良い場所が取れると「席が当たった」と喜んだそうである。この席も，組ごとに分配される。そのほか，屋根の上，道路，それでも足りない場合は，土や草の上に細竹の簾を敷いて干したものだという（写真3-2-2）。

　アワビとウニの開口は，組頭たちが相談して決める。海が荒れている時には事故の心配もあるため，慎重に決める必要がある。また，ムラの中で葬式がある日も開口はしない。海藻の重要性は，現在ではさほど高くないが，60歳代以上の女性たちは磯の口開けに行かないと「遊んでいる」と思われるので行かないわけにはいかない，と考えるそうである。しかし，若い世代になるとそのような周囲の視線への気兼ねも無くなっているようであった。

　前浜は，昭和61（1986）年より禁漁区として管理されている。ここでは，

ワカメかすを餌にして天然ウニを育てている。大須は海が荒れることが多く，開口が流れてしまうことも多いため，そういうときには禁漁区から採って販売すると良い値で売ることが出来る。ワカメかすは，役員が，2トントラックで牡鹿半島のワカメ養殖家までもらいに行っている。また，採ってしまったサイズの小さいアワビも，禁漁区に活けて育てている。

### 小漁師と船乗り

　小さな船を操り，自給プラスアルファ程度の漁をする漁師は"小漁師をしている"と呼ばれていた。前述のように，大須では，船の大規模化が進まなかった。そのため，小漁師のままでいるか，あるいは他の浜の大型の船に乗るかの選択を他の浜よりも早く迫られることになった。小漁師の収入だけでは，年々増加していく家計の出費を賄うことは困難であり，妻の行商に依存する部分が大きくなる。大須では小漁師のままでいた漁家は少なかった。他の浜のカツオ船に乗ることは，最も手っ取り早い手段であった。大須浜から5，60人はカツオ船に乗っていただろうと言われている。その後，船はどんどん遠洋に出て行くようになる。男の子は大半が船乗りになった。結婚するとすぐに別家に出し，お嫁さんは海の物を加工して行商に出る。昭和42年に中学校を卒業した男子生徒25人中，遠洋船に乗らずに進学したのは，次三男であった5，6人だけで，彼らは高校に進学するために大須を離れていった（雄勝半島には高校がない）そうである。

　しかし，現在，大須で船に乗って漁をしている人は少ない。震災前には，不動丸，勝丸，千代丸，大須丸，吉祥丸，太陽丸，彦丸，常丸の8艘が，震災前には操業していた（写真3-2-3）。西條博利（昭和27（1952）年生まれ）さんは，その一艘，不動丸に乗り，専業

**写真3-2-3**　大須港に係留された不動丸と勝丸

的に漁船漁業を営んでいる。中学校を卒業後，遠洋船に11年3カ月乗ったあと，おじさんと弟と3人で昭和54（1979）年から漁船漁業を始めた。

1年間の漁は，以下のようである。3月から5月はイサダ，コウナゴの漁をする。昔はこれが漁の中心だった。5月末から6月にかけては，刺し網漁で根魚を獲る。これは，丸ごとボックスで供給している。7月20日から9月末にかけては，刺し網でサバを獲り，スルメイカは夜，照明をつけて自動イカ釣り機械で釣る。9月末から11月はイカ釣りをする。11月からは真タラやドンコ（エゾアイナメ），12月末から2月末は刺し網で真タラなどの根魚を獲る。

獲った魚は，女川や石巻の市場に出す他に，西條さんの父が行商を通じて知り合った築地の卸問屋や，石巻の業者に紹介された名古屋の業者に氷温活じめで出荷している。氷温活じめは，20年ほど前に石巻の水産仲卸会社に頼まれたのがきっかけであった。そのほか，チェーンの外食店や高級スーパーに出荷したり，自分でネット直販もしている。チェーンの外食店へは，獲れたものをこちらの裁量で入れることができるボックスの形で送っている。

5年前に加工場を作り，自家加工をするようになったそうである。イカの沖漬けは，船上で採れたてのイカを秘蔵のたれに漬け5，6時間置いておくが，美味しいタレの調合には時間がかかった。この沖漬けは「通販生活」でも販売されたそうである。その他，イカの一夜干し，ドンコやカワハギのたたきなどを作っているそうで，どんどん味を極めたくなっていく，とのお話であった。

### わかめ，ほたての養殖

荒磯である大須で養殖をすることは容易なことではない。深い海にしっかりと養殖の棚を固定させるために，ロープは通常の倍の量が必要であり，台風などが来たら，一発で施設が破壊されてしまう。大須でわかめの養殖が始まったのは昭和30年代であり，3人の人たちが始めた。最初は乾燥わかめだったが，今は塩蔵わかめで出荷している。雄勝湾で良いホタテができると聞き，平成の初めころからはホタテの養殖も始まった。品質は良く，収入も悪くはないが，上記のような苦労もあるため，養殖をやっているメンバーは，

震災直前も，やはり3人のみであった。今回の震災では，養殖の施設が全部壊れ流されてしまったが，再開している。

### コラム1　大須の船作り（森と海）

写真3-2-4　阿部さんと製作中のFRP船

　阿部隆義さんは，おじいさんから数えて三代目の船大工であり，現在，大須でただ一人の船大工である。昭和39年に中学校を卒業してから，父のもとで船造りの修行に入った。昭和50年くらいからはＦＲＰ船に変わっていったが，それまでは木船を作っていた（写真3-2-4）。
　阿部さんのおじいさんは大須の漁家の長男ではあったが，上の姉が婿を取って家督を継いだため，何か手に職をつけ，独り立ちする必要があった。明治期には，男であれ女であれ，大須では長子が家を継いでいたようである（昭和にはいると，長男が家を継ぐように変わった）。おじいさんは，船越にいた船大工に弟子入りし，船造りを教わることになる。水が漏れてきてはいけない船をつくる船大工は技術が難しい。また，望む船の形は浜ごとに違う。船造りの技術は船越で習ったが，大須浜に合うように調整しながら船造りの技術が確立していったという。
　船大工は，隆義さんのほかに，岩手で津波に遭ったため大須にやってきて[6]地元の女性と結婚した人（今では船は作らず，家大工をしている）と，阿部さんの父の弟子だった人もいたが（5年前に亡くなった），今では大須の船大工は阿部さん一人となった。なお，家大工は，ほかに古河，石巻などから来た人たちもあるという。
　お父さんは露天で船を作っていたが，隆義さんが修行に入った昭和39年に作業小屋をつくった。今回の津波で流されてしまい，もう船大工をやめようかとも思ったが，船を作って欲しいという浜の人たちの要望が強かったため，親戚に借りた新しい場所で船を作っている。船をなくした人が多いため，平成26（2014）年の3月まで，船造りの注文で埋まっているそうである。なお，船は1艘作るのに，約3ヶ月かかる。

依頼主が自分の山から切り出した材木で木船を作っていたのは，昭和35, 6年くらいまでであった。船作りには杉が向いており，樹齢7, 80年くらいのものが2, 3本は必要である。船をつくる材料は，山の中に"立てて"（そのまま生やしておくこと）おき，船をつくる時に，木挽きに頼んで伐採し挽いてもらう。木を切るのは，秋彼岸から春彼岸の間が良い。この時期は水をあまり吸わないので，乾燥に適している。その後，船の注文主は，半年ほどの間，木材が反らないように気を遣いながら自宅で乾燥させた。船大工の方は，船造りの注文を受けてから，石巻で船釘を注文した。船板は厚いので，釘は特注であった。板は厚い方が頑丈にはなる。しかし，以前は6人の手で船を背中で背負って浜に出したため，あまり重すぎると大変であり，むやみに厚くもできない。

　材の乾燥がすむと，ようやく船作りにはいった。だいたい20人工で一艘の船が作れた。最後にペンキを塗るが，おじいさんの代には，杉の葉で焼いて炭化させたようである。残った端材は，船の修理のときのために全て船主に返した。木船を作っていたころは，年間7, 8艘作れば多い方だったそうである。

### （4）土地の利用：生活に必要な多様な資源の確保

　浜での暮らしは，浜からの恵みだけでは成り立たない。浜の後ろに控える山，そして山を開いた畑が，食料や薪，木材など，さまざまな生活に必要な物資を提供してくれた。

**森林の利用**

　薪が煮炊きの主要なエネルギー源であったとき，山から一年分の薪を手に入れることは，生死に関わる重要なことであった。また，江戸時代には年貢の一つとして塩作りがあり，御用山から木を切って，薪とし，海水を煮詰めて作ったという。三陸漁村は，瀬戸内海と異なり平地がごく少ないために塩田を作ることはできず，海水を煮詰める製塩法を採らざるを得なかった。この方法は効率が悪く，多くの薪を必要とするものであった。

　大須の山はあまり深くなかったため，貴重な山林の資源を平等に分配することは，ムラの運営に当たって重要な仕事であった。大須には一村持ちの

部落有林が風穴山に30ヘクタールあるが，これだけでは薪を全住民に行き渡らせるには十分でない。そのため，国有林の木材も払い下げしてもらい，"焚き物"を確保していた。部落有林が大須地区のものになるのには，曲折があった。元々は大須浜の所有の山であったが，雄勝町に合併となったときに，大須は法人格を失いただの任意団体となってしまったために，部落有林は雄勝町の所有に移管されてしまった。その後，旧村も法人格を持てるようになり，また部落に取り返している。

　焚き物採りはムラ総出であった。木を伐り，適当な長さに切って重ねるまでが共同作業であり，その分配は，組頭が相談しつつおこなっていったという。木の種類も平等になるように分けた後で，組頭がくじ引きで，自分たちの組の分け前を選ぶ方法であった。この作業は，落葉期，秋から冬におこなわれた。山林が豊富な荒浜や熊沢では炭焼きもおこなわれていたが，大須では自分のムラで何とか足りる程度しかなかった。

　大須には，五十五人山という山もあった。これは，天保の飢饉の後に，大須に居住していた55世帯で共有するようになったために，そう呼ばれるらしい。しかしこれは明治期に国有化されてしまう。大正末から昭和初期に，地区の人が部分林として借り受け，植林をおこなった。売り上げの3割を国に支払う，という約束である。その後，昭和32 (1957) 年頃，国有林野整備臨時措置法 (昭和26 (1951) 年施行) により，孤立山地という位置づけで，町有林として払い下げられることになった[7]。そのため植林した木を売り，土地を町に戻した。その後，この土地は小学校用地となっている。

　魚付保安林も古くよりあった。個人所有の土地が多く，立派な黒松が育っていたものだったが，松食い虫の被害が深刻で，現在はほとんどが枯れてしまっている。そのほか，山ではワラビ，ゼンマイ，コゴミ，シオデ，ウドなどの山菜類，エノキ，ナラタケなどのキノコが採れる。これは，自由に採って良い。

　また，前述のように，家の建材は，自分の山から切り出して利用することが基本であり，それは船も同様であった（コラム参照）。

## 農耕

切り開かれた集落の周辺は林野であり、図3-2-3に示したように、「囲い（カコイ）」という名称で各家に分配されていたらしい。ただ、図中の「ドーセン囲い」は、かつてそう呼ばれたらしい、という程度でしか認識されておらず、現在も名が残っているのは、川原（カバラ）囲いと潮出（ウシオデ）囲いのみである。「囲い」は集落の周りに配置され、ここには各家の墓地が作られたり、開墾され畑とされていった（写真3-2-5）。川原囲いには、現在は家々が建ち並び、切り開き集落よりも、むしろ空間的なゆとりや道路へのアクセスで勝るようになっている。

**図3-2-3** 大須集落周辺の組割りと土地利用
（出典：聞き取りより作成）

**写真3-2-5** 大須地区の斜面につくられた畑

大須には、平地がないため、江戸時代より水田はなく畑ばかりであった。戦前は、夏には稗、粟、ソバ、大豆、小豆、サツマイモ等を作り、冬には麦を作っていた。しかし、海岸沿いの畑では、稗、粟、ソバは、台風などの時に潮がかかると傷みやすい。また、果樹も葉が枯れ、作物の栽培には適してはいなかった。

戦中戦後の食料難の時期には、山林は次々に切り開かれ、畑にされていった。最も多い時は、世帯で1ヘクタールくらいつくっていたのではないかという。夏にはサツマイモ、大豆、小豆等を栽培し、その裏作に麦を作った。とくにサツマイモは、収穫する部分（イモ）が地中にできるため塩害が少な

241

くてすむ。さらに土が粘土質な上に排水が良いため，おいしいサツマイモを作ることができ，大須の特産となった。大須の土地柄に合った栽培法や保管法は，他地域の情報なども聞きながら地区の人たちが熱心に研究し確立していった。業者が船などで買い付けにきたものだという。村での開墾地は拡がり，ついには水源地周辺の畑も，用地難のために開墾されるに至った。

しかし，その後，食料が外部からも手に入るようになり，稼ぎで忙しくなると畑に時間が取れなくなり，山に近い畑から再び杉（土地の痩せたところは檜）の苗を植えていった。養蚕も導入されたが，大須で蚕を飼ったのは少数だったようである。

### (5) 災害と実り，祈り

**風の名，潮の名**

船乗りにとって，海の変化，天候の変化は，ときに命取りとなった。海からの目印となり船を導いてくれる山は信仰の対象であった。大須では，東風を二通りに分けて認識し，入梅時の高気圧下での東風をハヤテ，低気圧時の東風をコチと呼んだ。コチが吹くと天候が荒れるため，注意が必要である。ハヤテの方は，天候は荒れないが2～3メートルのうねりがオホーツク海の方から来ると認識されている。北西の風はナレと呼ばれ，これから冬に入るという時期に吹いた。ナレが吹くときは波がいくらかあるという。

シオ（潮）については，北シオ（北に向かう潮）と南シオ（南に向かう潮）がある。南シオは北上川からの流れである。水門を開けた時などに，北上川からの汚れた水が赤い色で流れてくる。一方青い水と呼ばれるのは黒潮であり，これは"良い水"と認識されている。潮の境目はシオバと呼ばれる。台風が来る時は，船は雄勝湾に係留し，嵐を避けた。かつては，灯台の下で鳴りを聞いて，嵐の状況を予測したものだという。

**神への祈りと感謝：たくさんある氏神様への祈りとしての祭り**

旧暦3月15日の春祭りでは，まずは氏子全体の神様である八幡神社，若木神社，湯殿山神社と水神に湯立てをしたあと，それぞれの家が祀っている

氏神様にも湯立てをおこなっている。氏神への湯立てをお願いする世帯は，60弱ほどで，全世帯の3分の1ほどに当たる。一つの家には，1～6の氏神があるが，最も多いのは，蛇類明神社（祖先神，守護神，水の神とされる）であり，その他，稲荷神社，水神社，秋葉神社（火伏せ）など，それぞれの家でそれぞれの神が祀られている。神輿は文久3（1863）年に作られたもので，前述のように，阿部源左衛門家が寄付したものである。神輿は，まず前浜に降り，その後，車で地区の南端から北端まで全体を廻る。南端の宇島の浜でも，神輿は浜に降りる。学校，北端の集落の青地地区をめぐった後，宮守の家に戻り，神楽の舞台の前に据えられる。お供えをしたあとにお湯立ての儀式がおこなわれる。

　そののち，法印神楽が神様に奉納される。吹き手，叩き手と神楽師（舞手）合わせて12，3人ほどが舞台に上がる。大須にも二人の神楽部員がおり，太鼓を叩くなどの役を担っている。神楽の人たちには1万円ほどの謝礼をする。子供神楽から始まり，いくつかの演目を行い，最後は「やまとたける」で締めることになっているという[8]。春祭りには，雄勝新山神社が担当している各浜（雄勝浜，水浜，羽坂，桑沢，熊沢）の代表者を招待する。かつては村の人たちも含め300人に上る人たちを招いたという。そのときには，大須にある3か所の仕出し業者に依頼し，飲食を提供した。負担が大きいため，総会で招待客を減らすことを決めたという（その分，榊料の相場も下がった）。これだけの段取りをする必要がある春祭りは，各組の組頭とその妻，各組の氏子代表夫妻に加え，村の氏神である八幡神社の宮守とその家系の家が役員となり運営しており，招待者の規模を減らした後でも，200万円ほどの規模の祭りとなっている。


### 難破船の救援

　大須浜は，北は岩手県綾里崎から南は牡鹿半島金華山まで見渡せることができ，船舶にとって航路上の重要地点であった。そこで仙台藩では古くから大須浜に唐船番所を置いて監視させたという[9]。一方，この付近には多数の暗礁が点在する。さらに濃霧が出ることも多く，近海を航行する船が岩礁に

乗り上げ座礁してしまうことがしばしばあったという。そのようなとき，体の空いている浜の人たち皆で救助に当たった。明治24（1891）年に，牡鹿郡渡波水難救済組合大須見張り所として発足し，明治37（1904）年には渡波組合から独立して大須水難救済組合となった。この見張り所には明治年間は石油ランプが，その後電燈による竿灯が灯されてあったが，昭和36（1961）年に灯台が建設されるに至った。設立から70年間で出動件数は100回以上に及んだ。このような救難活動は，地域住民の共同性を高めただろう。さらに，座礁した船から流れ出した荷などの，思わぬ収穫もあったようである。

### 女たちの祈り：山の神講，念仏講，和讃

若嫁たちは山の神講（観音講）に，主婦たちは念仏講に参加した。いずれの講も，一世帯から一人ということになっていた。

山の神講は，年に2回（2月12日ともう一回は不明），観音さんに子宝祈願，安産祈願をし，その後皆でごちそうを食べる，という集まりであり，組ごとに開かれた。切り開き集落のある下口の組では，昭和50（1975）年頃にはなくなっていたが，地区外からのお嫁さんが多い上口の組では，10年ほど前まで続いていたという。一方，念仏講は現在も続いている。1月16日，3月と9月の彼岸（はじめの日，中日と終わりの日），8月のお盆に庵寺で念仏を唱える。7，80代の女性たち12，3人ほどがはいっている。

さらに，昭和57（1982）年から始まったご詠歌のグループがある。地区内の女性18人が集まり，立浜にある龍沢寺のお内裏さんに教えてもらいはじめたのがきっかけである。ご詠歌のグループは，大須で葬儀があるときには必ず呼ばれ，喪主の家での通夜，庵寺での葬儀のときに，ご詠歌を唱える。また，盆の8月16日には浜にだんごを流し，詠歌を唱える浜供養をおこなっている。活動でもらったお礼は，全て庵寺の修繕費などのために寄付しているという。平成14，5（2002，03）年頃，メンバーが代替わりし，現在は昭和10（1935）年〜12年生まれ世代の7人が活動している。息子さんを水難で失い，息子への供養の思いからご詠歌の活動に参加するようになったという人もいる。家族が船に乗って遠く離れているとき，家に残る女たちは，無事の

帰りを祈るしかない。夫が船に乗るために港に行くとき，夫が戻ってきたとき，妻たちは子らを連れて，遠くの港まで迎えに行った。夫を船で亡くした姑に，「何があっても見送りには行ってこい」と声をかけられ出かけたという人もいた。浜の女性たちの祈りは浜の生業と強く結び付いていた。

### (6) 他地域との結びつき

#### 結婚，もらい子

大須では，集落内での結婚が多かった。そのため妻たちも地元出身である割合が大変高い。明治時代くらいまでは男女にかかわらず長子が家督をとる習慣もあったようである。また行商で知り合った関係で，山形などの遠方からお嫁さんが来ることもあった。

また，大須でも，牡鹿半島と同様にもらい子の習慣があった。浜では，船乗りとしていくらでも働き口があったため，凶作などで食いぶちを減らしたい農村部から男児をもらい，育てることが普通におこなわれていた。

#### 大須背負子：大和丸に乗って

先に述べたように，大須浜のもつ特徴，荒磯であり，船の大型化や定置網などの近代的な漁業の導入が難しいということが，男は船乗りに，女は小商い（背負子と呼ばれる行商）に，という稼ぎ方を作りだした。

田中（1975）によると，昭和31（1956）年8月の時点で，全世帯185戸のうち，背負子＋小漁＋出稼ぎ（船乗り）に従事する世帯が77，背負子＋出稼ぎが56戸，背負子＋小漁が23戸，背負子のみが12戸となっており，家族のうち一人も背負子に出ていない世帯は，18戸，約1割のみであった。背負子には，女性は15歳～19歳の年齢階層から，男性は24～29歳の年齢階層から従事しており，最高齢は，女性は75～79歳の年齢階層であった（男性は65－69歳で，従事する年齢層の幅が女性よりもせまい）。背負子に従事する261人の女性のうち，世帯主の妻が最も多く95人（36％）であり，娘が79人（30％），長男の妻が38人（15％）であった。大須の女性たちは，15歳を過ぎた娘の頃から，背負子として村々を回り始めたのだ。

背負子で販売するのは海産物である。ワカメやコンブは干したり塩蔵したり，すきコンブにする。イワシやシラスは煮干しにし，タラやスルメイカは開いて干して干物にする。ウニは塩ウニに加工する。自家加工で足りない分は，集落内や近辺の浜から買い入れをすることもあった。

　当時は，行商ができない娘は嫁のもらい手がないような感じで，娘たちは結婚前から行商にでた。また，嫁に来た人も行商に出，子供を産んで1年もしたら行商に出されたという人もいた。しかし，取引先を親世代が紹介してくれるわけでもなく，自分の力でお客さんを見つけなければならなかった。結婚後，背負子を始めた昭和4（1929）年生まれの女性は，最初は近くの浜を回り，次第に活動範囲を広げていった。近くの浜で売るのでは大した売り上げにはならないが，売り上げが少ないと姑に怒られたそうである。一方，結婚前に背負子を始めた昭和10（1935）年生まれの女性は，同時期に始めた友達と連れ立ち，心細い思いをして行商に出かけたという。

　女川まで，船越－大須－桑浜－大浜を周る大和丸という船に乗り，女川からは汽車で移動した。米ならば5斗（約90リットル）くらいは平気で背負って帰った。行商帰りの母を迎えに行き，一俵の米を背負って山道を歩いた，という男性の話もあった。行商から戻る背負子の人たちの米の積み荷が多すぎて船が転覆してしまったこともあったという。女性たちは，帰り道には，売り上げの中から，子どもにお菓子などを買って帰ったものだそうである。

　行商には男性たちも行った。歩いて回る女性と異なり，男性は自転車も使った。大正14（1925）年生まれの阿部長栄さんは若いころ背負子をしていたが，父の長之助さん（明治32（1899）年生まれ）も背負子をしていた。長之助さんは，山形から始め，秋田，福島などで行商を行っていた。山形では，次第にネットワークを広げ，市場への仲卸や，大きな旅館や給食への仲卸などの仕事も担うようになっていった。

　長栄さんも山形から始め，新潟や桐生，高崎など北関東を販売の拠点としていた。長栄さんは昭和14（1939）年に尋常高等学校を卒業すると，父が行商で知り合った米沢の大きな生糸商に丁稚奉公した。長之助さんは，部落で取り組んだものの採算が合わずやめることになったイワシ漁（本章1-(1)）の

網を入札で落とし，建て網（大謀網）の網主となった[10]。このときには，長栄さんが丁稚奉公に出た米沢の生糸商が出資してくれた。長栄さんも丁稚奉公から戻るとその手伝いをしたが，昭和19（1944）年の台風で大きな被害を受け，大謀網は断念することになった。そのあと，長栄さんは，漁船に乗ったりしながら，背負子を始めたのである。

　昭和30（1955）年，長之助さんが行商で知り合った教師を山形から招いて集落内に高等洋裁学校を開設する。長之助さんが，昭和32（1957）年に59歳の若さで亡くなった後は，長栄さんが引き継いだ。古河からも教師を招いて和裁学校，仙台から教師を招いて編み物学校も併設し，嫁入り修行の一環として大須，船越，熊沢などから多くの娘たちが習いに来たという。その盛況をみて，雄勝町が，小学校の跡地で同じように学校を始めたそうである。

　昭和40（1965）年には旅館も始める。大須では，行商人が主な宿泊客であったが，次第に釣り客が増えてきていた。長栄さんは外からの観光客を対象に旅館を始め，大須の他の宿と共にチラシや看板を立て，観光客の誘致に取り組んだ。さらに，地区になかった仕出しや宴会も始めた。家での準備が負担に感じられるようになってきた時代の流れに合致し，仕出しは盛況であったという。

　このように，長之助，長栄さん父子は，背負子で培ったネットワークを生かし，大須で新しい事業を展開していった。いろいろな地域を見て回ることは，大須の人たちの視野を広げることに大きく役立ったに違いない。雄勝半島の突端の不便な地に住んでいるようにみえながらも，大須の人たちは，自分たちの力で，広範囲に及ぶ人的ネットワークを作り上げてきたのであった。

　行商は，宅配便の発達により，また違った形で維持されるようになっている。荷物を背負って行くのでなく，なじみになったお宅や定宿に事前に送る形を取るようになった。そして，背負子をする女性たちの高齢化により，出向くのではなく，荷物をお得意さんのところに宅配便で送る形で維持されている。得意のお客さんとは家族のような関係になり，大須に遊びに来てくれることもある。

　また，近年になり，すきコンブの加工と直接販売を始めた人もいる。この

人は，大須の"背負子の精神を思い出して"，加工販売を始めたという。地区のヨリメ（漂着したコンブ）を入札し，加工業者に加工してもらう。販路は，すきコンブの仲卸の経験のある地区の人に紹介してもらうことから始め，徐々に広げていったという。

## 2　雄勝湾，大浜地区の生業の展開と暮らし

大浜は，雄勝湾に面した静かな浜であり，震災前には41戸が居住していた。磯と砂浜の両方をもつ浜であるが，採介藻の漁獲は少なく，自家利用程度に採取されていた。10年前ほどからは，磯焼けがひどくなり，さらにアワビが採れなくなってきていたという。

大浜でも，かつてはカツオ船にのった漁民は多かったが，漁船から降り，養殖を始める人たちが出てきた。大浜での最初の養殖は砂浜に竹のヒビを刺す形での，ノリの養殖であった。千葉文彦さん（昭和25（1950）年生まれ）によると，昭和初期頃にはすでにあったと記憶されている。その後にカキの養殖がはじめられ，それもかなり前のことだという。その次はワカメの養殖であり，千葉さんが中学生くらいの頃に始まった（昭和30年代後半から40年頃）。当時は竹を使った養殖法であった。昭和40年代後半には銀ザケの養殖が導入され，一番最後に導入されたのはホタテであったが，これも20年以上は経っているという。大浜で養殖に従事していたのは専業的な漁業を目指した11世帯で，これらの世帯には，若い跡継ぎたちもいたという。

大浜の人たちは，大須のような背負子には出なかった。そのため，配給米を，地区で専売する家から購入していた。そのほか浜には，雑貨と酒を商う店，たばこ，切手や雑貨を扱う店があった。

大浜にも契約講はあり，今は親和会と呼ばれている（大正の頃に名称が変わった）。かつては，年に一回の契約講のときには出席者は羽織袴で出向いたという。村人にとっての契約講の位置づけの重要さがうかがえる。大須と異なり，大浜では磯モノが採れずそこからの地区の収益が少ない。そのため，大浜では親和会の会員（地区の各戸）から年会費を取り，運営にあたっている。

各世帯からの月1500円の会費（=年1万8千円）と年40万円ほどの"海の採り物"（採介藻）からの収益が地区会の運営費となっており，大須と比べると規模はかなり小さい。

このように同じ雄勝町でも，浜の立地により地域の生業や暮らしのあり方は多様であった。

## 3 震災を超えて

### （1）雄勝半島での被災の状況

旧雄勝町全体では，大須，熊沢，羽坂，荒の4地区を除く全ての地区が，震災により徹底的に破壊され，壊滅状態となった（阿部，2012）。震災前には全地区合わせて1,591世帯あったものが518世帯に激減し，居住者が0となった地域もある（表3-2-1）。震災前は，821人が漁業組合員（一世帯一人の組合員として考えると，全世帯の52％に相当）という漁業的地域であったが，755隻あった漁船のうち，95％にあたる720隻が流失した。2012年2月時点，隻数の回復は277隻にとどまり，漁業を再開したのはわずか170人のみであった。雄勝湾内では銀ザケ，ホタテ，ワカメ，ホヤなどの養殖が盛んであったが，湾内の定置網とともに全て流され，共同処理場や倉庫，漁業セ

表3-2-1 雄勝町各地区の被害の状況

| 浜(地区) | 世帯数 23年2月末 | 世帯数 23年7月末 | 漁協組合員数（震災前） | 漁業再開者数（24年2月末） | 船舶数 震災前 | 流失割合 |
|---|---|---|---|---|---|---|
| 名振 | 87 | 40 | 76 | 15 | 100 | 100% |
| 船越 | 132 | 18 | 126 | 10 | 100 | 100% |
| 荒 | 27 | 24 | 27 | 27 | 40 | 100% |
| 大須 | 199 | 208 | 167 | 10 | 133 | 92% |
| 熊沢 | 46 | 38 | 43 | 31 | 26 | 100% |
| 羽坂 | 48 | 39 | 27 | 12 | 30 | 100% |
| 桑浜 | 20 | 9 | 18 | 11 | 23 | 65% |
| 立浜 | 49 | 25 | 47 | 12 | 78 | ほとんど全部 |
| 大浜 | 45 | 6 | 36 | 7 | 42 | 95% |
| 小島 | 27 | 1 | 19 | 7 | 23 | 87% |
| 明神 | 69 | 5 | 20 | 1 | 30 | 100% |
| 雄勝 | 646 | 63 | 85 | 10 | 80 | 98% |
| 水浜分浜 | 196 | 42 | 130 | 17 | 50 | 80% |
| 計 | 1,591 | 518 | 821 | 170 | 755 | 95% |

（出典:阿部(2012)より筆者作成）

ンターなどの施設も流失・破壊されてしまった。住居は比較的残された上記4地区でも，漁船や養殖施設は同様にほとんどが流失し，浜での生計を立てる術が奪われたといえよう。

　大浜では，家屋の流失の割合も高く，地区には7軒が残るのみ（平成24（2012）年7月時点）で，地区の人々がばらばらになってしまった。重要な生計の糧であった養殖の棚も破壊されてしまったが，ホタテ，カキ，ホヤなどの養殖を再開し始めている。津波により深層水が表層水と混ぜられ，ホタテやカキはかえって良く育っているという。海の恵みと恐ろしさの両方を強く感じながら，それでも浜の暮らしは続いていく。


### （2）大須の取り組み

　大須地区では，家屋への被害は少なく，幸い死者もなかった。しかし，港が壊され，船が流され，養殖の棚が壊された。漁村センターも破損した。生活の場は残ったが，生産の基盤が失われた状況であった。また，昭和56（1981）年に，3,000万円の費用をかけて作った共同墓地（浜石で各家がまちまちに立てていた墓石を区画で整理した。各家にあった墓地を共同墓地にしたのはもっと前の明治期である）も崩壊し，その修理も必要であった。


**港の自主的な修理**

　大須の人たちは，船の大半が流され，港が地盤沈下してしまった状態で，どうするかを考えた。港がそのままでは，船をつけることができない。そこで，60歳前後の，次のリーダー世代の人のイニシアティブで，援助や助成金を待つ前に自分たちの力で応急の岸壁のかさ上げをおこなってしまった。大きなコンクリートブロックを作り，岸壁に並べたのだが，そのためのコンクリートブロックの枠は，破損した漁村センターの床材がちょうど浮き上がってしまっていたので，それを切って作ったという。コンクリートはミキサー車20台分，100万円を超える費用を，地区の予算で捻出した。9月から始めて，11月にほぼ終了したという。浜のがれきの処理作業は，やるせない思いがかき立てられるばかりだったが，港の修理は，少しずつ自分たちの

手で復旧していると実感されて，希望のもてる作業だったという。

**共同採りの実現：地区の福祉への還元**

平成23（2011）年6月5日の総会で，共同採りの形を採ることが了解された。夏のウニは，もぐり（潜水夫）を雇い，採ってもらった（写真3-2-6）。また，収穫したウニの一部は，地区で希望する人に販売された（写真3-2-7）。これまでは，自分でウニを採らない人は，お遣い物などで少し多めに欲しい時には，夏に雄勝浜で開いていた夏祭りの会場で，観光客と一緒に列に並んで大須のウニを買わざるを得なかったそうで，今回の地区内での販売は嬉しかったという。

一方，アワビについては，開口までに25隻の船を確保することができたため，船に乗りたいという86人が乗り合わせ，4回開口した。収穫したウニのうち，10トンは地区会で販売し（漁協には3％の手数料を支払う），700万円ほどの売り上げがあり，共同墓地の修復に必要な400万円を賄うことができた。

アワビは，採り手である男性には一日2万円，漕ぎ手の女性は1万円の日当を支払った。それより増して，地区の人を惹きつけたのは，全体の3，4割を占めるはねアワビ（採るときに深い傷をつけられてしまったり，やせているもの。採った人が自家用に利用できる。なお，小さいものは海に戻すことになっている）を皆で分配できることであったらしい。一回目の開口では

写真3-2-6　もぐりの人にウニを採ってもらい，漁協に販売する

写真3-2-7　共同採りで採ったウニを浜で買い，帰途につく女性たち

ねアワビがもらえることを知り，1回目は2，3人しかいなかった女性の参加者が，2回目以降，十数人に増えたという。また，お正月が迫った12月29日には，潜りの人に頼んでアワビを取ってもらい，地区内の希望者に販売した。これまで，アワビは全量販売され，はねアワビは船に乗って自分で採る人しか利用することはできなかった。共同採りをおこなうことにより，男手がないためにアワビ採りを諦めていた女性たちが，漕ぎ手として船に乗ることではねアワビを手に入れることができたのである。また，年末の収穫の分配は，船に乗れない人にとっても，地域の代表的な味覚であるアワビを食べたりお遣い物にしたりする機会を提供した。

さらには，日当を支払ってもまだ余剰がたくさん出たために，年末に，お見舞い金も兼ねて，8万円ほどを各戸に配った。そのとき，月500円の振興会費をきちんと払ってきた世帯だけに配るという方針をとり（ほとんどの世帯は払っていたが，少数の世帯が払っていなかった），地域運営への参加に対する意識づけをおこなった。

高齢などで船に乗れなくなると，豊かな海に面した地域に住みながらも，磯物は手に入りづらいものになっていた。今回の共同採りがあったから収穫の分け前をもらうことができた，という声が聞かれたという。次のリーダー世代の中にも，今回の共同採りの経験を評価し，これから高齢化が進んでいくなか，共同化を進めていくことが大須にとって現実的な方法なのではないかという声も聞かれた。また，資源管理の方法としても，共同採りは有効な面が強いのではないかとの意見があった（競争して採る場合，安全な凪の時しか船を出せないため，なかなか開口できず，旬を逃しがちになる。さらに，あまりうまくない人は小さなアワビ——寸外アワビ——しか採れないため，競争で採る場合，それを放すことをしない等）。

船の隻数がそろった平成24（2012）年，アワビ採りは通常の方法に戻った。競争して採り，うまい人はたくさん採れ儲かる，という方法に馴染んできた人たちにとって，共同採りは面白味には欠けるのだろう。

## 4 雄勝半島の生業と暮らしが映し出すもの

### (1) 浜の恵みに依存した生業の形

　大須では，豊かな漁場と荒磯という特徴が，地先での豊かな採介藻の資源に依存した漁業を形作っていった。それが，近代以降，現金収入の必要の増加に伴い，小漁師あるいは船乗り，という二者択一的な漁業従事の形態を生み，女性を行商に向かわせることとなった。一方，大浜は，磯物には恵まれなかったものの，湾内の静かな環境が，次第に漁業の主力となっていった栽培漁業（養殖）の導入に有利に働き，専業的な漁業従事を可能とした。浜の立地，そこからもたらされる恵みが，その浜の生業に影響をもたらし，それはとくに天然の資源に依拠した時代では顕著であった。

### (2) 地域の環境，地域資源へのまなざし

　浜，岩礁，根の特徴とそこからの恵み，風と潮，そして山と水，地域のアクセス可能な全ての空間とそこから手に入る資源に対し，地域の人々は，全知を傾けて，理解し，役立てようと苦心してきた。大須では，戦中戦後には，麦やイモなどの主食も含め，多くの資源が自給されるに至っていた。しかし，それでも水田はなかったため米を購入する必要があり，行商には米との交換という漁村ならではの必要に応えるという意味合いも強かった。また，それは，米が政府により管理されていた時期より，大須では，自分たちの食べる飯米を自分たちの築いたネットワークで確保できていたことをも意味しており，政府に管理されない生活の自律性を維持することができた，ということもできよう。

### (3) 海と女性

　雄勝では，女性たちは基本的に船に乗らなかった。男性が船に乗り，漁師，船乗りの妻たちは，海に出た男たちの無事を祈ることしかできなかった。祈りは，祭りや講，詠歌など，さまざまな形態で地域社会の紐帯を強め，地域社会を下支えしてきた。

一方，女性は陸，磯での作業を担う。磯の海藻の採集は女性のイニシアティブであった。さらに，大須では，女性たちは加工，販売の役割を担い，"6次産業化"の先駆者であった。

また，青壮年の男性が浜からいなくなっていくと，女性たちも船に乗り，浜の生業の支え手となっていた。

### (4) 生活の場が保持されていること

高台に集落が広がった大須は，生活の場がほとんどそっくり保持された。

「第3部　はじめに」で述べたように，大きな津波被害を受けた立浜の女性は，"大須が残ってくれてよかった"と語っていた。もちろん，生産の場へのダメージも大きなものではある。しかし，地域社会の共同性が保持された形で復興に向かえるか否かは，その復興の進む方向や進み方を大きく変えるだろうし，何よりまず生活における人々の安心感に大きな影響を与えることは確かであろう。

### (5) 個人と協同

大須浜の生業と暮らしを歴史的に振り返ってみると，生産面については，機会の平等（平等な口開け）には意を配るものの，生産活動自体は個々人のものであり，とくに採介藻に依存する同浜では，競争的な特質をもっていた。これは，村網をもち，集落で漁業経営にあたっていた牡鹿半島等とは，かなり異なっている。それとは対照的に，生活の存立に必要な日々の煮炊きに用いる燃料や水，住居の確保，祭りや葬儀，墓地の管理など，葬祭など，暮らしの場面では強い共同性があらわれている。

今回の震災で，大須の人たちは，生産の場面においても協働を経験することになり，またそれは地域社会が培ってきたみごとな地域運営力により実現された。高齢化が進む現在，大須のような地域では，漁業自体も，より自給的な小規模なもの，生活の領域に入りつつあるのではないか[11]。競争的な漁業を続けるか，共同的な漁業を取り入れていくか，今回の非常事態において試みられた共同採りの取り組みは，これからの浜の生き方に，大きな示唆

を与えたのではないだろうか。

### ●注

1) 道路法が適用されない公共財産として管理される道路。「里道」又は「認定外道路」と呼ばれる。
2) 年齢階梯制などの契約講の特徴的な部分がはっきりとあらわれていたために，海岸部での調査が先行していた（福田，1969）。
3) 田中（1978）論文より。
4) 田中（1978）論文より。
5) 震災により，岩礁が沈下したため，磯モノがよく採れる場もだいぶ変わりこれまでの経験ではわからなくなってしまっている，とのことである。
6) 津波で家を失い，移住してきた人をツナミアガリと呼んだそうである。
7) 「国有林野整備臨時措置法」は，孤立した小団地の国有林野，搬出系統の関係により孤立して利用している小面積の国有林野，民有林野との境界が入り組んでいるため経営に支障がある国有林野，地域住民が自家用に利用する薪炭の原木を供給する慣行があったため特別な利用を現在もおこなっている国有林野のうち，国が経営することを必要としないものを，適正に経営することができると認められる地方公共団体等に売り払う，あるいはその者の所有する林野と交換することができるようにした法律。
8) 神楽は数十年にわたり，小学校で教えている。
9) 雄勝町史より。
10) 船はほかの人が落札し手に入らなかったため，建て網にしたそうである。
11) 大須には小学校があるが，子供の数は，ここ数年一ケタであるという。

### ●参照文献

田中幹夫（1975）「東北地方の漁村資料Ⅰ－宮城県雄勝町大須浜の事例（その1）大須背負子－」東北歴史資料館研究紀要第1号。

田中幹夫（1976）「東北地方の漁村資料Ⅰ－宮城県雄勝町大須浜の事例（その2）明治以前の漁業と村落－」東北歴史資料館研究紀要第2号。

田中幹夫（1978）「東北地方の漁村資料Ⅰ－宮城県雄勝町大須浜の事例（その3）明治以降昭和31年までの漁業と村落」東北歴史資料館研究紀要第4号。

雄勝町総務課（1966）『雄勝町史』石巻市雄勝町。

福田アジオ（1969）「契約講－地域的差異と歴史的性格」和歌森太郎編『陸前北部の民俗』，吉川弘文堂

阿部和夫（2012）東日本大震災による近世村落の崩壊－石巻市雄勝地区の場合，宮城史学 31．71－84頁．宮城歴史教育研究会．

# 第3章 広田半島の生業とコミュニティ

仁科 伸子

## 1 広田半島を一つに束ねる黒崎神社

### (1) 広田町の成り立ち

広田は，稗がよく収穫されたので稗田から訛った，あるいは，潮田が広田と訛ったとも言われているが，一説にはアイヌ語ピイロタ（美しい砂浜）が訛ったのではないかとも言われる。それほど，海岸には美しい風景が続く。そして，黒潮の影響によって冬に椿が咲くほど温暖で，地元の人々は広田半島を東北の湘南と呼んでいる。このような恵まれた気候と資源の豊富な海があったため，中沢浜遺跡をはじめ縄文時代後期の遺跡がいくつか発見されるように，広田半島には古くから人が住み着く。

15世紀後半以降，それぞれの浜を中心に集落が形成され，半農半漁の生活が営まれてきた。土地を見立てて屋敷を配するときには，飲み水の有無が重要である。このため，例えば根岬の志田集落の場合は，漁に好条件な浜を前面に，生活水や農業用水の確保のため，大森山からの水脈を探し当てて，人が住み着くようになった。こうして選定された土地に屋敷ができていった。屋敷は今では一つの家の敷地という意味であるが，近世までの屋敷は一軒のイエだけでなく複数のイエが含まれていた[1]。おそらく，本家，分家の関係にあった同族のイエの集合体と考えられている。こうして，「水」を中心とした集落が各浜に形成されていった。

安政6（1859）年「風土記御用書出」によると，当時の広田村の人口は1,560人，家325軒，馬314匹，小舟16隻，ザッパ12隻，カッコ86隻とあり，馬

が多く飼われていることから，漁は浜漁を中心とし，農業もかなり盛んに行う半農半漁の村であったことがわかる。江戸期には，アワビ，昆布を中心とした俵物を長崎に送って輸出するようになり，仙台藩はこれによって大きな利益を得ていた。

　本章では，これらの集落のうち，第2部3章を受けて，それぞれ特徴のある長洞，根岬，泊の三つの集落を中心に広田半島の生活について生活とコミュニティの観点から分析を進める。

### （2）生活とコミュニティの中心としての黒崎神社

　広田町[2)]の生活文化やコミュニティの中心として，黒崎神社は重要な位置づけを持っている。安政6（1859）年「風土記御用書出」によると，広田村には当時5社の神社があったが，黒崎神社はその中でも村鎮守とされていた。黒崎神社の発祥は，嘉祥年間（848～851年）とも言われているが定かではない。ここに奉納されている観音像には，明應5（1497）年広田城主源綱繼が設置したと彫られているとされる。観音像はもともと岩の上に祀られてあり，その岩が黒い岩であったために黒崎と呼ばれるようになったといわれているが，後に神社は今の場所に移されたということである。この神社は息気長帯姫命（神功皇后）を祭祀している。黒崎の沖を通る船舶は，昔から帆を下げ海上安全と大漁を祈願する慣わしであった。そして，明治2（1869）年には，村柱に確定されたと伝えられている。現在の社殿は，明治15（1882）年に建立され，この時に，年2回春と秋の祭りの日が決められた。

　4年に1度，10月の第1日曜日には広田町全域から人々が集まる黒崎神社の祭りが開催される。広田町は，喜多，中沢，中央，大陽，長洞，根岬，小袖の7つの大集落によって構成されているが，この日は，これら全部の集落からほとんどの人々が黒崎神社に集まる。そして，神社前の広場では，屋台や人でいっぱいになって賑わう。例大祭は4年おきに旧暦の9月10日であるが，現在では10月第1日曜日となっている。かつて，神輿の渡御では，その随伴の先陣を争い，大太鼓，笛のお囃子と人々の掛け声，山車のきしみが聞こえ，先を争う若衆が入り乱れて，殺気がみなぎったといわれる。昭和15

(1940)年ごろから中央集落の虎舞が先陣を切ることになり、ほかは譲り合ってゆくようになった(写真3-3-1)。

大山車は、100人以上の手によってようやく動くほどの大がかりなもので、喜多(大祝、山田、平六)、泊が担当した。手踊りは、中沢、中央、大陽、長

写真3-3-1　虎舞の権現様

洞から人々が出て踊った。小袖集落は大名行列などを行う。梯子虎舞は、22ｍの高さのはしごを立てて、3人がひと組で虎の衣装を着けて踊る大がかりな奉納が行われ、これは根岬が担当している。根岬では、虎舞ができるのは長男に限られ、小さなころから舞手になることにあこがれて育つ。各集落では、お盆の盆踊りが終わるころには、大祭の準備に入り、寄付を集め、衣装を準備する。祭りの当日は、戸に鍵をかけるか、一人ぐらい留守番を置いて広田町全部の人が総出で黒崎神社に集まるので大変な賑わいになるのだ。

お囃子は、昔は各村の独身の女性が家紋の入った前掛けを付けて楽曲を奉納したので、どこの家の娘か一目瞭然であった。これは若者同士の出会いの機会となって、後日娘を見初めた若者の親が娘の家を訪ねて嫁にもらえないかとお願いに行った。昭和以降も、それで嫁に行った人がいたという[3]。

黒崎神社ではこのほかに、毎年旧暦の3月10日、9月10日には、例祭が、6月1日には大漁祈願が行われ、漁師が前日から祠にこもって祈願をし、魚や赤飯、餅などをお供えする。

黒崎神社の例祭や祈願祭は、広田の人々の生活にしっかりと入り込んでいる。そして、広田全体のコミュニティの表象的な役割を担っている。例祭が定められたのが明治以降であることから、現在の形態で4年に一度の大祭も公式に行われるようになったのは、比較的新しいと考えられる。以前どのように行われていたのかは現段階で定かではない。

根岬の虎舞の舞手に話を聞くと「祭りこそが、村の人達の心を一つにさせ

ている」「震災があって絆と言われているけどこの地域はもともとまとまっている」と言い切る。若いころから虎舞の舞い手として村のリーダー格になってきた60代の人の言葉だ。梯子虎舞は，正式名称は「風流唐獅子曲乗之体」といわれ，根岬地区志田の鶴樹神社に大漁，五穀豊穣，悪魔祓いを祈願して奉納されてきた。曲芸的な舞により鑑賞的な要素が強く陸前高田市の無形文化財に指定されている。神代の昔，ある神様がお供を連れて出雲の国に赴く途中，谷間の崖で一頭の唐獅子に行く手を阻まれた。すると，一行の中の才坊という者が獅子を岸崖の上へと誘ってその隙に一行はそこを通り抜けて無事出雲へ到着できたという伝説があり，この獅子と才坊の様子を再現したものといわれている[4]。

　22ｍもある虎舞のはしごは，集落の中に細長い小屋をつくって収納されている。このはしごは根岬で育った杉の木から作られている。踊りだけでなく梯子のつくり方も伝承されているのである。根岬志田集落の人々は，木材の加工に長けていたイエであったことが想像される。梯子は，20年に一度は新しく作り直すが，これにふさわしい太さと長さのある杉があと一本しかないと60代の元舞手は心配する。この杉の木は，根岬の集落の中で育ち，梯子に作られるものである。

　広田町の人々にとって祭りは，大漁祈願や賑やかな行事に留まらない。祭りの練習や準備を通じてリーダーシップや地域の連帯が養われてきた。梯子虎舞の舞手は，「子どもの時年上の人が虎舞を舞っているのにあこがれ，行事や集まりでリーダーシップを発揮して物事を進めるのを目にして，自分もそうなりたいと思って育った」という。虎舞の舞手は子どもたちにとってのあこがれの存在だ。相当な練習を積み，しかも，22ｍの梯子に上れる勇気と技術がなければ舞手にはなれない。根岬には，祭りや地域の行事を通して，地域の年配者の中に，ロールモデルを見出すことができる環境が確保されてきた。ロールモデルとは，家族や地域などある集団の中において役割のモデルとなる人のことである。子どもや若者は，地域や家庭の中でさまざまな人々が果たす役割を見ながら，将来の自らの役割のあり方を学んでいく。

　黒崎神社の大祭は4年に一度であるが，根岬の地域内の祭りは2年に一度

である．これを奉納する鶴樹神社は，根岬地区の中でも志田集落の海を見下ろす高台にある．衣装や神輿を収納するための建物と小さな広場が志田集落の中心部に立地する．この建物は，港から斜面を志田の大屋敷に向かって登りきった高台に立地しており，津波もここまでは届かなかった．

　長洞で祭りについて聞くと，これは主に女性を中心とした手踊りの奉納だということであった．盆が過ぎると，4年に1度は，2か月間手踊りの練習が始まる．この行事を通して遠くから嫁に来た者や新入りも，地域のコミュニティの中に取り込まれていく．奉納する踊りは，今では毎回異なる振り付けで，最近では人気の演歌などに振り付けをして踊ることもあるという．しかし，この練習を行っていた公民館が津波に流され，現在拠点を失っている．

　7つの集落は浜を中心に形成されており独立性が高い．さらにそれぞれの集落はいくつかの小集落に分割されている．各集落にも大漁祈願や氏神などの神社があるが，広田全体の人々の生活や精神的な表象として黒崎神社が存在する．各集落に特有の文化や祭りが育ち，これを集結するのが4年に一度の黒崎神社大祭なのである．

　祭りには，表象的かつ精神的な意味での共同性とともに準備や作業といったプロセスの中に小集落での共同性を培う機能が育まれてきた．祭りはかつて地域の団結や和の象徴，あるいは，村落同士の対抗意識を煽る象徴的な行事として日本の各地に根差している．黒崎神社の4年に一度の大祭も村落対抗の意識と同時に7つの村落を一致団結させるために行うようになったと考えられる．祭りの存在は，村落ごとのまとまりと紐帯，リーダーシップや人の育成にも関わり，地域を運営していくうえでのストレングスとなってきた．ここでいうストレングスとは，社会的な営みにおける「強み」のことである．


## 2　集落の形成

　第2部3章に詳しいように，広田半島は，明応5（1496）年の24戸から分家していくことによって集落が発展していった．このため同一の苗字の家が集まっている地域が散見され，人々は古くから屋号を使って呼びあっている．

慈恩寺が作成する地域の電話帳は屋号で名前が示されている。数世代前に分家した親戚同士は生活のあらゆる場面で助け合いながら生活を成立させている。このような分家によって数軒の家が集まって形成された集落は○○屋敷と呼称されている場合がある。

（1）かつて廻船，遠洋漁業で栄えた泊

　泊は，縄文後期の遺跡が出土し，古くからの人跡が見られる。中沢貝塚とも隣接し，古代から豊かな自然に恵まれた住みやすい場所であった。

　広田半島の浜の中では唯一深い港がある泊地区は，江戸時代には，廻船によって開け，後には遠洋漁業の基地となり広田町の中心地として栄えた。昭和40（1965）年代には，港を臨む低地に市街地が形成され商店などが立ち並んで賑わっていたが，この商業地域は今回の津波で全面的な被害にあった。近代以降，この地域は明治29（1896）年と昭和8（1933）年の2回の津波の被害を受けている地域でもある。地域の生業の中心となっていた大きな網元は今は営業しておらず，従業員たちも高齢化が進み，現在では，イワシ漁などが行われている。イワシ漁は，カツオ漁船が餌として撒くために買いに来るイワシを捕獲して生簀に入れておく。イワシは，暫く生簀で飼っておかないと狭い場所でうまく回遊できるようにならない。うまく回ることができないイワシは，漁船の中で死んでしまうので使い物にならないのである。イワシはバケツ一杯いくらという値付けでカツオ漁船に売る。イワシ漁は，主には，遠洋漁業などからリタイアした高齢者の稼業である。

（2）伝統的な絆が固い根岬

　根岬の4つの小集落には，それぞれ集落の長であったとみられる大屋などの屋号を持つ家が残っている。集（あつまり），志田，堂の前，岩倉の4集落のうち，志田が世帯数としては最大の集落で，集は地理的に広範にわたっており独立性が高い。根岬には，15世紀末頃，集の伊藤家，堂の前の鈴木家（堂の前の大屋）が最初に住み着いていたようである。集の浜は自然の良港であり，かつよい漁場に恵まれているため早くから漁業集落として発展した。

岩倉には江戸期に建て網漁の網元があり，鮪漁で繁栄した時期もあった。鮪漁のための建網仁位達大網は天保3（1832）年，臼井庄四郎（岩倉の大屋）の創始である。

　根岬集落の地理的な中心地として，祭りの行われる神社，梯子の倉庫，その他の祭りの道具を収納する倉庫はいずれも志田集落に立地する。言い伝えによると，泊にも志田の屋号を持つ家があり，根岬の志田家と関連があると考えられている。同様に志田家は慈恩寺が建てられた時に鎌倉方面から一緒にやってきた寺社の工匠で，当初慈恩寺が建設された山の中に暮らしていた一族であったのではないかと言われ，後に，一軒が根岬に移って志田集落を成したと考えられている。

　明治29（1896）年の津波で沿岸部にあって被災した世帯は，高台に移転した。このときは，高台に持っていた畑に住居を移した。これによって，根岬は，今回の津波では，家屋と人命に関しては大きな被害を受けず，高台移転集落の強みを発揮した。また，高台移転によって水難も最小限に留められていることから，梯子虎舞に見られるように独特の文化を保持してきている。根岬は，泊と異なり同じ漁業でも小舟漁を中心とした個人操業が多い。

### （3）農業集落から発展した長洞

　長洞地区は，海沿いの平地小長洞，斜面地である長洞，長根洞の三集落によって構成されているが，地域の人に聞くと，全体で長洞として存在しており，あまり小集落による独立性がないということである。

　広田半島をはじめ，陸前高田市域では各地に落人や落ち武者伝説があり，兄弟または，二人でやってきてこの地に住みついたとする言い伝えが多い。長洞の旧家の一つである蒲生家も同様で，蒲生兄弟が壇ノ浦から逃げ延びてこの地に住み着いたという伝説がある。蒲生家は，斜面地に南面した住居を構えているが，山から流れる沢を利用して溜池を作り，目の前に水田を耕作した。15世紀末にはすでに蒲生家が存在していたことが確認されている。また，この地域は典型的な半農半漁の集落であり，漁村と農村の文化を両有している。旧家では田を持っている家が多い。漁業は昆布の養殖が盛んであ

る。これらの生業は繁忙期には家族総出で働く必要があり、三世代同居が多く見られる。同居していないと、不思議がる人がいるほど、三世代同居の伝統は廃れていないという。

## 3 人口減少，高い高齢化率と三世代同居率

広田町の人口は、最も古いデータでは、安政6（1777）年に1,560人であったとされている。三陸地方は、津波の被害や飢饉にも襲われるが、戦後は高度経済成長期まで順調に人口が伸びていた。しかし、1960年代をピークとして、以降地域の人口は減少に転じ、平成22（2010）年国勢調査の時点では、昭和初期の人口と同時レベルにまで減少していたが、平成23（2011）年の津波の被害によってさらに減少した（図3-3-1）。

平成22（2010）年国勢調査時点の陸前高田市の高齢化率はすでに35％に迫っており、10人のうち概ね3人が65歳以上の高齢者である（図3-3-2）。広田町は、陸前高田市よりやや高齢化率が高い傾向にあり、集落別にみると泊の高齢化が最も高く40％に迫っている。泊は、遠洋漁業の衰退に大きく影響を受けているとみられる。

東日本大震災より以前から、広田半島は人口減少と高齢化が進んでいた。ただ、集落ごとの違いがある。泊が遠洋漁業の基地として栄えたのちに衰退し、若者が漁業以外の職を求めて転出した。それに対して、根岬は小舟漁を中心としており、バブル経済崩壊以降、地域に定着した若年世帯が存在する。これらのデータは平成22（2010）年国勢調査によるものであり、泊地区の被害の深刻さを考えると、さらに難しい状態に陥っていると考えられる。

広田町の世帯類型を国勢調査データから見てみると、まず全国と比較して単身世帯が少なく三世代世帯が圧倒的に多い。家庭内労働が必要とされる漁業労働の特徴として、三世代世帯は、漁村としての伝統的な暮らしが継続していることの証である（図3-3-3）。長洞、根岬、泊の3地区を比較すると、根岬は、最も三世代世帯率が高く、全世帯数の半分を上回っている。ついで、長洞、泊となっている。

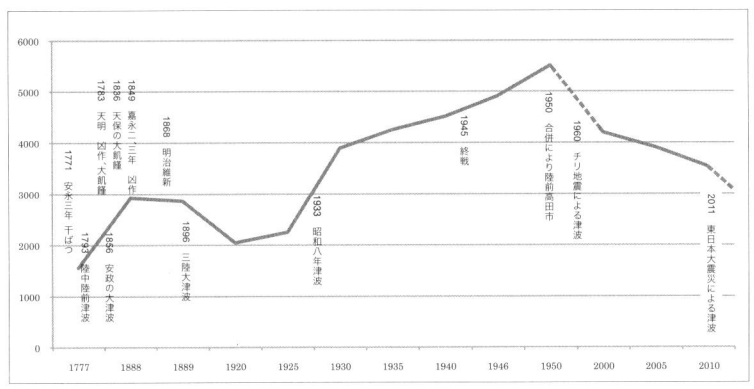

第3章　広田半島の生業とコミュニティ

図 3-3-1　広田町の人口増減と災害
＊1920年以降のデータは国勢調査，これ以前は陸前高田市史からの抜粋により筆者作成。
＊1950年から2000年以前は市町村合併によりデータなし。
＊1889年から1920年の間の人口減少は，データの違いによるものか，津波による人口減少か不明であるがおそらく両者による。

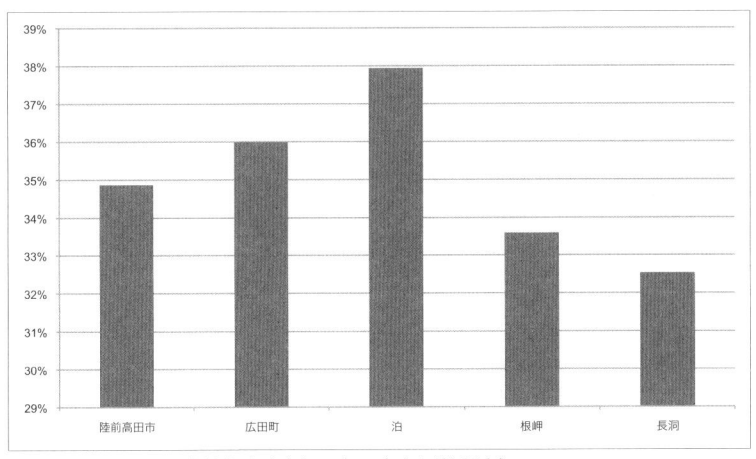

図 3-3-2　小地域別高齢化率（平成22（2010）年国勢調査）
＊国勢調査の小地域集計では，根岬としての集計がなく集計単位が集と赤坂角地となる。

　平成22（2010）年国勢調査の小地域集計から世帯規模を見てみると，長洞3.7人／世帯，泊3.2人／世帯，根岬3.7人／世帯と泊の世帯規模が小さいことがわかる。泊では遠洋漁業が衰退した結果，機械，運搬，建設などに従事する人口割合が広田町全域と比較しても高く，長洞は，管理，事務サービス系の職業に従事する人口割合が高く農林漁業従事者の割合は泊よりも低い

265

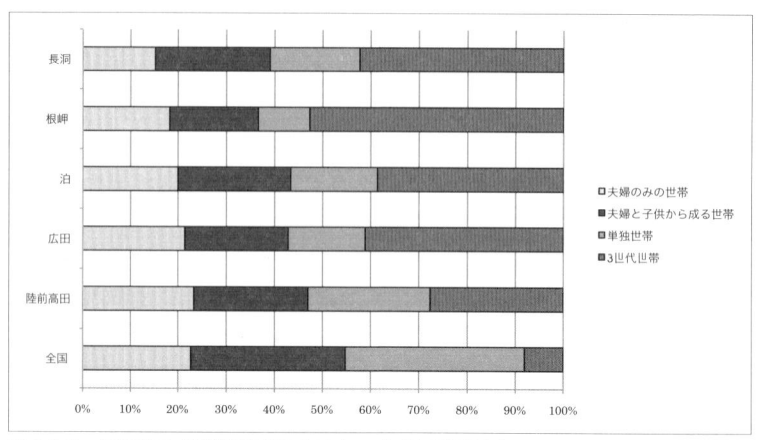

図3-3-3　広田町の世帯類型(平成22(2010)年国勢調査)
＊非親族世帯は集計から除外。
＊国勢調査の小地域集計では，根岬としての集計がなく集計単位が集と赤坂角地となる。

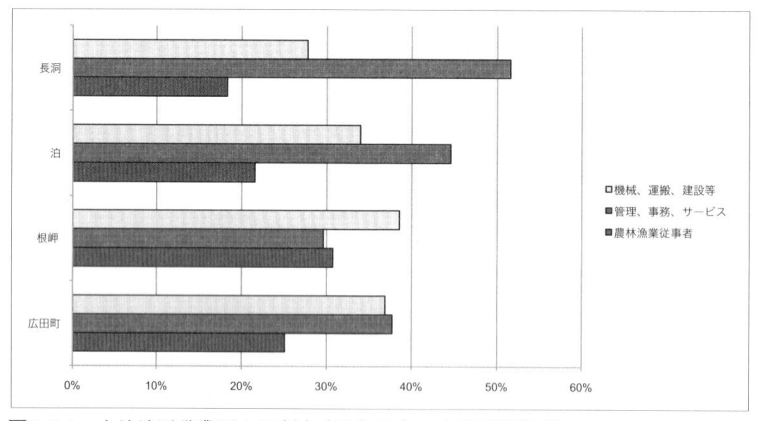

図3-3-4　小地域別職業別人口割合(平成22(2010)年国勢調査)

(図3-3-4)。しかし，別の職業に就いた場合でも漁業権は保有している場合がほとんどであり，漁協の組合員でもある可能性が高い。泊については，漁業以外の職業に就く人が増えて暮らし方が近代化していった傾向がこのデータからも読み取れる。

人口データから見ると，泊はこの中では都市化傾向が強く，大規模な漁業へと近代化が進み，それが後に衰退し，産業構造の転換が起こっている。お

そらく，これによって三世代同居の必要性は低下し，世帯分離によって低地に住宅地が再建されていったものと考えられる。現在では，高齢化や世帯の縮小化が進展している状況である。

これに対して，根岬は，漁業従事者の割合が高く，三世代同居率や世帯規模も比較的維持され，人口の高齢化もこの地域の中では低位にとどまっており，比較的活力のある地域であるといえる。

根岬では，祭りや伝統行事などによって培われた地域紐帯と伝統的家族形態，豊かな海の恵みを基礎とした小舟漁が地域のストレングスとなっており，これを基点とした復興の視点は重要である。「孫の代にも漁業で食べていけるような仕組みを作ることが課題である」と根岬の漁師は力強く語っていた。漁村地域の復興にあたっては，このようなモデルを下敷きに生業である漁業のあり方を重視した計画や事業が重要となる。

長洞は，最も陸前高田の中心地に近く第二次産業に従事する人口の割合高く，かつ，三世代同居率も高いという特徴を持っている。

## 4　漁業の発展と社会階層，規範の形成

漁業は，農業と並んで広田町の主要な産業である。広田湾沿岸の村では，江戸時代から漁業を生業とし，長部，浜田村脇の沢，小友三日市浦，広田村泊などに湊があり，主な漁獲物としてサケ，マグロ，カツオ，マス，イワシ，ホッキ貝，コンブ，黒ノリ，フノリ，加工品としての魚かす，かつお節，干しスルメ，干鱈，イリコ，干アワビ，塩などがあった。

戦前，漁業は，広田半島の基幹産業として雇用を創出し，船主は，地域の社会事業にも積極的に貢献するなど地域に恩恵をもたらした。しかし戦時中は，操業船が爆撃に遭遇，資材不足，人手不足など様々な意味で不遇であった。漁船が本格的に動力化されるのは，昭和30年代のことである。昭和32（1957）年には，無動力船624隻，動力船52隻であったのが，昭和45（1970）年には，無動力船248隻，動力船404隻となった。この時期が動力船への転換期であった。

昭和30年代は，スケソウダラ，タコ，サンマ，マグロなどの大漁により大変に潤った。しかし，高度経済成長による産業の転換，オイルショックによる燃料の高騰などを経験し，漁業が衰退してきてからは，網元も事業をたたみ，地域の産業や就労の場も大きく転換していった。このような状況は特に泊に顕著にみられる。

### （1）塩の商品化

　気仙地方の製塩は，平泉藤原時代に潮方役人忠野隼人が勝木田村（現米崎町）に駐在し，製塩の監督にあたったことに始まるという。塩は最初に商品化された海産物であった。この地方では，江戸中期ごろから「塩千駄・米千駄」という語があったが，これは，南部領や江刺・東山方面へ塩が，反対に気仙地方へは米・雑穀等が移送されてくる交換経済の実態を示していた[5]。天明8(1788)年の幕府巡見使関係文書において36ヶの塩釜があることが記録されている[6]。同書によると，気仙郡の塩釜は「素海水煎熬生製塩」であり，この手法には薪が大量に必要となり，近くに山林を必要とした。塩釜は，大抵裕福な農，漁民が所有し，所有林か藩有林から燃料の薪を切り出した。広田浜の窯は，2〜4mほどであったという。生産量は，釜や製法によって異なっていた。広田の六つ子廻り釜崎の釜場では，1回に三斗入りの俵で12〜13俵を煮あげていた。そのうち7〜8俵は藩に納めることになっており大船渡村に御塩役人が駐在してその任に当たった。気仙地方で作られた塩は「御塩船」と称する藩の船で石巻にあった藩の倉庫に納入された。

### （2）建て網による鮪漁

　近世にはいると鮪を取るための建て網漁が盛んに行われるようになった。起源は文禄年間（1592〜96年）といわれており，広田村の中熊谷家の先祖が滝浜に鮪（シビ）を採るシビ大網を建てたのが始まりといわれている[7]。明治期には，大陽，滝浜，金室，仁位達，赤磯の網が建てられた。昭和初期には，金室，黒崎，滝浜，椿島，仁位達，大陽網が建てられていた。この建て網は，夏に唐桑半島沿いに北上してくる鮪が広田湾に入って半島に沿って回

遊するものを捕獲した。

　江戸時代の大網では，3隻の船が使用され，網子は三隻に分かれて乗り込んだ。大網で働く漁師は，大網人，アゴ，スイフと呼ばれ大謀の指示で仕事をする。仁位達の岸網では30人，沖網では40人の網子がいて根岬のテンヤで漁の期間寝泊まりしていたといわれる。鮪が水揚げされると，加工されて馬や船で運搬された。この加工には網子は加わらず，網主の下男がこの仕事をするなど，分業していた。建て網漁は，社会的には，網主と働き手という階層と同時に，漁を行ううえでの専門的役割分担を形成した。

　不漁が続くと，大謀や瀬主の家に網子が集まり御日待ちをして大漁を祈願し，大漁のときには，瀬主や大謀は鎮守や仏閣に石灯篭などを奉納した。根岬の鶴樹神社境内には，文久元（1861）年に仁位達大網の金主，網子が奉納した石灯籠があるという。建て網漁は，豊漁になると地域に多くの恩恵をもたらしたが，同時に危険も伴った。安全祈願や，豊漁の祈祷はより手厚く行われ，神社が漁師生活の中心に置かれていくようになったのは，漁の発展によるものだったと考えられる。建て網漁は，網主を中心とした階層的労働集団として，集落全体の絆や共同性を強固なものにした。江戸時代には，漁業経営においては，「網主」は経営主として，労働力としての「水主」を使役した。これらの網主は明治以降網元として会社を興し，戦後は，規模の大きい動力船を所有して地域の人々を雇用して大規模な漁業を展開していった。船上で長期間生活をすることで人々は強い連帯を形成した。

（3）磯の収穫

　春は，海藻採取の季節である。広田では漁業者は地先を共有している。広田半島の地先は無数の岩礁から成り，中沢浜以外は磯浜となっており，海藻，貝類の採取の場となってきた。中でも，フノリの採取が盛んであった。フノリは，食用にもされるが，大正時代ごろまでは建材としての需要が高かった。フノリは，3月から5月までの間に3回の開口を行ってきたが，漁業組合ができてからは各漁甫のフノリを入札にかけ入札した者は日当を払って採取するシステムになった。

**写真3-3-2** 箱メガネを覗きアワビを採る　　**写真3-3-3** アワビ取りのカギ

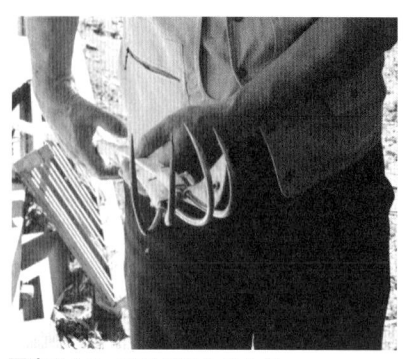

　コンブは，幅30cm，長さ3mに成長し，小石などについて成長するが，波に流されるので穏やかな海底に集中するフノリ，ワカメ，コンブ，ウニ，アワビなどの磯ものを採る漁師を小漁人と呼ぶ。アワビは特に稼ぎがよい。
　広田湾では，明治23（1890）年まではアワビの採取は自由とされていたが，明治24年になると，資源の枯渇を心配して口止めが行われるようになった。これは，明治23（1890）年に蒲生辰之助氏が盛岡で川漁に使われていた箱メガネを買い求めてきてこれを使用するようになり，漁獲量が一気に増えたためといわれている。それまでは，櫂を平らにもち海面をならすと波が消え，そこにクルミや菜種を噛んだものを水面に吹き付ける「ゴリ」という手法が使われてきた。アワビカギは村の鍛冶屋が作っていた。これをホデと呼ばれる長い竹の先に着けて水に沈めてアワビを採取するが，この沈め方にテクニックが必要とされる。左手で梶を取りながら，箱メガネを覗いて右手でカギを操作する（写真3-3-2，写真3-3-3）。このカギをいかに早く垂直に沈めることができるかが重要である。アワビ取が一人前にできるまでには10年かかるといわれており，子どものころからカッコを漕ぎ棹の上げ下げを練習したものだったという。他の地域では，網を使ってアワビを掬う漁法もあるが，広田半島では，アワビ取りは，現在も昔と同様にカギを使っている。そして，アワビの乱獲を防ぐため，漁協が開口，口止めを定める。
　ウニはタモで掬って採る。ウニを食用として販売するようになったのは明治末期頃のことで，それまでは採っても畑の肥やしにしていた。現在では，

270

アワビや昆布に次ぐ収入源として、開口、口止めによって漁獲量の管理が行われている。

### (4) ルールの共有

藩政時代には、広田半島は広田村として統轄されどこでも漁をすることができたが、のちに、明治期以降北浜と南浜に分けられて、北浜の北端は長洞で、そこが小友村との境界であった。これ以降、広田漁協の統括する広田町の範囲で地先を共有し漁を行っている。明治35（1902）年広田町漁業協同組合が設立された。漁業協同組合（以下　漁協と表記）は、組合員の活動やその資金的援助を行い、漁に関するルールを定め、収穫したものを仲介して市場に販売している。漁協に所属していなければ基本的に漁はできない。したがって、広田半島の漁師はすべて漁協に所属している。漁協ができて以来、漁を開始する日である開口は漁協が定める。たとえば、アワビなどの乱獲を避けるため、開始と終了の日が決められる。これだけでなく漁の方法についても取り決めがある。広田漁協では、まず、アワビは、稚貝を採らないようカギという2本の先の曲がった金具のついた長い棒のような道具を使って捕獲する。貝の腹側からカギを差し込まないとうまくとることができない。カギの使い方を誤ると中身のアワビを傷つけ商品価値が下がってしまう。そして、この金具の間からこぼれ落ちるような小さなアワビは取ることができないようになっている。船に乗ることができる人数は3人と決まっている。

漁は、このような細かいルールに則って行われている。アワビのように単価が高いものの収穫期は、「初日は戦争」といわれるほど競争が激しい。漁業者は、遠洋に出ない場合は、お互いに独立して操業しているが、同じ漁協に所属し、同じ規則を守っている。

### (5) 漁業と住宅

広田町では、家屋を建てる際には、家相や方位を重視してきた。家屋は南、または南東向きにし、入り口は甲、乙、巽の方向が好まれる。広田半島の住居はほとんどが南か南東を向いている。常に危険と向かい合って働く漁師は

多くの慣習を持っており，家相もその一つである。また，温かい南向きの住居が好まれる結果でもある。漁家では，敷地内で海藻やイワシを干し，道具の手入れを行う。直射日光によって道具が傷まないように軒下を利用して，カゲサゲが作られ，アワビを取るためのカギなどの漁の道具がしまわれている。カゲサゲは軒を利用した収納のことである。現在でも10mを超えるようなアワビ取りの道具などはここに収納されている。これらは，直射日光で劣化するので家屋の北側にあるカゲサゲが収納に適している。住居の形態は，住み手と地域の生活を反映する。生業と生活が一体的に営まれ，住居や家の敷地が生産の場となっているため，この地域では日本全国で散見されるプレハブ住宅の数が少ない。住まいの形態が漁に必要な機能を備えていることを地域の復興事業では重視しなければならない。現在仮設住宅に暮らす人々は，被災を免れた親戚の家に漁の道具を預けている。仮設住宅には，アワビ取りのカギを収納するようなスペースがないからである。災害公営住宅や高台移転における住宅計画において，生業を継続できる住宅と環境が再生されることが漁業者の生活保障として重要である。


5 　伝統的行事と生業が育んだ人々の絆

　漁村には，伝統的な行事や営みが多く残っており，都市の生活にはもはや見られないような社会関係性が存在する。復興事業の中では，コミュニティの重要性が問われているが，それは具体的にはどのような特徴を持ったものなのだろうか？

　村落社会の中には，多様な社会集団が存在する。男女や年齢などによって分割され，歴史的には，その営みはさまざまな役割と意味を持ってきた。また，村落社会では，労働の中にそれぞれの役割分担や共同性が存在している。村全体にかかわる作業には全戸が出て役割を担ってきた。昭和15年ごろの記述によると，山焼き，溜池の手入れ，ケイドカリといわれる道の草刈り，共有林の手入れなどが村全体で行われてきた。現在も同様の共同労働がある。これらは，主に農村集落としての特徴でもあるが，かつて山の手入れは，漁

師にとって舟の材料となる杉の手入れをすることも意味した。

　浜漁は，通常少人数で家族的に行われるが，建て網漁のように大人数を必要とする漁業が始まると，網主が生まれ，村落内に雇用者が発生し，村の中に職業的共同性が構築されると同時に，専門分業や社会階層も生まれた。

　また，宗教的，生活的な共同行事は，男女や年齢によって分かれて行われ，それぞれの役割を担い，これらは，幾層にも地域紐帯を形成した。

### (1) よいとり

　よいとりとは，労働の相互交換である。たとえば，農繁期や行事などの際に人手が必要な際，他家から手伝いを頼む，すると，お返しに相手の家で人手が必要な時に同じ日にち分働くというシステムである。これは，日本各地にみられ，「結」などとも呼ばれている。三陸地域の昭和初期頃の主食は，稗飯，三穀飯，カデ飯であったが，カデ飯は，麦，稗の中に山菜や大根を刻んだ「カデ」を材料とする。このカデギリは主婦にとって重要な家事の一つであったが重労働でもあった。そこで，カデギリは，近所の人と労働交換をするよいとりが行われた。また，家の屋根の吹き替え等天候に左右され急いで仕上げなければならない作業もよいとりが行われた。

　長洞地区での聞き取りでは，よいとりは，今でも行われているという。田植えなど短期間に終えなければならない仕事などでよいとりする。この地域でのよいとりは，主に血縁関係のある家同士で助け合い，時々は金を集めて順番に物入りにつかうという講も同時に行うような共同体であるようである。広田町では，よいとりは，どちらかというと血縁的な協力関係のようである。

　60代の元遠洋漁業の漁師の話によると，泊でのよいとりは血縁関係を中心としており，講の仲間を中心として労働のやり取りをしていたという[8]。根岬の志田集落では，すでによいとりはあまり行われていないと50代の主婦が話していた。長洞は，農業を中心に発展してきた集落であり，集落構造も分家によって，血縁関係のあるものが近隣に家を建て発展してきている。これと同時に，よいとりは，田植えなどある時期を逃さず終えなければならない場合の労働力確保の手段であることから，現在小舟漁を中心としている根

岬の志田集落ではあまり活発でなく，米作を行っている長洞でより有効な位置づけにあると考えられる。泊は，遠洋漁業の基地としてかつて反映した時期があり，その後，その衰退によって，人々の職業選択の幅は広がり，農業自体も機械化が進んでいった。これによってよいとりのような伝統的な労働交換は減少する傾向にはある。

### （2）観音講

　旧暦11月16日に20歳前後の女性たちが行屋に集まり講を3日間開く。これがこの地域では観音講と呼ばれている。参加者は女性のみであるが，未婚でも既婚でも構わないといわれていた。講の参加者は野菜などを持ち寄り，観音様を礼拝後，調理して一同で飲食を共にする。翌日には酒宴を開き，その後，夫も招かれて差し入れなどをする。観音講は，年齢別に行われるという地域もある。

　長洞の観音講は，公民館で開かれていた。公民館には山の神が祭られており，若い嫁に早く子どもが授かりますようにという祈願の場でもあったという。そこで，枕子（まくらこ）という細長いお手玉のようなものを借りてゆき，子どもが無事生まれると新しい枕子を作って返した。また，この講で郷土料理の作り方を教わったりしたものだったという。公民館に集まり，40歳以下と40歳以上に分かれてお茶を飲んだりしていた。話が合うかどうかで自然に年齢で分かれたと考えられる。被災前は公民館に女性ばかりで月に1回は集まっていた。被災してからは一度も集まりはひらかれていないという。しかし，その代わりに，仮設住宅ではお茶こという，お茶のみ会が開かれている[9]。これは，女性集団を中心とした伝統の新しい形での継承である。

### （3）天神講

　毎月25日が天神講とされている。この講は，10歳から15〜6歳の男児を対象として開かれており，メンバーシップクラブのようなものであったと思われる。天神講に入るためには基礎的な生活習慣や「うそをつかない」「時間を守る」「おねしょをしない」「皮膚病がない」といった取り決めがあり，メン

バーから認められると入講することができた。天神様は学問の神様である菅原道真を祭っており，読み書きや礼儀作法などを習得し，貝や魚とりをして行屋（じょうや）で調理して食べるなどする。少し年長の少年たちが年下の少年たちに生活の知恵を伝える講であった。広田町の60代の男性に聞くと，天神講の楽しかった思い出が語られるが，今では少子化が進み開かれていない。

　かつては，このような縦のつながりが少年たちの中にもあり，伝統や生活術など様々な生活の知恵を伝えてきていた。寝食を共にした仲間の絆は，今もコミュニティの中に生きている。


（4）八日行

　八日行は，12月8日を中心に前後3日間行われる。集落ごとに行屋と呼ばれる地域の集会施設に集まり，出羽三山を礼拝する。この行事は地域の成人男性のみが参加する講の一つである。目的は，信仰，慰労，漁業や地域の運営，処世術などについて世代から世代へと伝えることを目的としていた。この講が開かれている間は，構成員で手料理を作り，話をしながら食事をする。この行事は，旧広田町では広く行われていたようであるが，港を共有する大集落ではなく，さらに細かい小集落の中で行われていたようだ。このため，小集落ごとに行屋と呼ばれる建物が残っている。

　行屋は，旧広田町では，小集落地区に一軒あり，伝統的に地域の集会や行，講といった行事が行われる公民館のような共同の建物であった。根岬は，岩倉，堂の前，志田，集の4集落に分割されているが，この各集落に行屋が設置されている。


（5）納税組合

　税収の仕組みと互助のシステムである納税組合が地域に存在する。納税組合は，集落の中で所得税を徴収し市に納めるために作られた組織で，納める税金が用意できない世帯のために，構成員が出し合った資金の中から肩代わりをする助け合いの役割もある。この組織は，比較的新しいものだが，このような徴税，納税システムもコミュニティの中に組み込まれているのである。

### (6) 共同管理

　地域で共同管理している施設のうちの一つは，山水を利用した水道である。地域では「山の水」と呼ばれている。

　広田町の調査区域で，被災後の生活についての聞き取りでは，ほとんどすべての人から，被災した年の7月ぐらいまで市の給水車が来たが「水にはそれほど不自由しなかった」という証言が聞かれる。

　この理由は，一つは，井戸を持っている家庭が多いこと，もう一つは市営の上水道が敷設される昭和62（1987）年以前に使われていた大森山からの山水の水道が使用可能であったためである。これは，湧水または，井戸を水源とし，おおむね山から下方に向かう道路に沿って共有され，水源はいくつかに分かれている。この水道は水源ごとに組合によって管理されてきた。

　泊地区では，震災後上水道が使用できない期間には，山の水が使える家が水を提供し，にわかに共同洗濯場ができたという。また，長洞地区では，山の水で風呂を沸かし，燃料を節約するためにもらい風呂に行ったという。根岬地区でも山の水で風呂を沸かし，被災した住民が湯を使いに来ていた。各集落には山の水施設を共同管理する組織が存在する。入会や屋根のカヤを採るカヤ場，各集落ごとに設置された行屋，港や浜なども山の水と同様に地域の共同資産として伝統的に地域の人々が協力しあって管理してきた。

　このような伝統的な行事や仕組みは，生活の現代化や多様化によって変化してきている。観音講，八日行は行われているが，形を変えてホテルで食事や宴会をするのみという簡便化された形態も泊地区では見られた。これまでは，このような行事や施設の共同管理を通して，さまざまな伝統や知恵が世代間に伝えられてきた。今後も，伝統的な形で，あるいは新たな価値感によって変質しながらも共同性の伝統は継続していくであろう。このためには，若い世代が地域に住み続けるための職場や将来への展望を持てる生業を育てていく必要がある。

## 6　東日本大震災後のコミュニティの営み

### (1) 避難生活での共同生活

　長洞では被災の翌朝会合が開かれた。津波で家を失った人が「助けてください」と頭を下げたところ,「こういう時助けなければいつ助け合うんだべ?」という古老の一言から,地域のすべての世帯は共同して被災に対処する体制がとられた。ある漁家の主婦は「あの言葉は一生忘れない」と語る。家を流された人々はそれぞれ家が残った世帯に宿泊して仮設住宅ができるまで寝食を共にした。

　初期の避難生活では,まず食料や燃料などの物資を1か所に出し合い,共同で使えるようにした。米は外で薪を燃やして炊き,おにぎりを握って全員に配った。男性が畑に簡易の便所を作ってシートで覆い,山の水を管理する人たちが洗濯場を作り,それぞれ頼まれなくても必要なことをどんどんやった。常備薬が切れてくると,代表者が,おにぎり,ジュース,パンを持ってリュックサックを背負い徒歩で町の病院までまとめてもらいに行った。蒲生家の座敷を借りて,「長洞元気学校」(子どもたちのための勉強会)を開いた。こうして,長洞では,自宅を失った人,失っていない人が共同して集落全体で,仮設住宅ができるまでの数か月間を乗り切った。

　仮設住宅入居後は「今まで家が並んでいた通りに並んでいます。一応くじ引きしたことにして。」というように,被災前の集落構造重視の配置である。

　泊でも,被災から避難所が準備されるまで,被災した人々は,被害にあわなかった家屋に分宿して困難な時を共に乗り越えた。こちらでも山の水の水道によって共同洗濯場が作られた。

　仮設住宅を建設するときには,全員が同じ住宅に入居できるよう,土地を探し,市と交渉した。

### (2) 長洞「なでしこ」の会

　長洞で被災した人々は,集落内の民有地を借りて建設された仮設住宅に暮らしている。この仮設住宅は「長洞元気村」と呼ばれる(写真3-3-4)。

写真 3-3-4　長洞仮設住宅の入り口

そこで，12人の女性たちが小さなビジネスをスタートさせた。もともとは，被災地に送られてくる物資を全戸に均等に分けるために働いていた女性たちである。仮設住宅で過ごした初めての冬に女性たちが部屋に閉じこもりがちになることを心配してお茶こをはじめた。一人でいると悪いことばかり考えてしまう。お茶こはこの地域の主に女性の習慣でイギリス人がパブに集まるように，集まってお茶を喫する習慣である。

お茶こはソーシャル・ネットワークを形成する。長洞元気村では，集まってお茶だけ飲んでいるより何かしたほうがいいだろうと切り干し大根や柚餅子を作り始めた。なでしこジャパンの活躍にちなんで会の名前を「なでしこ」とした。メンバーは，78歳を筆頭に50歳まで年齢の幅は広い。もともと長洞地区は共働きの多い地域で，漁家であれば妻も浜に出て働く。そうでなければパートなどの仕事を見つけて共働きしている家庭が一般的である。

今では，手作り品の販売，スタディーツアーの受け入れ，語り部などを実施するようになった。スタディーツアーは，大学や子ども会，民間会社などが来た。最初，食事をするところがどこにもないのでお昼ご飯を作ってくれないかという依頼を受けたのがきっかけである。飲食店ではないのでツアーを受け入れて，庭で参加者と一緒にトン汁を作るようにした。

手づくり品の主力商品の一つは，レモン柚餅子である。柚餅子は広田の伝統的な食の一つで，冠婚葬祭のお膳に必ず出される。特別な作り方があってほかの地方の柚餅子とは異なる。当初はうろ覚えだったが年を取った人に聞き，作り方を再現した。

海産物では，マツモ，フノリを乾燥したもの，ワカメ，コンブなどを広田漁協から購入し，小分けにして「なでしこ」のシールを貼って販売している（写真 3-3-5）。

なでしこの参加者の中には語り部をしようとすると「おらできね（私はできません）」と遠慮する場合もあるが、2か月に1度わずかながら売り上げを分けるときにはうれしそうだ。一人一人が手にする金額は、「肉は買えないが豆腐は買える」という。給料をもらうと喜んで美容院に行く。

**写真3-3-5** なでしこのメンバーの写真付き塩蔵ワカメ

### （3）都市と直接のつながりを持つ新たな漁業

　震災後、漁業には、新たな展開を試みる動きが現れている。被災した港の整備は終わっていないが、小舟や道具がそろい始めている。昨年（2011年）磯ものの開口はなかったが、今年は実施した。漁業自体は、緩やかに回復しつつある。この中で、都市の企業と結びついて事業を行う例が散見されるようになった。

　1つの例は、ある居酒屋チェーン店と提携し、早朝の漁で獲った魚を箱ごと送り「漁師の○○さんが今朝獲った魚」として都市の人々のたのしみとなっている。

　2つめは、これまで大量廃棄していたケツブやトウダイツブの商品価値が見出されて居酒屋チェーンやすし屋に直接販売するようになった。

　これらは、数例だが、都市と漁業者の関係による新たな展開の兆しである。

　「漁村は、農村のように閉鎖して暮らせる場所ではなかった」と陸前高田市史には記述されている。漁村は、古くから他の地域と交流し、他の地域との関係を構築していくことによって成立してきた。新たな意味での外とのつながりは、今後漁業の新しい展開につながるだろう。

## 7　コミュニティ・ストレングス

　広田町の集落，特に漁村集落では，伝統的な三世代家族による居住形態と血縁による村落コミュニティが基本単位となっている。三世代同居は伝統的な居住形態というだけでなく，生業としての漁業を家族全員で担っていくための居住の選択でもある。

　そして，伝統的な行事やしきたりは，最も基礎的な単位のコミュニティで実施されている。この基礎的コミュニティは，分家していくことによって形成された血縁集団である。これと同時に，この最も基礎的なコミュニティは，地理的にも近接しており地縁コミュニティでもある。長洞元気村の仮設住宅の入居者が，「災害前家があったのと同じようにならんでいます」というのも，物理的な住居の構成によって役割や意味があったからこそ同じならびにすることにこだわったのであろう。

　コミュニティ・ストレングスとは，地域の復興や改善事業などを実施していく場合に，地域の強みとなる特徴のことである。

　最後に，これまで見てきたコミュニティの特徴が，今後どのように生かされるべきかを展望しつつ，ストレングスについてまとめておく。

　第1に，広田町の漁村集落のコミュニティ・ストレングスは，伝統によって培われてきた強い共同性と共助の精神や方法論を持っていることである。

　2つ目には，地域の中にロールモデルを見出し，リーダーシップを形成していく環境と基盤があるということである。これらは，祭りなどの伝統的行事や生業の中で，自らの役割を見出し，全うすることから培われてきた。

　3つ目には，漁業自体が持つストレングスである。豊かな海洋資源をバックグラウンドとして，人々が持つ漁や養殖の技術は，大資本や巨額の設備投資がなくても再開することが可能であり，個人や家族のレベルからスタートして地域の復興を助けることができる。このため，住居や港をはじめとする生活環境の整備において，生業の継続を重視した再生が重要な課題である。

　4つ目には，コミュニティが培ってきたマネジメント能力である。山の水，入会，港，行屋といった共同利用施設の設置や管理を通じて地域はマネジメ

ント能力を培ってきた。マネジメント能力の意味するところは，日常的マネジメント能力のほか，危機管理や不具合の解決，合意形成といったコミュニティが必要とする重要な機能である。

　5つ目には，漁村地域の人々の外交性である。地域外とのつながりによる発展の可能性である。漁村地域は，もともと漁業だけでは生活物資が十分でなく，外部との交流を必要としてきたことから，開放的な地域性を持つ。外部との関係性は，新たな価値の発見につながる。そして，漁業のビジネスとしての発展や，女性によるスモールビジネスの可能性など，地域の外との関係を構築することによって，さまざまな可能性が展開できる。

　これらのストレングスを復興に生かしていくためには，住民の参加や意思決定，地域固有のニーズが実現される仕組みが復興事業のプロセスにおいて確保されなければならない。

### ●注

1）陸前高田市史第5巻　p.195
2）実際には現在は陸前高田市に編入されているため旧広田町であるが本稿では広田町と記述。
3）根岬での60代の漁師へのヒアリングによる。
4）陸前高田市観光物産協会資料より。
5）陸前高田市史　第5巻　p.365
6）陸前高田市史　第5巻　p.366
7）広田漁業史　p.66
8）泊地区における元遠洋漁業の漁師，70代へのヒアリングより。
9）長洞地区の50～60代の女性へのヒアリングによる。

### ●参照文献

広田漁業史編集委員会（1976）『広田漁業史』広田町漁業協同組合
広田尋常高等小学校・広田村実業補習学校編（1932a）『広田村郷土教育資料　第一集』岩手県気仙郡広田尋常高等小学校
広田尋常高等小学校・広田村実業補習学校編（1932b）『広田村郷土教育資料　第二集』岩手県気仙郡広田尋常高等小学校
広田尋常高等小学校・広田村実業補習学校編（1932c）『広田村郷土教育資料　第三集』岩手県気仙郡広田尋常高等小学校
陸前高田市史編集委員会（1991）『陸前高田市史　第五巻　民俗編（上）』陸前高田市

陸前高田市史編集委員会(1994)『陸前高田市史　第一巻　自然編』陸前高田市
陸前高田市史編集委員会(1995)『陸前高田市史　第三巻　沿革編(上)』陸前高田市
陸前高田市史編集委員会(1996)『陸前高田市史　第四巻　沿革編(下)』陸前高田市
陸前高田市史編集委員会(1998)『陸前高田市史　第七巻　宗教・教育編』陸前高田市
陸前高田市史編集委員会(1999)『陸前高田市史　第八巻　治安・戦役・災害・厚生編』陸前高田市

# 第4章　暮らしから見つめ直す

吉 野 馨 子

## 1　浜ごとの多様性と共通する生活のロジック

　浜の生産性，地形や立地の特徴が，各浜での資源の利用のあり方，暮らし方を多様に作り上げてきた。牡鹿半島では，漁業における在地型の技術の先進性，大謀網という村単位での共同の漁の発達，近代捕鯨がもたらした経済構造の大きな変容（近隣の浜の人々のサラリーマン化），豊かな山と浜の関係性のあり方が注目された。雄勝半島の大須は，荒海で良港に恵まれない一方，磯物が豊かであった。荒磯であるために漁業の近代化，共同化が進まず，個人単位の小規模な漁，漁船出稼ぎと行商で暮らしが成り立っていた。このような漁業における個人主義に対し，生活面での共同性の強さが際立っており，それは，震災時に大きな力としてあらわれてきた。
　広田半島は上記の牡鹿，雄勝両半島と比較し，山は緩やかである。海岸線沿いに点在する各集落は，それぞれの独自性を維持しながらも，磯や萱採り場等の入会の集落間の共有，祭りでの結集等を通し，集落をまたがる共同性を保持していた。震災後，広田半島全体としての生産・販売の共同性から，個々の浜での独自な生産・販売を目指す動きが出てきている。
　第一部で紹介した大槌は，江戸時代より漁業技術の先進性を誇り，地域の中核的な位置づけにありながらも，幕末から近代以降の国策の後押しによる釜石の発展に次第に搦め取られて行った。漁家の高齢化，漁協の破綻という厳しい状況の中で，今後の展開を手探りで模索するなか，地域の豊かな資源である山林を生かしていこうという動きがあらわれている。

このような多様性のなかにも，山が浜に迫っている三陸漁村のもつ地形的特徴の共通性があった。山は船乗りの目印であり，貴重な水の源であり，また日々の煮炊きの薪，生産手段としての船や建物の材料を提供してくれる場であった。食料難の時には田畑として開墾され，手が回らなくなるとまた山に戻されていった。今回の震災は，浜の被害だけでなく，山の荒廃も映し出し，浜での生産手段の破壊が，地域の山林資源の利用に目を向けさせるきっかけにもなった。

　今回の震災では，事例地となった全ての浜で，船や養殖施設等の生産手段は壊滅的な被害を受けたが，住居の被害については大きな違いがあった。生産手段の喪失は，当然ながら震災以降の生計を立てる術に大きな打撃を与える。しかし，大須地区のように，生活の場と機能が残された地域は，大須の人々のみならず雄勝半島の他の浜の人にとっても，心のよりどころとなる存在として感じられている。まずは，生活の場と機能が守られることを可能とする集落デザインと，それを保持しようとする人々の浜での暮らしへの思いの重要性が浮かびあがってくる。


## 2　浜の意味の再検討

　生産地としての浜の位置づけは，地域によってかなり異なっている。収入源としての漁業の重要性は荻浜では高いが，大須では臨時収入的な位置づけで捉えている世帯が大多数であった。小積浜のように，生産の場としての価値がほとんどないと判断されたとき，地域に留まる意味も弱まってくる。

　高齢化，漁業からの引退（あるいは離脱）により，浜に面して暮らしながらも，浜の恵みから遠く暮らす人が，どんどん増えていくだろう。浜は地域の入会をベースとしているが，その内実が次第にスカスカになっていってしまう。単に，現金を稼ぐ生産の場としてだけでなく，生活の場としての浜の見直しが必要なのではないか。大須浜での震災後の共同採りの取り組みは，それを端的に示していよう。浜の恵みを暮らしの中に取り込んでいくことができなければ，そこに住む意味が損なわれてしまうのだ。

## 3　漁村のもつ力

　第3章の広田半島に関する仁科論文をベースに，他の浜からの知見も付け加えつつ，漁村のもつ力を，再び確認しておこう。

　1）地域に根差した生業と技術：漁業は，農業と異なり，海が作りだす自然の恵みを分けてもらうことがベースである（近年は，農業的な"栽培漁業"が中心的になってきているが）。漁民はその恵みが枯渇しないように利用と管理を工夫せねばならず，その恵みをもたらしてくれる自然環境について，深く認識していることが要求される。

　長年にわたり培われた自然への深い洞察に基づき，身体感覚をベースに培われてきた地域の技術は，大資本や巨額の設備投資を必ずしも必要とせず，個人や家族，あるいは地域有志での協同によりスタートすることができる。また，地域で培われた技術であるために，地域の人々は自分たちの創意工夫で対応する能力をもっている。その場で手に入るものを活用することにより，生業や暮らしに必要な生産手段を自分たちの手で作り出すことができる。これが，農山漁村の強靭さのベースとなっているのだろう。

　2）コミュニティのもつマネジメント能力：上記のような漁業の特質は，生活の存立のための地域の資源の共的な利用・管理を必要とした。恵みをもたらしてくれる自然の威力に対し人の力は弱く，それを悟った上で，自然と交渉し，地域で協同することにより暮らしを成り立たせてきた。さらに，陸に残る女性たちによる共同性が，それを強めてきた。

　牡鹿半島での年齢階梯制の自治組織，大須における組頭への幹部役員候補者としての育成，広田半島の天神講など，リーダーシップを形成していく環境と基盤が形作られている。それが長年にわたり地域で培われることにより，共助の精神や方法論として地域社会に根付いている。

　そのような共同性の背景には，生計を立てるために必要だが有限である地域資源を，ともに利用し合っているという，生業面における資源利用管理の実態が，大きく影響している。漁村から港町に急速に変貌し地域の人口構成は大きく変わりながらも，海の利用をベースとした伝統的なコミュニティ運

営を継続させてきた牡鹿半島荻浜は，それを端的に示しているのだろう。

3）漁村地域のもつ外交性，ハイブリッド性：三陸の各浜には，草分けの人々が遠方から移住してきたとの言い伝えがある。そののちも，豊かな三陸の漁場を目指し，さまざまな地域からさまざまな時代に，人々が訪れてきた。牡鹿半島や雄勝半島のもらい子のシステムは，海や磯のもつ豊かな生産力を背景とした浜の扶養能力の高さに裏打ちされていた。

さらに，米などの主食の自給が難しい漁村の生産構造の特徴は，漁村の人々を他地域と結びつけずにはいられない。大須の背負子（行商）は，遠方の人々との人的ネットワークを築き，広い視野や新しい知見を提供した。それにより，地域に新たなビジネスが生まれることもあった。

このような，よそからの力を迎え入れてきた漁村や港町のコミュニティがもっていた特質は，今日における地域コミュニティの再生にあたり，むしろ学ぶべきところが多いのではないだろうか。

## 4　浜の恵みをより生かすには

これまで，漁家は，漁獲物のほぼ全量を，漁協を通して販売してきた。漁村が大消費地から離れている上に，水産物が大変足の速い生モノであることも影響してきたのであろう。また，大都市をターゲットにした生産・流通体系が，漁師は原料を採って（獲って）くれば良い，という下請け的体質を植えつけてきた。日本の漁業は，①大型化，遠洋化と②育てる漁業の二つの方向性で展開してきたが，マーケティングへの視点は欠如してきた。

大須で展開された行商は，現金を稼がなければ，という切迫感があったのは確かであり，それはそれで厳しさがあったが，地域の産品を自分たちで加工し，自分の手で販売する，という現在，政策的にも注目される6次産業化を先進的におこなってきたものであった。また，行商は，遠隔な地域同士を結びつけ，人的交流，ビジネスネットワークなどを作り上げてきた。

"昔の背負子の精神を継承して"すきコンブの加工販売を始めたり，漁船漁業で獲ってきた水産物を自ら加工し独自の販路を見出そうとしている大須の

方々の取り組みや，独自の販路を切り開くことにより，これまで売れずにいた地域の"うまいもの"を販売することができるようになってきた広田湾での取り組みは，これからの，浜の恵みをより生かし，消費者に届けるための新たな動きを示しているといえるだろう。もちろんそのような浜の恵みをベースにした生業が成り立つには，浜の保全を委ね，恵み－生産物－を分けてもらっている都市の消費者が果たすべき役割が大きいことは言うまでもない。

　それでは，漁協にはどのような役割が期待されるのだろうか？　単なる仲卸会社，金融機関に自らを落としこめるのではなく，浜の暮らし全体をみながら，その地で暮らす喜びを増やし，その共同性を高め，暮らしやすさや暮らしの安心感を維持，あるいは高めていくという，協同組合本来の役割が求められていくのではないだろうか。そのとき，漁協は，漁業者の組合であるだけでなく，地域社会に暮らす人々全体をも視野に入れた，地域の組合へと転換していけるのではないか？　震災後の迅速な取り組みが大きくメディアでクローズアップされた，岩手県宮古市の重茂漁協の取り組みも参考になろう[1]。僻遠の地にありながらも，いや，僻遠の地にあるからこそ，重茂漁協は地域ぐるみの，生活共同体を支援する役割を重視してきた。大須地区も，前述のように，平成22（2010）年までは，地区会員になるには漁協組合員であることが求められており，漁協は地域社会とぴったり重なりあっていた。震災後の大須地区の動きも，また，その可能性の一つの方向性を示しているのではないだろうか。

●注

1）重茂漁協では，宮古市街から車で30分ほど離れた半島部にあるため，交通の便が悪く，僻遠の地であった。そのために，地域における漁業の位置づけは高く，震災前より，地域住民の安定的な生計の確保のため，定置網の給料制の導入，水産物の自主加工と独自の販路開拓などに取り組むとともに，地元中学校への寄付など，地域への貢献も続けてきた。資源管理については，監視や啓発活動に力を入れ，種苗生産にも取り組んでいた。震災後，重茂漁協は，政府が動き出すよりも早くに，船の買い入れと共同化など，漁業を軸とした，地区全体での復興の取り組みをおこなってきている（重茂漁業協同組合2000，長周新聞2012）。

●参考文献

長周新聞（2012年6月13日版）「漁協軸に共同体が機能－岩手県宮古市重茂，漁協合併した宮城沿岸と違い」2013年1月9日．（http://www.h5.dion.ne.jp/~chosyu/gyokyoujikunikyoudoutaigakinou.html）
重茂漁業協同組合(2000)『至福を求め海に生きる：50年の軌跡：重茂漁協創立50周年記念誌』．重茂漁業協同組合．

# 終章　危機に直面する技術
―― 被災した三陸海岸集落に学ぶ制度的課題 ――

長谷部俊治

　2011年3月11日の大津波により被災した三陸海岸の集落は，復旧への課題を抱えつつも地域の復興・再生に取り組まなければならないときを迎えている。そして復興・再生に当たっては，それぞれの集落が受け継いできた地域構造や生活文化に変化が生じ，その問い直しを迫られることとなる[1]。しかし同時に，地域構造や生活文化は，復興・再生への取り組みの基盤ともなるであろう。なぜならば，それらは過去の様々な試練と選択のもとで育まれ，維持されてきたのであり，集落が存立していくうえでの知恵がそこに結実しているからである。

　ところが，現在進められつつある復興・再生事業はそのような視点が希薄なまま進められているため，地域社会の持続性を確保する役割を果たすことができるかどうか疑問である。なぜそのような視点が希薄なのか，そしてその視点を復興・再生への取り組みに活かすにはどうすればよいのだろうか。主として制度的な観点から考えてみたい。

## 1　危機に向き合うために―二つの要素―

　本書第1部から第3部で解明されたように，三陸海岸集落の空間構造・生活文化は，地域固有の自然的生態的環境のもとで人々が様々な試練に会い，選択を重ねて来た結果である。とりわけ過去の津波の体験や，社会経済的変化のもとで生業を維持する努力は，集落の固有性を育み，その存立を支えてきた。つまりそれらは，地域社会が試練のなかで持続を図るうえでの拠りど

ころとなっているのである。

　このような空間構造・生活文化、そしてそれと一体となって受け継がれてきた知恵や経験は、「危機に直面する技術」として機能している。「危機に直面する技術」という言葉は、山口昌男がウンベルト・エーコ（Umberto Eco）の発言として引用したのだが、エーコは1983年に開かれた会議の席上で、「文化の創造性というのは元々、危機を排除するのではなく危機に直面する技術である」と述べたという（山口、2009、175頁）。山口昌男はその言葉の意味を、危機とは危険がどこかから降ってきて起きるのではなく、一貫性や体系性を備えているようなふりをしている組織や制度が潜在的に抱えている危機が表面化したものだと捉える。そして、潜んでいる内なる危機にあえて直面することによって、今度は外から現れ来る危機に柔軟に対応する能力を身につけていくが、それを学ぶ場が文化なのだとする（同、176-179頁）。

　つまり危機に向き合うときには、外から来るものの正体を見極めると同時に、それを受け止め、自らを見つめる作業を強いられるのである。大津波で被災した三陸海岸の集落が向き合わなければならないのは、まさにそのような性質の危機であり、試練にさらされているのはそのような意味での文化であると考える。

　このように、危機は創造的な転換を孕むダイナミズムの源泉として立ち現れる。復興・再生は、危機を排除するのではなく、それに向き合って何かを創造するプロセスとならざるを得ない。

　その際に有効なのは、それぞれの地域が育んできた「危機に直面する技術」を活かすことである。さらには、復興・再生が、持続性に富んだ、強靭な地域社会づくりを目指すのであれば、復興・再生のプロセスはそのまま「危機に直面する技術」を鍛えていくことになるはずである。

　三陸海岸集落の現状をこのように捉えるとすれば、真っ先になすべきことは、それぞれの地域が持っている「危機に直面する技術」を再確認することである。

　実際、本書第1部から第3部は、その再確認作業にもなっている。第1部及び第2部は、地域が受け継いできた歴史と文化的伝統に着目して地域構造

を読み解く作業であったし，第3部では，生業に着目しつつ地域社会で育まれてきた生活文化を明らかにする作業がなされた。また，序論においても，社会経済・政治システムのオールタナティブ・モデルとして「衣・食・住・職・文化の生活圏・再生産圏の再生」が提示され，それを担う単位として「字・大字」に着目する必要があるとしているが，これも危機に向き合うためのシステムの提案として考えることができる。

そして，第1・2部で着目されている歴史や文化的伝統と，第3部で明らかとなった生業に根ざした生活文化は，それぞれ，「危機に直面する技術」を構成する主要な要素であり，復興・再生に当たって尊重し，活かさなければならない重要なテーマである。

**（1）歴史と文化的伝統**

危機の体験は，その対応を通じて形成された知恵とともに，歴史として記憶されている。しかもその歴史は，集落等が置かれた自然的生態的環境と強く結びついて，唯一性を帯び，地域社会で共有されているのである。

たとえば，三陸海岸集落の空間構造を読み解いていくと，過去3回の津波体験（1896，1933，1960）が空間構造に強く反映していることがわかるし，今回の大津波被災において過去の体験が生々しく語られていることはその現れでもある。

このような地域構造に組み込まれた歴史は，「土地に刻まれた歴史」として捉えることができる。「土地に刻まれた歴史」という考え方を提示したのは古島敏雄であるが，彼は人間は「日常的な生産・生活の営みのなかで，長期にわたって労働を投下しつづけ，少しずつ自然の様相を変え，人間生活に適合するものとしてきた」（古島，1967，9頁）とし，景観や水路などの構築物のなかに歴史を読み取ることができるとした。

「土地に刻まれた歴史」のような，人間が自然に働きかけ，その相互作用のなかで空間が形成されてきたという認識は，地域構造を理解するためだけでなく，復興・再生のような地域を形成する事業においても忘れてはならない視点である。特に，危機の経験は空間形成を大きく左右してきたし，人間

と自然との相互作用は三陸海岸のような陸と海とが厳しく接する地点においてより強いものとなるであろう。そして，危機においては，歴史に新たな光が当たることによってその読み直しが必要となり，その過程で，組織や制度，社会関係や自然認識などが吟味され，それらの読み替え，組み換えを迫られることとなる。

　このように，地域社会の歴史はまさに「危機に直面する技術」そのものである。歴史を拠りどころにして被災を受け入れることができるし，危機への対応や復興・再生の出発点ともなる。歴史の尊重とそれを受け継いで経験を活かす覚悟を欠けば，危機は破滅につながっていきかねない。

　さらには，土地に刻まれ記憶された歴史は，文化的な伝統として結実し，危機に向き合う際のしくみとして機能する。

　たとえば景観や祭りがそれに当たる。復興計画における集落移転や防波堤建設をめぐって，居住地からの海の眺望や海へのアクセスが大きな争点となっているが，それは単に生活の利便性や産業活動の効率性が問題となっているのではない。景観という文化的伝統をどのように引継いでいくかという問題であり，それがそのまま地域社会のアイデンティティを左右するからである。また，祭りが復興・再生への社会的な求心力の象徴とされ，その挙行が課題とされることが多いのも，祭りが非日常的なイベントとして社会関係の確認や情報発信の役割を担っているからである。

　景観や祭りのような文化的伝統の特徴は，社会共同体を持続していく営みと一体化していることである。景観への無関心は地域社会を支えている空間基盤の持続を危うくするし，祭りの衰退は地域の人々の交流や文化の世代継承機能の衰えでもある。

　この例が示すように，地域社会が危機に向き合うときに，文化的伝統は，社会共同体にそのアイデンティティの再確認を迫り，何が失われ何を継承しなければならないかという判断・選択の基準を提供するのである。しかもその基準は，歴史に裏打ちされ，地域の独自性を色濃く帯びているから，「危機に直面する技術」としての役割を果たすことになるのである。

## （2）生業に根ざした生活文化

　本書第3部では，集落の生活文化を読み取るときに「生業」に焦点を当てている。「生業」は生活のための仕事一般をさす言葉でもあるが，生活文化を読み取るための手がかりとされるのは，生活の場と仕事の場とが截然と区別されることなく連続的・一体的に営まれる生活・生産活動である。そしてそのような生業は，自然環境との密接な関係のもとで営まれるという特徴もある。たとえば沿岸漁業の多くはそのようなかたちで営まれている。

　このような生業を基盤として，その営みを通じて形成された生活文化は，経験に裏打ちされていて，自律的な強靭さを備えている。また，生業の多くは自然と生活との密接な関係のもとで織りなされる活動であることから，それに根ざした生活文化は，自然と生活が相互に影響しあって存続していくダイナミズムに支えられることになる。しかも，生業を営むことが，そのまま自然的生態的環境を維持・保全する役割を果たすことになる[2]という関係も見逃せない。つまり，生活文化が自然的生態的環境の一環に組み込まれていると捉えることもできるのである。

　従って，地域社会が危機に向き合うときに，生業に根ざした生活文化は揺るがないばかりか，復興・再生の足がかりともなる。また，津波被災のような大きな自然災害は，自然条件だけでなく，生活や産業と自然的生態的環境との相互関係についての根本的な問い直しを迫るが，もっとも強く試練にさらされるのは生業であり，生業に根ざした生活文化は，自然的生態的環境の一環に組み込まれたものとして，問い直しに当たっての原点の役割を果たすのである。

　このように，生業に根ざした生活文化は「危機に直面する技術」を構成する中心的な要素である。しかもそれだけでなく，生活文化を形成し維持することは，そのまま危機に直面する技術を鍛えることにもなる。危機の体験などが生活文化に組み込まれることによって歴史や文化的伝統の継承が強固なものとなるし，自然的生態的環境と折り合っていく知恵は生活文化として受け継ぐことができるからである。

## 2　危機に直面する技術の軽視

　歴史・文化的伝統や生業に根ざした生活文化は,「危機に直面する技術」を構成し支える重要な要素であるが, 現在進められつつある津波被災からの復興や地域の再生への取り組みにおいては, 両者ともが軽視され, その可能性が十分に活かされているとは言い難い。

　たとえば,「復興への提言」(2011年6月25日, 東日本大震災復興構想会議)や「東日本大震災からの復興の基本方針」(2011年7月29日, 東日本大震災復興対策本部)では,「地域・コミュニティ主体の復興を基本とする」「地域社会の強い絆を守る」「潜在力を活かし, 技術革新を伴う復旧・復興を目指す」などの方針や制度的な対応策が記載されているが, 歴史や文化的伝統に学ぶこと, 生業に根ざした生活文化を継承することなど, 地域社会が受け継いできた生活様式を尊重することについては全く顧慮されていない。そればかりか, 提言が述べる「地域づくり(まちづくり, むらづくり)の考え方」は, ①「減災」という考え方, ②地域の将来像を見据えた復興プラン[3], の二つを掲げるのみで, それぞれの地域社会が育んできた危機に直面する技術を防災・地域整備に活かしていく発想は見当たらない。

　では, 復興・再生に当たってなぜこのような方針が採用されるのだろうか。なぜならば, それらの方針は現在の防災・地域整備のための制度的な構造をそのまま適用したものだからである。その制度的な特徴を要約すると次のとおりである(災害対策制度の構造に関しては, 長谷部, 2012b, 27-44頁を参照)。

### (1) 防災・復興の論理——自然と折り合うしくみの欠如

　災害対策制度は, 非常時における行動秩序を律するために, ⅰ) 予見可能性に限界があるなかでリスクを管理・制御すること, ⅱ) 被災事態への即応性を確保し, 必要な判断を下すこと, ⅲ) 緊急事態が生じた場合に公共的な秩序を維持することを目指して構築されている。その中心的な役割を担うのが防災計画である。

防災計画には，政府が定める防災基本計画，地方公共団体が定める地域防災計画，公共的機関が定める防災業務計画があるが，その特徴は，まず目標を定立し（目標創造性），次に様々な手段を総合的・体系的に調整・統合する（総合性）という手法である。災害の種類ごとに対策のための行動計画を立案し，事前対策をすすめるとともに，原因事象が発生した場合には関係者がそれに沿って行動するというしくみを整備するのであり，たとえば，地震災害対策についての防災基本計画は，次のように構成されている。

ア）災害予防・事前対策：対策に当たっての地震想定，地震に強い国土・まちづくり，防災知識の普及・訓練，研究・観測等の推進，情報連絡体制の整備，防災中枢機能等の確保・充実など

イ）災害応急対策：発災・災害情報の収集連絡，救助・救急・医療・消火活動，緊急輸送，避難収容，保健衛生・防疫，自発的支援の受け入れなど

ウ）災害復旧・復興対策：方針決定，現状復旧，計画的復興，被災者の生活再建支援，被災中小企業の復興支援など

さて，このような制度的構造は，自然と折り合うしくみの欠如という問題を抱えている。今回の大津波災害における最大の誤算は地震想定の過小評価であり，地震に伴う津波の予測・警報の不備が重なったことが被災を拡大したとされる。しかしそこに現れている最大の問題は，想定が過小であったことではなく，防災計画における自然認識のあり方が不適切だということである。

もともと日本列島は，プレート境界上に生成し，多数の活断層を抱えるなど強い地殻変動を免れない位置にある。また，モンスーン気候のもと，豪雨，強風，豪雪なども避けることができない。このような自然現象と折り合うべく，従来からたゆまぬ努力が積み重ねられてきた。災害対策もその一環である。

ところが，その恵みのみを享受し，不都合を排除するしくみを発達させた結果，自然をトータルに捉えてそれと折り合う知恵が失われていった。特に，そのような知恵が必須である農林水産業が衰退したことが，自然環境と社会とのバランスを崩す傾向に拍車をかけたのである。自然の脅威が激しく牙を

剝く深淵はそこにある。

　従って、なすべきは、自然と折り合うしくみを鍛えることである。災害は風土の現れであるから、それを特別視することなく、日常に組み入れなければならない。つまり、自然の恩恵とともに不都合をも丸ごと受け取り、自然と折り合っていかなければならないのである。ところが、自然と折り合うしくみが希薄であったために、土地と一体となった記憶、たとえば三陸海岸を襲った過去の大津波の経験が十分に継承されていなかった。今回の津波で壊滅的な被害を受けた地区を見ると、土地利用の変容が激しく過去の継承を断絶した場合が多いが、これは防災計画にそのような視点が欠けていたことに起因すると考える。

　もう一つ見逃せないのは、復興計画が、公共インフラの先行整備と施設誘致による雇用確保や産業振興を中心に構成されていて、機械的な社会観に基づいた従来の地域開発手法を単純に焼き直したものに過ぎないことである。復興特区制度や復興交付金もその枠組みのなかで運用されようとしている。

　しかし、社会は機械のようには制御できず、不確実さに満ちている。だから復興に当たっても地域社会の自律的なプロセスに委ねるほかない場合がたくさんある。復興の計画や復興事業を担当する者は、計画の限界をわきまえて最小限の介入を試みるという謙虚さを持ち、「設計者」ではなく「関係形成の媒介者」であるという自覚のもとで仕事を進めなければならないのだが、そのような認識は希薄である。

　その結果、計画によってコントロールすることが難しい生業などはその対象から除外され、危機に直面する技術を確認してそれを活かすようなアプローチは採用されなかったのである。

（２）地域政策の枠組み——青写真主義と集権性

　復興や地域再生は、政府の地域政策の枠組みのなかで展開されるが、その特徴のひとつは「青写真ありき」を前提にしていることである。防災基本計画に現れているように、地域政策は、目標設定とその効率的実現という図式（目的・手段図式）のもとに構成されていて、青写真がないと具体的な行動

が始まらないしくみとなっている。

　従って，危機に直面しつつ体験を蓄積して歴史や文化的伝統をかたちづくるプロセスや，自然的な環境と生活の必要とが相互にせめぎ合い織りなすなかで生活文化を維持していく営みのように青写真化するのに困難なものは，政策の枠組みに組み込まれないこととなる。実際には，青写真そのものも，そのようなプロセスや営みを通じて描かれていくのだが，目的を達成するために人々の行動をコントロールするという枠組みのもとでは，青写真を描くこととそれを実現する過程とが分離されてしまう結果，「歩きながら考える」しくみが構築されることは稀である。

　もちろん青写真を描くためには地域の歴史や生活文化を理解することが必要となり，そのための調査も実施される。だがそれは，将来を見通すために過去を振り返る，地域特性の構成要素として生活文化を把握する，というような青写真作成手順の一環であり，また(3)で述べるように青写真の関心が経済効率性に傾くこともあって，形式的な作業に終わることが多い。

　さらに見逃せないのは，地域政策が中央政府の統制のもとにあることである。2000年4月の地方分権一括法の施行によって，国と地方の役割分担の明確化，機関委任事務制度の廃止，国の関与のルール化等が図られたが，しかし，集権的な政策統制は持続されているのである。

　実際，予算による財政的な統制，統一的な基準の制定による事業の一元化，計画調整権限による施策の体的な運用という統制手法は，いまも堅持されている。たとえば，復興事業を実施するときには，中央政府からの財源配分と引き換えに財政的な統制に服さなければならないし，各種の行政手続きをクリアするためには中央政府が定める計画標準や技術基準に適合することが求められる。また，復興計画そのものについても，政府内で分掌された権限に沿って相互調整を図らないと認知されない。このような統制は，財源を有効に活用し，政策の整合性を確保して政策間に齟齬が生じないようにすることなどを目的としているが，地域社会の固有の事情を反映した復興や地域再生の展開の足かせになりかねない。

　特に，当事者の意思と事情を反映して復興・再生活動を自律的に展開する

ためには，土地利用や建築行為規制などについてローカルなルールを形成・運用することが必要となる。しかもこの場合に，ローカルとは集落のような市町村よりも小さな社会単位であるかも知れない。復旧・地域再生に当たって必要となる合意形成の社会的空間的単位や方法は一律である必要はないのである。ところが，そのようなローカルなルールの形成・運用は中央政府の強い統制のもとに置かれ，独自性を発揮することが許されない場合が多い[4]。

このような枠組みのもとでは，危機と向き合って「危機に直面する技術」を発揮したり，自然的生態的環境と生活や産業活動が織りなすダイナミックな相互関係のもとで地域を運営するような政策を展開することは難しいのである。

### (3) 経済効率性の優越

大津波による被災からの復興計画において強調されているのは，経済的な視点である。復興・再生のためには，地域経済と雇用を支える地域産業の再生が必要なのは当然であるが，「被災した東北の再生のため，潜在力を活かし，技術革新を伴う復旧・復興を目指す。この地に，来たるべき時代をリードする経済社会の可能性を追求する。」「被災地域の復興なくして日本経済の再生はない。日本経済の再生なくして被災地域の真の復興はない。この認識に立ち，大震災からの復興と日本再生の同時進行を目指す。」（東日本大震災復興構想会議の提言で示された復興構想7原則のうち，原則3及び原則5）という復興方針に現れているのは，被災を奇禍として先端的な経済システムを構築する強い意思である。しかもそのシステムは，経済政策の一環として日本経済再生の役割を担わなければならないと考えられている。

このように，現在の政策をリードしているのは結局のところ経済的豊かさの追求であり，復興・再生制度もまたその要請に応えるかたちで構築されている。そしてこの場合に，経済効率性を実現することが優越し，優先課題となるのは必然的である。もともと制度は，効率性基準（財を「無駄なく」配分して効用を最大にするかどうか）と正義性基準（公平で平等な取扱いがなされているかどうか）を満たすことによって社会に受け入れられるのだが，前者

への関心が突出しがちとなり，また，効率性の追求は正義性の実現に比べて比較的容易に社会的な合意を得ることができるのである。

だが，歴史・文化的伝統や生業に根ざした生活文化の価値を評価する場合には，効率性基準よりも正義性基準のほうが重要である。これらは社会共同体を基盤として形成された価値で共同性を維持するという価値が核となっているし，時間的な持続性や自然環境等との親和性など多元的な観点から評価しなければならないからである。また，文化的な価値や生業によって生み出される価値（特にその自然的生態的環境の保全機能）は，市場取引になじまず国民経済計算体系によって計測することが難しいから，効率性基準によって評価するのが困難でもある。

従って，経済効率性の追求への関心が優越する社会のもとでは，「危機に直面する技術」のような効率性基準になじみにくいテーマは，度外視されやすい。そしてその帰結として，復興・再生を推進するに当たっても，歴史や文化的伝統に学ぶこと，生業に根ざした生活文化を基盤として地域を運営することなどが軽視されることになるのである。

## 3 危機に直面する技術を活かし鍛える

復興・再生において「危機に直面する技術」を活かすためには，2で述べたような情況を克服し，制度の枠組みや社会的関心をより幅広いものとしていかなければならない。同時に，「危機に直面する技術」そのものを保持し鍛錬する取り組みも不可欠である。

地域社会の危機には，地震や津波のような自然災害だけでなく，原発事故や公害のような科学技術の失敗，基幹産業の衰退，社会的な摩擦の激化など様々なかたちがある。それに応じて「危機に直面する技術」の様相も異なるであろう。

ここでは，自然災害がもたらす危機に焦点を当てて，「危機に直面する技術」を活かし，鍛え育むための取り組みの方向として，二つのことを提示したい。

## (1) 防災の日常化

危機と向き合い，つきあっていくことは古来から社会的な課題であった。だが現代社会は，その機会がアクシデントとして特別視され，危機の経験を継承する意思に乏しい。一方で，社会が危険を内包する傾向は格段に強まっている[5]。

必要なのは，防災を日常化して，社会生活の要素に組み入れることである。たとえば災害対策は，政府活動に限定されるのもではなく，もっと幅広い社会活動として捉えなければならない。そのための手法として次の二つが有効だと考える。

### ⅰ) 記憶の継承

第一は，記憶の継承である。記憶は不思議な現象である。マドレーヌの小さなかけらの味の記憶がコンブレーの町や庭を堅固なかたちでティーカップから出現させ（プルースト『失われた時を求めて　スワン家のほうへ』），ホメロスの記憶が長い年月を経てトロイ遺跡の発見を導いた（シュリーマン）。あるいは，記念日が心をかき立てるのはなぜなのか考えて欲しい。

記憶は，単に過去の出来事を保存するのではなく，想起を通じて過去を再構成する働きであり，現在に向けて作用する。歴史の記述が時に論争を引き起こすのはそれゆえであるし，アーカイブが重視されるのも記憶の力を活かすためである。つまり，記憶することそのものが，体験した過去への接近であり創造的な活動なのである。その例は，プルーストやシュリーマンの場合に限らず，芸術，学術，政治など幅広い分野で見られるところである。

このように記憶は奥深い可能性を秘めているが，災害の記憶も同様である。それ自体が地域の資源であるし，それを継承する活動が地域の創造につながっていく。大津波被災からの復興や地域再生においても記憶の継承が重要であるのは既に述べたが，記憶は創造的活動のダイナミズムの源泉なのである。

では，災害の記憶を継承するにはどうすればよいのだろうか。出来事の記録を作成し，モニュメントを残すことはよく行われている。ランドマークの保全や建築物等の復元も有効かもしれない。イベントは，記憶の再確認や強

化につながるだろう。実際，今回の大津波被災地での復興においても，メモリアルな森林の育成，被災遺構の保存，「津波文化」を伝えるスペースの開設などが計画されている。災害の記憶を土地の記憶へと転換することが有効である。

しかしながら，災害の記憶や土地の記憶を発掘して，その可能性を創造的に継承・展開するには，二つの視点が不可欠である。

まず，土地の記憶は三層からなっているという認識である。第一の層は自然的基礎で，地形や風土がその典型である。天変地異を含めて自然の刻印を見つめることで，宿命的に継承せざるを得ない土地の姿が明確となる。第二の層は，人によって大地に刻まれたもの，とりわけ土地開発の歴史である。人と自然とが織りなした結果がこれに相当し，土地がかけがえのないものとして意識されるのはそれゆえである。第三は，建物その他の構築物で，消滅したものも含めてモノとしての存在感が記憶を確かなものにする。空間デザインにおいて保全・復元されるのはこの層での記憶である。

従って，土地の記憶の継承に当たっては，これら三つの層のどれに焦点を当てるか，各層のあいだの関係をどのように捉えるかの吟味が必要となる。第三の層のみに焦点を当てた記憶継承は，歴史に耐えることは難しい。たとえば津波被災については，出来事を海岸線と山地が織りなす自然特性や森林・農地・沿岸海域の生態的循環の記憶と関係づけることによって，生業と結びついた地域復興への展望が開けてくると考える。モニュメントは，そのような記憶の重層性に支えられて初めて地域の復興と結びつくのである。

もう一つ重要な視点は，土地の記憶は社会性を帯びた集団的な現実であるということである。地名や景観，行事や神社・祠などは，社会に支えられてこそ息づく。記憶の継承を日常化することが大事となるのである。特定の建築物の保存・復元が何か空々しい感覚を伴うのは，前述の三つの層の認識を欠くだけでなく，社会的な文脈が希薄だからでもある。

土地の記憶が集団的な現実として共有されていれば，国立マンション訴訟や鞆の浦景観訴訟で認められたように，法的に保護される価値となり得る[6]。土地の記憶を維持・継承するためのローカルな社会ルールを形成することが

大事なのである。そしてこのことは，地域固有の資源を活かして生活や産業を展開するときの必要条件でもあるだろう。

大津波からの復興を機に，土地の記憶を継承することへの関心が高まっているが，それは局地的なテーマではなく，地域整備や国土保全においても取り組むべき重要な課題である。地域社会はいま，グローバル経済が浸透するなかで運営の自律性を確保するという問題に直面しているが，土地の記憶を継承することはそのための有効な戦略となるからである。

記憶は，商品として売買するのが困難で，一旦失われると絶対的な損失になりかねない。しかも何かの媒体に記録しただけで継承できるわけではない。想起・再構成という作業が不可欠で，その過程で現在のあり方に対して強い影響を及ぼす。土地の記憶を地域社会が共有することは，市場機能の暴走，効率性の過度な優先，多様な価値の単純化などに対する強い歯止めとなる。自律的に地域整備をすすめるうえで，その基盤の役割を担うことができるのである。

### ⅱ）災害リスクの織り込み

第二は，災害リスクを日常的な行動に織り込むことである。

被災後の検証で明らかになっているとおり，被災は偶然の出来事ではなく，その背景に合理的な事情を見いだすことができる。だから，復興・再生においても，災害リスクを分析し，要因を構造化して制御するというアプローチが有効である。様々な対策をそれぞれ独立して展開するだけでは実効を期し難い。

リスクを構造的に制御するうえで有効なのは，日常の活動のなかに災害リスクへの対応策を織り込むことである。たとえば，建設物の立地に際して，立地条件に十分に配慮することは当然だが，それを制度として導入しなければならない。東京都は，地震の際の建物倒壊，火災，避難についてその危険性を測定評価して，地域危険度を公表しているし，自治体によっては，各地点ごとの地盤液状化や浸水の予測などを公表している。人工物の設計や地形地物の改変に際しては，それらの条件を所与のものとして厳しく吟味し，リ

スクを回避・制御するための手だてを講じなければならないのである。

そもそもリスクはあらかじめ確定することはできず，行為に当たっての条件の吟味・評価を通じて明らかとなっていくのである。そして「危機に直面する技術」が活きるのは，そのような吟味・評価の過程においてである。

ところが，現在の土地利用や建築においては，そのような視点が十分に確保・尊重されているとは言い難い。たとえば，建築規制の根幹をなすのは建築確認制度であるが，それは，精緻な基準を定めそれへの適合を求めるとともに，設計・監理の資格化等によってその実効を確保するしくみである。一方で定められている基準に適合すれば建築は自由であるとされている。つまり，ローカルなルールを適用する余地が厳しく限定されているほか，隣接地や周辺地区とのあいだで，危険の防止，環境の保全，空間的調和などについて交渉・調整するしくみを欠いている。

土地利用・建築に関する規制に当たってこのようなしくみが採用されているのは，所有権の法的安定性を確保する必要に応えなければならないからである。法的安定性を確保するには，どのような行為に対してどのような制約が課せられるかについて確実に予見できることが重要となる。具体的な土地についてどのような制約があるかをあらかじめ明確に把握できるしくみを整えなければならない。だからこそ，制約の有無や基準をあらかじめ公的に確定し公示する制度が導入されていると考えることができる。これによって土地利用や建築に伴う社会的な不確実性は大幅に軽減され，しかも法令による制限が精緻になるほど，逆に，明示的に制限されていない限り所有権は絶対的に尊重されるべきである，という主張が容易になるのである（長谷部，2012a，54-59頁参照）。

だが，建築物等が形成する様々な社会的関係性や内包する災害リスクなどを画一的な基準によって律することは難しい。このことは，今回の津波被災の様相が集落ごとに異なることからもわかるとおりである。従って，土地利用や建築の適切さは，具体的な行為に即して判断・調整しなければならないのである。またそうでなければ，「危機に直面する技術」を活かすこともできないであろう。

土地利用や建築に当たって，それぞれの事案ごとに個別具体的な事情に応じてその適否を吟味するしくみを導入することが必要である。それによって，災害リスクの制御は自ずと日常化され，行動に織り込まれることとなる。さらにはそのしくみは自然的生態的環境や周辺土地条件との調和を確保する手法としても有効に機能し，その蓄積がローカルなルールとして合意されていくであろう。「危機に直面する技術」はそのようにして形成されてきたのであり，同様のプロセスを積み重ねていくことによって，それを育み，鍛えることができるのである。

### （2）生業に根ざした地域社会の運営

　既に述べたように，生業に根ざした生活文化は「危機に向き合う技術」の重要な要素である。そしてそれが育まれ，鍛えられてきたのは，生業が自然的生態的環境との相互関係のなかでその一環となって環境の持続に寄与・参加してきたこと，そして生業を営むことがそのまま社会の受け継いできた歴史・文化的伝統の継承となってきたからである。このことは第3部で明らかとなったとおりである。

　実際，地域社会は自然的生態的環境をベースにして成り立っているという認識は，既に江戸時代に始まっている。当時，森林伐採による山林の荒廃が地域社会の危機を招いていたからであるが，その対応として，エコロジカルな水土の循環を維持・回復するべく人力を加えていくことが主張され，そのためには地域社会の自主性が必要だという考えも提示されている[7]。

　このような，生業の場として生態系を利用している人々が自らの生産活動を律することによって生態系を保全する役割を担う関係は，まさに「危機に直面する技術」であるし，それが現代にまで受け継がれてきているのである。たとえば，森林資源の保全はそれを生活に活かしている人々が，田畑の土壌生産性の維持は農耕に従事する者が，沿岸漁場における漁業資源の持続は浜の漁民が，それぞれ責任を負うのである。

　また，序章で述べられているように，地域社会はグローバリゼーションに伴う社会経済的な変動のもとで運営せざるを得ないのだが，その強力な作用

に対抗して自律性を維持する際に基盤となるのは，地域固有の自然的生態的環境と，受け継いできた歴史・文化的伝統である。さらには，復興・再生のためのインフラや施設も，地域がおかれている自然的生態的環境と受け継いできた歴史・文化的伝統を尊重し，それとの親和性を保つ努力を欠いては，実効がないばかりか，持続可能性を弱める場合もあると考える。このことは，第1・2部が示唆していることでもある。

　だとすれば，「危機に直面する技術」を活かし，鍛えることと，生業に根ざして地域社会を運営することとは，不可分な関係にある。生業が地域社会の運営から排除・疎外されたとき，生産や生活と自然的生態的環境との関係は稀薄なものとなり，受け継いできた歴史・文化的伝統との断絶が生じるのである。実際，第1部から第3部において浮かび上がったのは，そのような経緯や事実であった。

　ただし，「生業に根ざす」ことに向けた取り組みは，農林水産業を振興することと同義ではない。いま，林業，農業，沿岸漁業のどれを見ても，産業として持続するうえで大きな困難に直面している。そして，そのことがそのまま，森林・農地・沿岸漁業域が担っている生態系としての機能を危ういものとしている。しかしながら，いまや，農林水産業の振興が自然的生態的環境の維持・保全や歴史・文化的伝統の継承につながるという関係は，薄れ，断ち切れる寸前にある。産業を振興する政策もまた，第2節（復興・再生における危機に直面する技術の軽視）で述べたような枠組みのもとで推進されることになるからである。

　もはや，産業活動に委ねているだけでは，自然的生態的環境の保全や歴史・文化的伝統の継承は難しい。森林・農地・沿岸漁業域を生業の場とする人々と連携しつつ，生業が担ってきた役割を地域社会の責任のもとで担うしくみの構築が必要となっているのである。

　そのために有効なのは，次のような取り組みであると考える。

#### ⅰ）地域生態系に対する影響評価

　地域の生態系に影響を与える行為について，その影響を予測・評価して必

要な対応を求めるしくみが必要である。そして，生態系は土壌，植生，微生物などで構成されるが，それらの要素を関係づけて系の健全性を保っているのは水循環であるから，影響予測とその評価を実効あるものとするには，水循環に着目することが有効である。

この場合，水は流域を単位にして循環するから，行政区域ではなく，流域圏を単位として予測・評価しなければならない。また，各種行為の影響の程度は，行為の規模や性質だけでなく，地域生態系の特性や状態などによっても異なるであろう。さらには，影響の評価に当たっては，社会経済的な条件に配慮することも重要である。従って，アプリオリに基準を決めて行為を規制することは難しく，またそのような手法は合理性を欠く恐れもある。

むしろ，流域圏単位で一定のガイドラインを示したうえで，個別の行為ごとに影響を予測・評価して，必要な改善措置を提案したり，影響対応のために助言し，相談に応じるしくみのほうが実効性が高い。そしてそのような努力を積み重ねることによって，地域社会の実情に応じて，影響評価の基準や考え方に関する合意が形成され，評価手法が確立していくであろう[8]。

この場合に単位となる流域圏は，地域生態系の単位と重なる場合が多いだろうが，集落の範囲と一致するとは限らない。また，影響が及ぶ範囲も行為によって異なることとなる。だから，予測・評価に当たる主体は，事案に応じて組織する必要があるかも知れない。集落のネットワークがその基盤として機能することとなる。

しかし，中心的な役割を果たすのは，地域生態系と密接な関係をもって生活・生産活動を営んでいる者である。直接に影響を被るだけでなく，地域生態系を健全に保つ責任を担い，そのための知恵を有しているからである。地域生態系に対する影響評価のしくみのもとで，生業によって継承されてきた「危機に直面する技術」が活きることになる。

ⅱ) 地域社会のイニシャティブ

集権的な地域運営に対する対抗軸が必要である。そのために重要となるのは，意思決定において地域社会がイニシャティブを確保することである。

この課題は地方自治制度の問題となるが，焦点となるのは基礎自治体の位置づけである。日本の市町村数は，171,314あった集落（1888年）が市制・町村制の施行（1889年）によって編成され，15,859で始まった。その後，1945年（世界大戦終了時）に10,520，1956年（町村合併促進法の終了時）に3,975へと減少し，平成の広域合併の結果2012年10月現在では1,742（特別区を含む）となっている。このような市町村の広域化を考えると，市町村はもはや，歴史・文化的伝統や生業に根ざした生活文化を継承する基礎的なコミュニティの役割を果たすのは難しい。もちろん基礎的コミュニティを支援し，相互の連携・調整に当たることはできるだろうが，一次的な機能はより小規模な単位に委ねざるを得ないだろう。そしてその単位は，生業が根付いている地域社会の単位と重なる場合が多いはずだ。

　問題はこのときに，そのような一次的な機能を担う地域単位を地方自治制度のなかでどのように位置づけるのか，ということである。現在，市町村よりも狭い行政組織として地域自治区があるが，これは，市町村長の権限に属する事務を分掌し，地域住民の意見を反映させつつ事務を処理するためのもので，住民自治の権能（行政需要を住民が自らの意思・責任により充足すること及び住民の政治的参加によって意志を形成することのできる法的権限）は与えられていない。制度上は，市町村が基礎自治体とされているのである。

　より小さな社会単位が，自らの責任とイニシャティブのもとで地域を運営するしくみを整備する必要がある。そのためには，財政的な基盤の確保，ローカルなルールの制定・運用，参加型の意思決定などのための制度を構築しなければならず，しかもその選択は地域の実情に応じて多様なものとなるであろう。今後の取り組みを待つ部分が多い。

　ここでは，そのために満たすべき次の条件を提示するに留めたい（長谷部，2005，206-211頁）。

　第一に，地域社会を構成する人々が，地域と結びつくアイデンティティ（自己同一性）を持つことが必須である。それを育むのは，地域の自然環境や伝統・文化との触れ合い，そして，社会的な規範を共有することによる帰属感である。

第二に，日常生活の中で地域社会の運営に手軽に参加できる環境が必要である。たとえば，コミュニティを基礎に置いた，ボランティア精神の発揮，NPO等の活動，地域通貨やコミュニティビジネスの展開などは，日常生活を通じたコミュニティ運営への参加であり，自治能力を鍛え，自治への覚悟を促すことにつながろう。

　第三に，何かを発信していく創造的なプロセスを内包することである。それによって緊張感が持続し，ダイナミズムが生まれ，求心力が働き，自治への関心が高まり，人間関係が鍛えられる。復興プロセスをそのようなものとして組織し，運営することが重要となるのである。


## 4　地域政策の転換へ

　本書で明らかとなったのは，「危機に直面する技術」を発見し，それを活かし，鍛えることが，地域社会の復興・再生のための着実で持続性のある方向だということである。そしてその方向で復興・再生に取り組むことは，従来の地域政策の転換につながる。

　政策の転換に当たっては，次のような方針を採用することが有効であると考える。

### ⅰ）集落の持続を最優先に

　三陸海岸の集落は，大津波被災という危機に遭遇して，その持続可能性の吟味に迫られている。たとえば，復旧・復興に当たっての現地再建か高台移転かをめぐっては，自然条件をいかに織り込むかに苦慮しているし，避難の体験は高齢化が進む社会での被災の悲惨さや困窮を露にした。それは被災前の日常生活が既に危機的な情況にあったことの現れである。また被災企業の破綻は，サプライチェーンの末端に組み込まれた地域経済の脆弱さをまざまざと見せつけた。

　しかも，大津波被災地において提案されている復興策は，地域の持続可能性を確保するに足りものであるかどうか疑わしい。荒廃しつつある森林や農

地の保全・回復，沿岸海域の管理を担ってきた漁村の存続などへの展望に欠けるし，都市・集落の再生についても，歴史・文化・生態系の尊重・継承はおろか，地域社会が福祉を支えるという視点さえ十分に織り込まれているとは言い難い。あるいは，企業誘致による地域振興が持続性に欠け，地域経済の自律性を損う恐れがあることは周知の事実であるにもかかわらず，同じ轍を踏みつつある[9]。

　この情況は，三陸海岸の集落に限ったことではなく，日本の地方部で広範に見られる現象である。持続可能性の危機を見据えるならば，地域政策において集落の持続性確保を最優先とする方針を採用しなければならない。その鍵となるのは，基礎的なコミュニティのイニシャティブによる資源投入と環境・社会・経済のバランス確保である。

　まず，生業が根ざしているような基礎的なコミュニティを最大限尊重し，その存続のために優先的に資源を投入することである。ただしその資源投入は，所得移転のような金銭給付ではなく，基礎的コミュニティのニーズに応じてそのイニシャティブのもとで進められるプロジェクトへの長期的な支援として行われなければならない[10]。プロジェクトは不確定性というリスクを孕むが，歴史・文化的伝統を継承し，土地の記憶を想起するかたちで実施されるならば，リスクに耐えて将来を展望するプロセスとなるはずである。

　次に，集落における環境・社会・経済のバランスを確保しなければならない。一般に持続可能性とは環境・社会・経済が調和して長期的に持続することであると考えられているが[11]，このことは集落においても当てはまるだけでなく，より切実な要請である。集落は自然的生態的環境の変化に対して脆弱であり，小さな刺激によっても社会的な安定が試され，経済的変動が強く作用するからであり，三つの要素を適正な規模・相互関係に保たないと崩壊していく。経済効率性のみが突出することは避けなければならないのである。

### ⅱ) 内発的発展を目指す

　地域社会が持続し，発展していく道筋は地域ごとに異なる。これは地域を

自律的に運営するうえで当然の前提である。だが，従来目指されてきた発展の姿は，経済成長を指標とし，同じ方向に向けて発展するという近代化パラダイムのもとで考えられたものであった。

これに対して，複数の発展の姿があるとするのは内発的発展という考え方である。この考え方についてはいまだ明確に定義されているわけではないが[12]，その基本は地域社会の自律を基礎にして発展を捉えるというアプローチである。特に重要なのは，自律的であるためには，ア）それぞれの地域の生態系に適合すること，イ）地域の住民の生活の基本的必要と地域の文化の伝統に根ざすこと，ウ）地域の住民の協力によること，という条件を満たさなければならないとされることである（鶴見，1996，4-21頁）。

このような内発的発展論は，地域政策の転換を支える理論として有効だと考える。生態系に適合するには，それぞれの地域がその持てる資源を発見し，涵養するプロセスが必須となる。また，地域の文化の伝統に根ざすことはまさに生業の知恵を継承することであるし，住民の協力を支えるのは，土地利用やコミュニティ運営に関してローカルなルールを形成し，運用する社会的な合意である。

これを近代化パラダイムと対比すれば，次の表のようになる。その有効性についての検証事例は多くないが，「危機に直面する技術」が目指す方向と軌を一つにしていると考えてよい。

| 近代化のパラダイム | 内発的発展論 |
| --- | --- |
| 単系発展モデル | 複数モデル |
| 国家・全体社会を単位に考える | 具体的な地域という小さい単位の場 |
| 経済成長を指標にする | 人間の成長を最終目標とする |

なお，玉野井芳郎によれば，内発的発展論は，地域社会が風土的個性を背景に共同体として一体感を持ち，行政的・経済的自立性と文化的独立性とを追求するという「地域主義」の理論的な基盤のひとつとなっている（玉野井，1990，29・87-89頁）。また玉野井は，地域主義は自然・歴史・風土を生かしきる多中心型の複合的な近代国家を可能とすると主張しているが（同，89-92

頁），このような地域主義は，本書第1部から第3部で明らかとなった集落の可能性を活かしていくための道筋になり得るかも知れない。

### ⅲ）文化の豊かさを重視する

地域社会の運営に当たって「豊かさ」を目指すのは当然である。このときその正体を吟味する必要がある。

従来の地域政策における豊かさは，便利さや経済的利益が優越していた。しかしそのことが，社会に公害や貧困など負の側面を生み出し，あるいは，自然的生態的環境の維持・保全や歴史・文化的伝統の継承を阻害する傾向を助長することになった。その反省もあって，国民生活指標（NSI）等のGDPに代わる指標の開発やシビルミニマム等の多元的な政策目標の提唱など，便利さや経済的利益だけではない価値を明確にする努力がなされてきた。だが，それらの努力も，今回の大津波や原発事故による危機を前にして，その有効性を含めて厳しい問い直しに迫られている。

必要なのは，価値の指標化や政策の総合化ではなく，便利さや経済的利益に対するカウンターバランスを確立することである。伝統的に，それは正義であると考えられてきたが，経済効率性への欲求を前にしてその影は薄い。原発事故災害に向き合うと，社会規範や社会制御のあり方を，人間行動の根源に立ち返って再検討せざるを得ないのであるが[13]，その成果が政策に結実するには相当の時間を要するであろう。当面のカウンターバランスを打ち立てるほかないと考える。

その有力な候補は，文化である。ジェイムス・ピーコック（James L. Peacock）によれば，文化は学習され，共有されるものとして自明なかたちで存在し，しかも無意識のうちに生活を組織していく力となっているという（ピーコック，1993，20-28頁）。伝統や慣習がそれに該当するが，それだけでなく，知識，信仰，芸術，道徳，法なども文化の要素であり，いずれも取引によって獲得，占有することは困難である。一方で，文化は，自然的生態的環境との相互交流や，歴史・伝統の継承を通じて，自然に身につけていくことができる。その意味で，「危機に直面する技術」も文化である。

便利さや経済的利益が取引によって独占的に獲得されるのに対して，文化はその対極にある。しかも，第3部で明らかにされたように，地域社会は，生業の営みによって，生活文化の創造・涵養の場としての役割を果たしてきた。そこで育まれたものは，便利さや経済的利益に対するカウンターバランスとしての資格がある。

　地域社会の運営において，文化を尊重するだけでなく，その豊かさを重視することが肝要である。たとえば，歴史・文化を体現している特別な場所やその固有の特性を「ゲニウス・ロキ（Genius Loci）」というが，その保全を図ることによって空間の価値を高めることができる。あるいは，自然的生態的環境と深く交流することのできる場と機会を十分に確保すること，コミュニティからの情報発信によってそのアイデンティティを鍛錬すること，年齢横断的な触れ合いを日常化することなどは，いずれも文化の豊かさを重視した地域政策の例である。大事なのは，そのような文化の豊かさを育てることに優先権を与え，経済的利益の追求はそれを妨げない範囲に留めることを社会的な伝統として慣習化することである。強靭な地域社会は，このような努力によってつくりあげることができると考える。

●注

1) たとえば，集落の高台への移転は地域構造を変えるであろうし，壊滅した産業施設の再建は復元することではない。また，それらは社会関係や生活様式の質的な変化を伴うであろうが，それはとりもなおさず生活文化の変化でもある。

2) たとえば，農地は，水・物質の循環，土壌の保全，保水などの機能を担っているが，その機能は農耕によって維持・再生されている。あるいは，森林や沿岸海域も生態系の一部として環境機能を担っているが，その機能は，林業経営や沿岸漁業による森林・海域の管理によって保全されている。

3) 「復興への提言」で述べられているのは，高齢者や弱者にも配慮したコンパクトなまちづくり，くらしやすさや景観，環境，公共交通，省エネルギー，防犯の各方面に配慮したまちづくり，統一感のある地域づくり，再生可能エネルギーと生態系の恵みを生かす地域づくり，次世代技術等による産業振興，地域資源の活用と域内循環を進めることによる地域の自給力と価値を生み出す地域づくりである。いずれも既存政策の適用であって，三陸海岸の特性や被災集落の歴史・伝統を反映した内容ではない。また，施策として「地域における文化の復興」もあげているが，それは地域のアイデン

終章　危機に直面する技術

ティティの保持を図るためであって，自然的生態的環境や生活文化を尊重する意思が込められているわけではない。
4）たとえば地方公共団体が条例を制定する場合には，法律と競合すれば法律が優先的に適用される（法律による先占）。従って，横出し条例（法律で定められた適用範囲の拡大）や上乗せ条例（法律で定められた基準の強化）は，法律の規定が無い限り無効とされる。ただし，自治権を侵害する法律は違憲であると考えられているほか，地域住民の生活環境の保持，住民参加の保障，情報公開の保障など一定事項については条例が優先するという考えもある。
5）たとえば，ウルリヒ・ベック（Ulrich Beck）は，知識や技術が行為の確実性や安定性を脅かす存在となりつつあり，現代社会は，社会の危機に照らしてそのしくみ，特に科学と政治のあり方に関して再考が求められる「リスク社会」であるとする（ベック1998）。もっとも，そのような認識は，原子爆弾（核兵器）が出現して以来，人類が共有している認識である。ベックの主張で重要なのは，リスクの認識やその分配（危険の分配）が社会的な関係に投影されていること，そして，危険をコントロールして破局の発生をくい止めるためには，近代化が危険を産み出す一方で，危険を克服する道を見いだすことができるという希望に賭けるほかないという認識である。ただし，彼が，民主的な手続きや対抗科学・対抗専門家によってリスクをコントロールできると考えていることについては，予測不可能性の本質を軽視していないかという疑問が残る。危機の本質は近代化の性質ではなく，不確実性を制御できないなかで技術の可能性のみを突出して追求する倫理が蔓延していることであると考える。
6）居住における景観価値に関する国立マンション訴訟判決（平成18年3月30日最高裁）。ただし，景観利益は認めたが事案そのものは違法な権利侵害ではないとされた。歴史・文化的な景観価値に関する鞆の浦埋立訴訟判決（平成21年10月1日広島地裁），これを受けて広島県は埋立計画を撤回した。
7）鶴見和子は，江戸時代にエコロジーの源流を見いだすことができるとする。例としてあげているのは熊沢蕃山（1619－91）と釈浄因（1727－不祥）であるが，両者はいずれも地域社会の持続と水・土の循環との関係を明確に認識し，その関係を改善することによって地域の豊かさを回復できるなどの思想を展開したという（鶴見，1996，296-299頁）。これも「危機に直面する技術」のひとつであると考えてよい。なお鶴見は，江戸時代のエコロジストの発見は室田武に負うところが多いとしている。室田，1982及び室田・槌田，1989が参考となる。
8）同様の考え方は，『水循環の新秩序を構築せよ－水を活かした豊かな社会の構築に向けて－』（日本経済調査協議会，2010）に示されているが，長谷部はそれをまとめた委員会の副主査を務めた。
9）東日本大震災復興基本法は基本理念として，「新たな地域社会の構築がなされるとともに，二十一世紀半ばにおける日本のあるべき姿を目指して行われるべきこと」とし，そのうえで，政府機関等の適切な役割分担や相互の連携協力の確保，被災地域住民の意向の尊重，多様な国民の意見の反映，多様な主体の自発的な協働と適切な役割分担，先導的な施策への取組，安全な地域づくりを進めること，雇用機会の創出と持続可能で活力ある社会経済の再生を図ること，地域の特色ある文化の振興・地域社会の絆の維持強化・共生社会の実現に資すること，を掲げている（同法2条）。この規定から，地域社会の危機に向き合う覚悟を汲み取るのは難しいし，集落の持続可能性を支援する意思も希薄である。

10) 基礎的コミュニティのニーズに応える支援は，プロジェクトの自由，適切な受益負担関係，効率的な資金活用という条件を満たさなければならない。たとえば大津波や原発事故による被災復興に当たって，公共事業費等を含むすべての復興資金を一元的に基金化し，政府保証付きの長期低利融資によって長期的に幅広く支援することが有効だと考える。返済時の債務免除制度を組み込むことで負担を調整することができるし，このしくみを公共施設，住宅，事業資金など用途や主体を問わず適用することによって，リスクと負担の分担関係による規律を保ちつつ，様々な活動の幅広い展開・連携が可能となるであろう。
11) もっとも，持続可能性という概念は多義的で，この定義に対する懐疑も強いし，さらなる展開を求める意見もある（長谷部・舩橋，2012，ii - iii 頁）。
12) 西川潤によれば，内発的発展論の系譜には，ダグ・ハマーショルド財団が1970年代中頃に提起した概念と，同時期に鶴見和子が問題提起した概念との二つがある。しかもその概念自体は，19世紀のイギリス普遍主義への対抗思想，20世紀初頭から始まる第三世界での内生的，内発的思考に含まれているとされる（西川，1989，3-12頁）。いくつかの思想が交錯するなかで生まれた概念であって，力点の置き方や射程の違いが大きいのはやむを得ないし，潮流であって厳密な定義を必要とするわけではないと考える。
13) その取り組みの一つとして，牧野英二による「人間らしく活きるための条件」に関する考察がある（牧野，2012）。持続可能性の意味を再検討し，その抱える課題を吟味したうえで，考える前提そのものの転換を主張する論考であり，参考に価する。

● 参考文献

玉野井芳郎（1990）『地域主義からの出発：玉野井芳郎著作集第3巻』（学陽書房）
鶴見和子（1996）『内発的発展論の展開』（筑摩書房）
西川潤（1989）「内発的発展論の起源と今日的意義」『内発的発展論』（鶴見・西川編，東京大学出版会）
日本経済調査協議会（2010）『水循環の新秩序を構築せよ－水を活かした豊かな社会の構築に向けて－』日本経済調査協議会調査報告
長谷部俊治（2005）『地域整備の転換期－国土・都市・地域の政策の方向』（大成出版社）
──（2012a）「多義的な環境価値とその保全－私権制限からみる都市環境保全ルール」『環境をめぐる公共圏のダイナミズム』（池田・堀川・長谷部編，法政大学出版局）
──（2012b）「災害対策法制の有効性－その構造的課題」『社会志林』vol.59,no.2（法政大学）
長谷部俊治・舩橋晴俊（2012）「「持続可能性の危機」を問うこと」『持続可能性の危機－地震・津波・原発事故災害に向き合って』（長谷部・舩橋編，御茶の水書房）
ピーコック，ジェイムス L.（1993）『人類学とは何か』（翻訳：今福龍太，岩波書店）
東日本大震災復興構想会議（2011）「復興への提言－悲惨のなかの希望」（http://www.cas.go.jp/jp/fukkou/pdf/fukkouhenoteigen.pdf，2012年12月15日現在）
東日本大震災復興対策本部（2011）「東日本大震災からの復興の基本方針」（http://www.reconstruction.go.jp/topics/doc/20110729houshin.pdf，2012年12月15日現在）
古島敏雄（1967）『土地に刻まれた歴史』（岩波書店）
ベック，ウルリッヒ（1998）『危険社会：新しい近代への道』（翻訳：東廉・伊藤美登里，法政大学出版局）

牧野英二 (2012)「ポスト3.11と「持続可能性」のコペルニクス的転換 – 危機の時代に「人間らしく生きるための条件」を求めて」『持続可能性の危機 – 地震・津波・原発事故災害に向き合って』(長谷部・舩橋編, 御茶の水書房)
室田武 (1982)『水土の経済学』(紀伊国屋書店)
室田武・槌田敦 (1989)「開放定常系と生命系 – 江戸時代の水土思想からみた現代エントロピー論」『内発的発展論』(鶴見・西川編, 東京大学出版会)
山口昌男 (2009)『学問の春 – 〈知と遊び〉の10講義』(平凡社)

# あとがき

　津波震災の後，三陸の被災地について大量の情報が流れ，多くの出版があった。そこからは，被災の深刻さ，復興に取り組む姿，東北－東京という構造的な課題等，さまざまなことを知り，学ぶことができた。しかし，今回の地震津波災害，あるいは三陸や東北地方がグローバル化する世界経済とどのように結び付き，どのような文脈の中に位置づけられるのか，という広い視点からの分析は極めて少ない。また，一方では，「津波常襲地」とされる三陸で，人々はどのように地域の地形，空間を認識し，利用してきたか。さらにはそのような空間利用も含めた，三陸の暮らしとは一体どういうものだったのか，そこから私たちは何を学ぶべきなのかという，根本的な問いかけについて応えてくれるものも，あまり多くない。さらに，異なる学問領域の研究者が議論を重ね，関係性を問いながらそれぞれの論を展開するという本書が取り組んだ試みは，これまでも重要視されながら，その難しさから著作に至らないものがほとんどであった。不十分とはいえ，本書で，その第一歩を踏み出すことができた。

　筆者らは，どのようなロジックで，地域の空間の仕組みと暮らしの論理が作り上げられてきたのか，漁村がもつ底力とは一体どうやって形づくられてきたのか，またそれはどのように変容してきたのかをたどりたいと考えた。

　「東北地方」は，長い歴史が積み重なり，形作られてきた。本書では，地域の暮らしの基層を成す古代，中世の歴史からひも解き，現在の集落の形のあり方に大きな影響を与えた江戸時代の村や暮らしの成り立ちについては丁寧に振り返り，三陸の港町・漁村の特質を浮き彫りにしたいと考えた。

　一方，明治維新以降大きく変容を始めた近代日本の地域社会は，さらにとりわけ高度経済成長期から大きく転換を加速し，大きく変容してきた。それ以前も当然変化はあったが，農山漁村ではそのスピードは比較的緩慢であり，

人々は地域に賦存する資源を深く理解し，限られた資源を有効に，そして翌年以降も利用できるように，という思いで利用してきた。自然の威力に対し人の力は弱く，それを悟った上で，うまく自然と交渉し，また地域で協力し助け合うことにより，何とか暮らしを成り立たせてきた。その力任せではない，営みのもつしなやかな力強さが，今回の地震津波災害の後，各地の浜にあらわれてきたのだと思う。しかし一方で，そのような農山漁村の暮らしぶりを体に刻む人たちは，大きく高齢化している。今が最後のチャンスではないか，という焦燥感もあった。なぜなら，それは，私たちがこれからの社会のあり方を考える際に，重要な位置をしめるものであると考えるからである。

　これら，地域の風土，歴史，そこでの人々の自然への働きかけ（生業），暮らしを踏まえることなしに，地域の制度設計，復興の政策はつくり得ないものであろう。

　筆者らは，政治・経済学，都市史，行政法，農学，社会福祉学，地域計画論等々，多様な専門性をバックグラウンドとしている。これら多様なディシプリンをもったメンバーが現場をともに歩き，その地の空気を吸い，インタビューし，議論をしてきた。各分野の良いところを提供し合うことにより，地域をより良く理解していこうという姿勢であったと思う。知るべきことは膨大であり，時間の制約のために理解が十分でない部分もまだ多い。それらは今後の課題であるが，異なる学問領域を横断する本当の意味での学際的な取り組みであった。

　それぞれが，三陸の港町・漁村，あるいは東北に対し，いろいろな視点と思いをもってこの本の執筆に参加した。

　河村は，「政治・経済チーム」のメンバーの多くとともに，この間20数年間，各種の共同研究プロジェクトによる世界各地の企業・産業・地域社会の実態調査を続け，そのなかで，グローバリゼーション・ダイナミズムと世界各地のローカルな社会経済・政治システムの変容の具体的事例について，多くの研究成果を蓄積してきた。そうした視点から法政大学サス研の「総合研究プロジェクト」構想を推進するとともに，大地震・津波被災地の社会経済・

あとがき

産業面の実態調査を通じて，この間の30年間の世界を巻き込む経済の市場経済的・新自由主義的グローバリゼーションの圧力によって世界各地でさまざまに進行しているローカル社会の疲弊と空洞化の共通する問題を見出した。こうした認識に立って，「政治・経済チーム」を組織して，日本の「二重の危機」を集約的に示している東北被災地の復興・再生の展望を開くため調査研究やセミナーを推進してきた。そうした中で，岡本，吉野，その他「都市・地域チーム」メンバーとのさまざまな議論を重ね，グローバルな意味でも，「衣」・「食」・「住」・「職（生業）」・「文化」を統合した社会の基本単位である「字・大字」のレベルの生活価値にこそ，社会や経済の持続可能な再生へと導く基本があるとの意をさらに強くし，本書ではその基本的な意義を明らかにすることにした。

岡本は，港町・漁村の調査研究を長年おこなっており，30年前から石巻を何度か調査におとずれている。東北の調査は，最上川沿いの大石田，酒田など研究成果をまとめてきたが，三陸にある港町・石巻を読み解けないまま3.11が起きた。自身の力不足による自戒の意味も込め，本格的な調査・研究に足を踏み入れる決意をした。本書は，2年の歳月をかけた成果だが，やっと出発点に立てたように思う。

吉野は，バングラデシュ及び日本の農山漁村での自給的な営みに注目し研究をおこなってきた。そこからは，自給や分配などをとおし世帯や地域で活用される換金化されない多様な資源と，それを支える在地の知，人々のネットワークがみえてきた。震災の数年前よりは，岩手県の漁村に通い始め，地先や海面といったコモンズでの天然資源に大きく依拠した漁村の生業とコミュニティのありかたについて，大きく目を開かせてもらっていたところだった。津波による破壊の状況に大きな衝撃を受け，また限界の状況下で協力し合う力，自力で再生に向かって歩き出す漁村コミュニティのもつ底力に感嘆した。何か役に立てることがないかという思いばかりが先行し，うろうろとしていたときにこの研究チームが動き始めた。

長谷部は，行政法の専門であるが，地域の固有性や生業への視点に深い関心をもち，研究チームを側面から支援し続けてくれた。錯綜する現状を冷静

に整理し，分析する視点は大きな助けとなった．本書では，地域空間の構造や生活文化に根差した地域の制度設計のあり方を論じている．

石渡は，主な近代港湾都市を研究テーマとし，横浜を中心に小樽，門司など日本の多くの近代港湾都市の研究を進めてきている．また，岡本とは8年前から共同研究を精力的に行っており，日本の港町・漁村を数多く調査してきた．3.11以降も三陸の3つの半島調査に加わり，研究チームとして議論を交わしてきた．

長谷川，仁科は，師事する法政大学現代福祉学部宮城孝教授が獲得した2012年度　科学研究費助成事業，基盤研究（B）課題番号330176,「東日本大震災の被災地におけるインクルーシブな地域再生過程についての実証的研究」の研究協力員として，陸前高田市において現地調査を行ってきた．二人は，地域福祉の観点から，地域の歴史，生業，コミュニティの生成過程に関するインタビュー調査及び資料調査を行ったが，学際的な研究環境において，他分野の研究者と共同研究を行うことの大きな利点を認識するとともに，どの分野にも共通して，現地に出向いて当事者の方々に話をうかがうことの重要性を学んだという．

本書の執筆には，若い学生たちも参加している．洞口は宮城県岩沼市に生まれ育ち，今回の津波震災では，同市も津波の被災を受けている．また，西山は，母が大槌町の出身であった．幸い，大槌町に暮らす祖母の家は津波が目の前で止まり被災を受けずにすんだが，夏休みなどになると長逗留し，遊んだ場所は壊滅的な状況になっていた．二人は，法政大学もメンバーとして牡鹿半島で支援活動を行っている建築系の支援グループ「アーキエイド」に参加し，何度も現地を訪れ，牡鹿半島の人たちとともに地域の復興について考えてきた．自分たちのルーツにつながる三陸漁村の復興にこれからも関わっていきたいという思いを強く持つ若い二人の存在は，ややくたびれてきた編者らにとっては，大きな希望でもあった．

古地は，イタリアのアマルフィという風光明美な沿岸地域をフィールドにしてきているが，そのアマルフィと三陸海岸は相通じるところがある，と先輩たちにそそのかされ，途中から研究チームに参加するようになった．穏や

あとがき

かな表情からはうかがい知れないが，騙されたと感じているか，参加して良かったと思っているか，どちらであろうか。ただ中心に試みた広田半島調査では，仁科，長谷川との密な調査も行い，しっかりと成果に結び付けている。

三陸の皆さんには，本当にお世話になった。牡鹿半島，雄勝半島，広田半島と，横断的に調査を行ってきたため，ご協力いただいた方々は，実に数多い。

牡鹿半島では，荻浜の区長・豊嶋祐二さん，伏見真司さん，江刺みゆきさん，江刺寿宏さん，石巻漁業協同組合荻浜共同牡蠣処理場の皆さん，小積浜の区長・阿部長一さん，阿部和子さん，阿部幸子さんをはじめ，多くの方にお世話になった。また，牡鹿半島の方々と知り合うことができたのは，「アーキエイド」での活動を通してである。その機会を提供くださり，また貴重なデータをシェアさせてくださった渡辺真理教授と下吹越武人教授及び法政大学大学院建築都市再生研究所の法政大学東日本大震災復興支援助成研究・渡辺下吹越プロジェクトに感謝する。

雄勝半島では，大須地区の皆さん，とくに地区会長である佐藤重兵衛さんには，お話をうかがうだけでなく，地区のさまざまな方を紹介いただき，さらに，しばしば喜代子さんの作る美味しいご飯までごちそうになった。深く感謝する。また，阿部文子さん，阿部長栄さん，阿部金寿さん，西條博利さん・ちえみさん，阿部隆義さん，阿部利喜江さん，阿部きくこさん，阿部利徳さん，米倉勇二，米倉久芳さん，亀山達代さんにはお忙しい中お話をうかがった。また大浜地区では，千葉文彦さん，石神社宮司の千葉秀司さんには，地域が大きく被災し，同時にご自分自身も被災された中，貴重なお時間を割いていただいた。また，大須の方々を紹介くださるとともに，石巻や宮城県の三陸の浜の歴史について，広範な知識を下さったのは，石巻千石船の会会長の逸見清二さんであった。今回，諸般の事情で執筆に参加いただけなかったのは大変残念であった。厚く逸見さんに感謝したい。

広田半島では，根岬地区の菅野修一さん，田谷地区の村上俊之さん，長洞地区の蒲生哲さん，長洞元気村，なでしこの戸羽八重子さんと村上陽子さんには，復興への取り組みで大変ご多忙な中，貴重な時間を割いていただいた。

大槌町では，執筆者の一人である西山の祖母である越田キワさん，木村サトエさん・辰喜さん，里舘仁志さん，小国泰明・美子さん，堀合俊治さんから，お話をうかがった。広田半島も大槌町も，津波による被災は，甚大であった。それぞれに被災され，仮設住宅に住んでいらっしゃる方もいる。そのような中で，地域の復興に向けて真摯に取り組まれており，話をうかがうこちらの方が，かえって力をいただく思いであった。

　そのほか，お名前は挙げられなかったが，ほんとうに多くの方々のご協力をいただき，本書を執筆することができた。お話を聞かせてくださった皆さんの思いを本書が十分受け止められたか大変心許ないが，本書を始まりとして，これからもお話をうかがい，ともに考え，行動していければ，と切に願っている。

　なお，今回は，諸般の事情で，本書の執筆には参加しなかったが，「政治・経済チーム」は，法政大学学内からは，増田正人（社会学部教授），呉曉林（理工学部教授），馬場敏幸（経済学部教授），朴倧玄（同教授），近藤章夫（同教授），学外からは，半田正樹（東北学院大学経済学部教授），折橋伸哉（同経営学部教授），苑志佳（立正大学経済学部教授），芹田浩司（同教授），郝燕書（明治大学経営学部教授），加藤真理子（西南学院大学経済学部講師）で構成されている。チームとして，別途成果を刊行する機会があれば幸いである。こうしたメンバーは，これまで，この間30年近くさまざまな形で世界各地の現地実態調査を中心としてグローバル，ローカルに共同研究を続けてきた。その過程では，実に多数にのぼる企業や各国・各レベルの政策当局者，地域レベルで，多くの方々にご協力をいただいている。ここで詳細を記すことはできないが，今回の2度にわたる東北産業実態調査では，トヨタ自動車東北，アルプス電気，岩機ダイカスト，南三陸ホテル観洋，阿部長商店の各社，宮城県産業技術総合センター，陸前高田市役所，重茂漁業協同組合にご協力をいただいた。関係者の方々に深く感謝を申し上げたい。また，2度の現地調査で利用させていただいた三陸鉄道「三鉄ツーリスト被災地フロントライン研修」では，ご自身も津波被災されながら，実に深いところから，つぶさに被災地の状況や歴史背景をご案内いただいた同社三浦芳範さん，赤

あとがき

沼喜典さんにも深く謝意を表したい。その他のご協力をいただいた方々にも深く感謝したい。

　本研究は，法政大学サステイナビリティ研究教育機構の研究資金および2011，2012年度東日本復興支援研究助成金の学内資金とともに，幾つかの外部資金を使った研究成果である。「都市・地域チーム」では，科学研究費補助金基盤研究（S）（研究代表者：陣内秀信）「水都に関する歴史と環境の視点からの比較研究」の成果の一部が反映されている。「暮らし・生業チーム」では，陸前高田での調査において，上述の科学研究補助金以外にも，大和証券福祉財団「災害時ボランティア活動助成」，みずほ福祉助成財団「社会福祉助成金」，財団法人JKA「公益事業振興補助事業」，住友商事「東日本再生ユースチャレンジ・プログラム」，日本地域福祉学会「東日本大震災復興支援・研究特別委員会」の助成金を受けた。

　「政治・経済チーム」は，2011年度法政大学東日本震災復興支援助成金「東北製造業の震災津波被災実態と復興の展望の研究－グローバル化と地域再生の視点から」（研究代表者：河村哲二）のほか，科学研究費補助金基盤研究（A）（研究代表者：河村哲二）「金融危機の衝撃による経済グローバル化の変容と転換の研究――米国・新興経済を中心に」の成果が反映されている。

　末尾となるが，本書の意義を深く理解していただき，本書の刊行をこころよく引き受けていただき，編集の労を執っていただいた御茶の水書房社長の橋本盛作氏と関係者の方々に，心より御礼を申し上げたい。また，法政大学および同サステイナビリティ研究教育機構とそのスタッフの方々には，この間のわれわれの研究活動を物心両面から広く支えていただいた。執筆者一同から深く謝意を捧げたい。

2013年3月吉日<br>
編者

# 人名索引

(アルファベット)
G・H・ゴッドフレー　58
G・パーセル　75

(あ行)
秋山惣兵衛　136
足利義教　145
阿曾沼広綱　66
阿曾沼朝綱　66
阿曾沼広長　72
安倍頼時　43,44
阿部源左衛門　225
阿部源左衛門(初　代)　136
阿部源左衛門(二代目)　137
阿部源左衛門(四代目)　132,137,151,152,157
阿部源左衛門(五代目)　137
阿部源之助(六代目)　137
阿部安之丞(三代目)　137
阿部安蔵　137
阿部十郎兵衛　96,97,113
荒谷肥後　67
家衡　44
伊藤博文　73
伊沢家景　46
石森掃部左衛門　114
因幡守吉政　131
氏家隼人　112
遠藤右近丞　114
円仁　70
大槌次郎　66

大槌孫八郎　66
大槌孫八郎政貞　79
大島高任　57,58,65,73
息気長帯姫命(神功皇后)　164
小川惣右衛門　73,81
尾形鶴右ェ門　84
重村　50

(か行)
貝姫　50
葛西清重　45
葛西晴信　96,113
加藤清正　49
河村瑞賢　52,172
河村瑞軒　131,135
川村孫兵衛　132
川村孫兵衛重吉　93,131
貫洞瀬左衛門　57,73
狐崎玄蕃　66,67
清原武則　43,44
清原武貞　44
清原真衡　44
金為時　46
北畠親房　93
北畠新房　134
慶室恕悦　70
櫛笥隆致　50

(さ行)
砂子田源六　73
佐々木肥後　111,112,113

325

佐藤十郎左衛門　57
佐野与治右衛門　68
左兵衛　112
白石宗直　51
白石宗貞　51
小豆島栄作　84
甚左衛門　111
次郎兵衛（五代目）　113
須田与惣右衛門　115
セバスティアン・ビスカイーノ　50

**（た行）**

平将門　131
忠宗　50
田鎖丹蔵　80
伊達政宗
　　49,51,55,56,72,93,96,97,113,114
田中長兵衛　58,74
丹野市左衛門（大隈）　97
丹野大隈　113
丹野左衛門　113
千葉土佐　56
千葉泰胤　142
千葉秀郷　142
千葉安房守　46
千葉頼胤　140,142
千葉大王御子（皇子）　141
千葉助（介）太郎平朝臣義清　141
綱宗　50
綱村　50
徳川家康　49,67
徳川秀忠　50
豊臣秀吉　49,51,161

**（な行）**

中沢左近丞　114

中野作右衛門　73
永沼秀重　131
南部光行　48
南部信直　49,51,71
南部重信　51
南部信恩　51
南部守行　71
南部利直　72
南部利剛　55
南部利恭　55
日本武尊　67,70
沼田藤八郎　114
義良親王　93,134

**（は行）**

支倉常長　118
浜屋茂八郎　57
平塚越前守　96
平塚雄五郎　115
ビスカイノ　167
藤原清衡　44,133
藤原秀郷　44,131
藤原秀衡　46
藤原兵部　145
閉伊頼基　66
ベンネット　167
鞭牛和尚　54
北条時政　46
振姫　50

**（ま行）**

前川善兵衛　67,80
松平忠邦　136
源頼朝　39,49
源頼義　43,44
源義家　44

源為朝　66
水野忠邦　136
宮城新昌　120,209
宗村　50
宗良親王　93,134
護良親王　96

(や行)
山伏源真(二代)　164
結城親朝　93

吉政(初代)　131
吉重(二代)　131
吉宣(三代)　131

(ら行)
ルイス・ビャンヒー　58,74

(わ行)
亘理経清　44
度会家行　93,134

# 地名索引

(あ行)

赤浜　83
網地島　226
鮎川　204,216
鮎川浜　192
荒　140
荒浜　172
安渡　80,84
飯野川　190
石巻　28,32,37,38,39,40,112,190,192
石巻平野　38
石巻村　97
石巻湾　104,111
石峰山　93,129,140
磯崎浜(現松島町)　97
一の渡　70
祝田浜　111,116
岩倉　262
岩出山　49
内海　111
鵜住居川　63
裏浜　192
遠島　112
大浜　33,125,131,248
大槌　41,69,72
大槌川　63,68,71,79,85
大槌湾　63,69
大須　43,104,108,131,131,135,136,140,147,
　　149,189,227
大須浜　125
大橋　73,75

大湊　134
大原浜　108
大森山　169
雄勝　108
雄勝湾　30,104,223,248
雄勝半島　30,31,33,43,104,106,107,125,140,
　　143,189,191
雄勝東部　223
牡鹿湊　45
牡鹿半島　31,33,104,106,107,191,254
荻浜　33,40,107,116,119,201
荻浜湾　209
奥六郡　43
追波川　33,93,132
女川　112,227,246
表浜　192,201
王浦　142

(か行)

門脇村　97
桂川　212
兜島　140
釜石　29,32,37,38,39,40,41,63,79,81
釜石湾　63,65,68
釜石湊　68
北上川　28,37,38
北上川　30,37,93,99,105
北上山地(高知)　30,37,38
北上山地　31,37,69
狐崎浜　33,107,116,117
吉里吉里　80

328

金華山　192,204,216,243
金華山沖　202
金華山道　216
熊沢　140,232
黒崎神社　258
硯上山　152
甲子川　63,65
衣川　43,44
小鎚川　63,68,71,85
小富士山　140
コバルトライン　216
駒込沢　176
小長洞　263
小積浜　107,201,214
小出島　117
五十五人山　240
五十鈴神社　219

(さ行)
佐須浜　115
鮫浦湾　106
侍浜　107
三陸沿岸　29
志田　169,170,262
志田集落　260
集　169,170,262
集落　168
塩竈　40
新山河岸　59
慈恩寺　263
蛇ヶ崎半島　175
十五浜　93,33,130,139,143,144,145
須崎　226
鈴子　75
仙台　28,37,49

(た行)
大天場山　66
立浜　140,144,145,189,244
館森　150,227
月浦　33,34,107,116,117,166
月山　139
筑波山　140
出羽三山　139
泊　171,172,173,259,262
泊湾　162
泊集落　168
堂之前　169,262
砥森山　69

(な行)
長洞　34,174,177,261,263
長洞集落　168
長根洞　263
名振　93,131,135,136,140,144,226,232
名振湾　106,107
名振浜　125
二度神社　87
荷渡山　176,177
仁田山　174
根岬　34,105,161,162,166,168,169,170,257,259,260
根岬集落　170
野蒜　40,98

(は行)
葉山　139
羽山姫神社　213
羽黒山　139
羽坂浜　189
平泉　43,44
広田半島　31,33,34,104,105,106,161,162,

165,166,168,169,191
広田湾　106
広田村　162,163,164,169,172
船越　93,107,131,139,137,140,145,226,232
船越浜　125
船隠　149
船荒（現長船崎）　175
古明神　70

**(ま行)**
真野の入江（古稲井湾）　39
万石浦　86,111,204
万石浦湾　209
湊村　97
明神山　140
明神平　70
桃浦　119,208
桃生群南方　130

**(や行)**
矢ノ（矢野）浦　68
矢館崎　175
湯殿山　139
八日町　81
四日町　81
横川　131
横浜山　210
米沢　49
鎧島　140

**(ら行)**
龍沢寺　244

**(わ行)**
分浜　135,136,144
渡波　112

# 重要事項索引

**(あ行)**

アイデンティティ　292,307,312
青木家　135,136
赤浜遺跡　69
秋山家　135,136
阿部家　135,136,145,155,225,227
安倍氏　32,39,43,44,148
アワビ　86,89,234,251,252,270
庵寺　244

**(い行)**

イカ釣り　84
イサカイ　121
五十集　132,225
石井閘門　99
石神　129
石巻港　119
石巻長沼家　131
石巻街道　53
石峰権現社　129
衣・食・住・職（生業）・文化
　19,20,21,22
戊辰戦争　55
遺跡　257,262
伊勢神宮　134
伊勢神宮外宮神官　134
石神社　33,138,139
板碑　130
一関街道　53,54
井戸　87,276
稲井石　99

稲作　192
稲荷講　88
今泉街道　54
今熊野社　133
入江　104
医療施設不足　34
イルカ漁　83
イロリ　123
岩崎合戦　71
イワシ漁　227,262
岩手軽便鉄道　60

**(う行)**

失われた二〇年　3,6,9,14,16
鵜住居川　70
ウニ　86,233
海民　140
海のネットワーク　185
ウラザシキ　123
運賃積　135

**(え行)**

江戸台所米　72
江戸四大飢饉　46
戎講　135
ＦＲＰ船　238
永代たたら　57
遠洋漁業　194,264

**(お行)**

奥羽越列藩同盟　55

奥州惣奉行　45
奥州街道　28,39,53,105
奥州征伐　129
奥州藤原氏　32,39,148
大網　269
大山車　259
大槌　64
大槌漁協　89
大槌湊　72
大槌街道　54
大原馬　205
大船渡線　60
雄勝法印神楽　33,105,139,141,143
オカミ　123,156,158,166,178
オガミ様（イタコ）　177
沖合漁業　194
沖積地　69
荻浜港　119
オクザシキ　178
奥筋廻船　135
尾崎神社　67
牡鹿湊　95
小田宮司家　139
落ち武者伝説　263
お茶こ　274,278
小鎚神社　70
小友金山　56
女川組　112,113
お湯立て　243
御領分社堂　70
御師　134

**（か行）**

海運　136,171
開口　235,251,270
海上の道　133

廻船　105,136,262
廻船業　135,152
回船問屋　137
廻船問屋　136
カカザ　228
カキの養殖　120,205,209,214
牡蠣養殖　202
カゲサゲ　272
囲い式　120
葛西大崎船止日記　95
葛西氏　39,111
葛西繁盛記　140
河岸段丘　69
鹿島御兒神社　133
鹿島神社　133
組頭　230
霞場　138,144
仮設住居　213
仮設住宅　189,272,274,277,280
過疎　190
家相　271
過疎地　34
語り部　278
価値　299
カツオ船　248
カッテ　178
勝手　228
カデギリ　273
金取遺跡　69
釜石　64
釜石街道　54
釜石港　75
釜石鉱山　74
釜石製鉄所　65,73,74,75,82
釜石線　60
釜石鉄道　60

釜石鉄山　58
鎌倉幕府　32
上鱒沢和山遺跡　69
カミザ　228
神棚　156,158
カミマ（神間）　211
蒲生家　176,177,263
萱取り場　192
カヤ場　276
がれき　91,250
寛永検地　116
寛永の大飢饉　46
寛政の改革　136
観音講　274
桓武平氏良文氏流　134

（き行）
木挽き　239
記憶の継承　300,301
危機に直面する技術　290,291,292,293,294,296,298,299,303,305,306,308,310,311
危機の体験　291
汽水域　85
基礎的コミュニティ　307,309
北上川舟運　39
狐崎城　66
狐崎組　112,113,115,201
狐崎平塚家文書　115
肝入　113,115,130
旧家55軒　149
宮殿寺　111
境界争い　232
行商　192,224,236,253
共通性　191,284
共同採り　89,251,252,254
共同納屋　212,214

共同労働　272
共販　90,198
行屋　274
共有林　272
漁協　233
漁業　105
漁業協同組合　231,271
漁業権　209,215,266
漁業就業人口　190
漁業専業的　198
漁港　37,40
漁船漁業　83,84,86,237
漁村　29,189,198
漁村集落　104,106
魚付保安林　240
清原氏　43
吉里吉里湊　72
切り開き　223
近郊農業化・園芸農業化　15
近代化　191
近代捕鯨　192,217
禁漁区　235

（く行）
十八成（くぐなり）浜組　112,113,201
口止め　270
九戸氏の乱　71
熊野神社　133
組頭　130,235,240,243
九曜紋　134
九曜星　138
グローバリゼーション　3,20,21,22,23,304
グローバル化　3,8,9,10,11,12,13,14,15,16,17,18,19,28
グローバル金融危機　3,9

グローバル金融危機・経済危機　4,5,7,
　8,9,15,16
グローバル経済　302
グローバル・シティ　8,11,13,14,15
グローバル成長連関　4,5,6,12,18
黒崎神社　106,164,165
黒潮　257
黒船　57
郡奉行　130
郡司　45
軍馬　205

(け行)
景観　292
経済効率性　297,298,309,311
契約講　204,229,248
気仙街道　53
気仙大工　192
気仙沼街道　54
ゲニウス・ロキ (GeniusLoci)　312
限界集落　8,16,34,150
限界集落化　126
原子力ムラ　14

(こ行)
講　273
郷村の地頭職（一分地頭職）　141
合意形成　298
工業港　37,40
高源寺　144
高速道路　14,40,100
高地移転　105,109,128,182
高度経済成長　191,193,223,268
高度経済成長期　264
効率性基準　298,299
高齢化　190,197,247,254,262,264,308

ご詠歌　244
国際捕鯨委員会　204
御家人　45,46
後三年の役　44
御所入江　95
五人組　229
海鼠腸師　132
虎舞　67,259,260
小舟漁　263
駒込溜池　177
駒込の大屋　176
コミュニケーション　184
コミュニティ運営　308,310
御用山　239
小漁師　236
婚姻　126
金剛院　139
金比羅講　88
金毘羅神社　177
コンブ　270
昆布の養殖　263

(さ行)
採介藻　248,253,254
災害公営住宅　272
災害の記憶　300
災害リスク　302
採捕　194
榊原家　131
坂口溜池　177
相模土手　51
ササムスビ　143
ザシキ　156,158,166,178,211
佐藤家　145,232
佐藤家本家　146,147
里海　211,213,218,219

334

# 索引

里山　211,213,219
サプライチェーン　7,17,308
山岳信仰　140,151
産業空洞化　4,8,13,15
三世代同居　264,280
3.11の地震津波　104
3.11の津波　174
サン・ファン・バウチスタ号　118
サンマ漁　84
三陸浜街道　53

(し行)
字・大字　8,19,21,22
塩釜港　119
塩釜線　59
しおやきば(塩焼場)　132
鹿　211,220
自給　253
自給自足　183
自給的　225
自給的漁民　203
慈恩寺　139
仕込み　225
獅子舞　219
自然信仰　139
自然的生態的環境　293,298,304,305,309,312
自然と折り合うしくみ　296
自然の波止堤防　104
持続可能性　305,308,309
"持続可能"な社会　191
持続性　308
自治組織　204
実業団　204,213,215
十法印　139
地頭　45

清水屋　137
市明院　139,141
下鱒沢高館遺跡　69
下井戸　148,151
社会規範　311
社会制御　311
尺井戸　148,152
若狭土手　51
シャッター商店街　8,16
寿庵堰　51
十一面観音像　114
舟運　29
舟運ネットワーク　39
獣害　221
集団移転　173,210
集落移転　292
修験者　151
鋳銭座　98
背負子　245
貞観の大地震津波　153
貞観の大地震　40,47
少子化　126,275
小本街道　54
常楽寺　70,71
小漁人　270
小漁師　253
昭和8(1933)年の地震　63
昭和8(1933)年の三陸大津波　167
昭和8年の地震　64
昭和8年の津波　165
昭和8年の三陸地震津　48
女性　88,217,224,234,244,245,251,253,259,261,274,278,281
所有権　303
白河結城家文書　95
白銀山大性院　145

335

白根金山　56
新幹線　14
新成長戦略　9,10,18
新日本製鉄　76
神仏分離　143
神仏習合　143
新巻（荒巻）鮭　79
新巻鮭　83
森林資源　91

（す行）
垂下式養殖　209
水産加工場　87
水田　218,241
水田耕作　106
水難救済組合　244
すきコンブ　85
直屋　122
スタディーツアー　278
ストレングス　261,267,280
炭焼き　217,218,219
スモールビジネス　281

（せ行）
製塩　239
盛街道　54
生活文化　299
生活のロジック　190,191
生活文化　289,291,293,294,297
正義性基準　298,299
生産現場　183
生態系　305
製鉄所　81,87
石油ショック　194
世襲体制　115
世代継承機能　292

前九年の役　44,129
仙石線　61
仙台道　53
仙台藩　32,57
仙北軽便鉄道石巻線　217

（そ行）
惣地頭　45
ソーシャル・ネットワーク　278
村網　203,254

（た行）
太閤検地　162
大河兼任の乱　46
代官　130
大肝入　97,112,113,115,130
大肝人　125
大庄屋　111,112
堆積土砂　40,98
ダイドコロ　122,123,155
大謀網　203,247
大網　203,216
大陽台貝塚　162
大漁祈願　259
多賀城　45,47,48
高台移転　165,263,272,308
焚き物採り　240
沢山遺跡　69
宅配便　247
建て網漁　268,273
建網　83
建網（定置網）　80
立石溜池　177
伊達騒動　50
田中製鉄所　74,75
種牡蠣の養殖　120

336

索引

多様性　191,284
鱈の御仕込所　132
樽廻船　135
俵物　258
壇ノ浦の戦い　175

(ち行)
地域資源　190,285
地域社会　191
地域社会の持続性　289
地域主義　310
地域振興　190
地域生態系　306
地域の生態系　310
地形形状　107
地産地消　190
千島海流(親潮)　202
千葉宮司家　138,139
地方経済の疲弊　15
地方分権一括法　297
茶の間　155,156,211
朝鮮半島出兵　49
直角式　120
チリ津波　212
チリ沖地震　127
チリ地震津波　167,168
チリ津波　219

(つ行)
使い水　121,152
月星紋　134
津波被害　190
ツノマタ　233

(て行)
定置網　203,227

定置網(大謀網)　202
低地居住　104,105
手踊り　261
鉄鉱産業　37
鉄道輸送　103
デトザシキ　178
出羽三山　138,275
田字型居住形式　122
天神講　274
天然スレート石　154
天秤フイゴ　57
天保の飢餓　132
天保の改革　136
天保の大飢饉　46,50
天明の大飢饉　46
天雄寺　145

(と行)
棟札　156
唐船番所　243
東北新幹線　28
東北線　208
東北本線　28,39,60
動力船　194,267
遠野街道　54
都市　189,272,279,286
土地に刻まれた歴史　291
土地の記憶　302,309
戸長役場　119
突棒　82,83
突棒船　84
土間　211
土間(作業部分)　122
土間居住形式　121
トラック輸送　103

337

(な行)
内港　40
内発的発展　310
長崎俵物　203
中沢浜貝塚　162,171
永沼家　135,136,232
長洞元気村　277,278
長洞一番地　176
中村屋　57
名子　203,224
名振永沼家　131
生業　190,291,293,294,296,299
生業に根ざした生活文化
　　291,293,304,307
生業に根ざす　305
南蛮井戸　118
南部鼻曲がり鮭　80
南部藩　80

(に行)
二重の危機　3,4,8,12,14,15,17,18,22
荷渡神社　176,177
200海里　150
200海里規制　194
日本海流(黒潮)　202
日本製紙　100
日本の近代化　10,18,19,20,22
日本郵船　207
入会　230,233
入会林　211
入会問題　163
入札　233,269

(ね行)
根岬漁港　168
ネットワーク　103,191,246,247,253,286

念仏講　244
年齢階梯制　204,213,230

(の行)
農業　195,202
農業就業人口　190
納税組合　275
農村　81
農林漁業振興　190
野蒜築港　98,99,119
海苔の養殖　85

(は行)
買積　135
廃藩置県　55
買米制　50
羽黒派十法印　142
羽黒派　151
馬産　192
梯子虎舞　259,260
八大龍神　88
八幡神社　146
八幡神社の祭り　157
八景島　126
はねアワビ　251,252
バブル経済　264
浜　191
浜方　112
浜方百姓　168
浜供養　244
浜切　163
羽山姫神社　207
葉山神社　138
春祭り　242
反射炉　57
藩制村　229

半農半漁　168,192,205,257,258,263
半農半漁性　198

(ひ行)
菱垣廻船　135
東廻り航路　52,132,172
ビジネス　281
ビジネスネットワーク　286
尾州廻船　135
避難場所　117
疲弊した周辺地方経済　16
日和山　117,118
平泉征伐　46
平泉文化　39
平塚家　115
ヒロマ型居住形式　122,154

(ふ行)
笛吹街道　54
吹差フイゴ　57
富士製鉄　76
浮囚　148
俘囚　43
復興　280
復興計画　298
復興・再生　289
復興計画　292,296
復興交付金　296
復興事業　272
復興特区制度　296
復興プラン　294
仏壇　156,158,178
仏間　178
船大工　82,238
船乗り　253
プリミティブ　32

プリミティブな集落構造　170
文化　311
文化的伝統　297
文化の豊かさ　312
分散高地移転　128

(へ行)
閉伊街道(宮古街道)　54
開港場　75
並列式　120
別家(分家)　148
別家　149

(ほ行)
法印神楽　243
防災基本計画　296
防災計画　294
宝暦の飢饉　46
宝暦の大飢饉　50
北前廻船　135
北前船　172
捕鯨　84,136,204,216,219
捕鯨業　132
ホタテの養殖　85,237
本地垂迹　143
本百姓　203,224

(ま行)
前川家　80
前島　104,126
祭り　29,30,87,106,144,213,231,292
マネジメント能力　280
真野の入江(古稲井湾)　94
満照寺　144
万年寺　144

339

(み行)
水のネットワーク構想　185
水呑　224
水呑み　203
3つのレイヤー　181
三菱汽船　119,207
港町　29
三間間取り　122,154
宮城県海嘯誌　126
宮城電気鉄道　61
宮守　147,243

(む行)
陸奥守兼鎮守府将軍　43
無堤防　40
村切　116

(め行)
明治29(1896)年の地震　63
明治29(1896)年の三陸大津波　167
明治29(1896)年の明治三陸津波　173
明治29年の三陸津波　174
明治29年の地震　64
明治29年の津波　126
明治29年の三陸地震津波　48

(も行)
網の特権　114
木船　238
藻場　218
モム　156
もらい子　203,224,245
盛岡報恩寺　70
盛岡藩　32,57,64
門　153

(や行)
ヤカタ浜貝塚　66
櫓沢遺跡　69
宿場町　216
八戸藩　57
八幡製鉄　76
山　191
やまこ　211,217,219
山田線　60
山津波　212
山の荒廃　284
山の神講(観音講)　244
山の水　276
山村　198
山守　205

(ゆ行)
結　273
豊かさ　311,312

(き行)
よいとり　273
養蚕　242
八日行　275
要改善漁協　89
養蚕業　178
洋式高炉　73
養殖　194,233,248,253
養殖業　103
ヨコザ　228
ヨリメ　232,233

(ら行)
ライフスタイル　27
ライフライン　215

## (り行)

リアス海岸　63
リアス式海岸　29,31,32,37,38,161,191
リアス式湾　103,106
リーダーシップ　260,280
陸方　112
流域圏　306
龍沢寺　144,145
漁協　278,287
林業　192,218

## (る行)

留守職　45

## (れ行)

例祭　259
霊場　130

## (ろ行)

例大祭　258
歴史・文化的伝統　294,299,305,307

ローカルな社会ルール　301
ローカルなルール　298,303,304,310
ロールモデル　260,280
6次産業　224
6次産業化　190,254,286

## (わ行)

若林城　55
ワカメの養殖　214,237
湧水　79
渡御　67
湾形　106

# 執筆者紹介

## [編者]

### 河村哲二（かわむら・てつじ）

1951年生まれ。法政大学経済学部・経済学研究科教授。博士（経済学）。法政大学大学院グローバルサステイナビリティ研究所所長。専門は、グローバル経済論、理論経済学。主な著書に、『3.11から一年』（共編著、御茶の水書房、2012）、The Crisis of 2008 and the Future of Capitalism（共著、Routledge, 2012）、Hybrid Factories in the United States under the Global Economy（編著、Oxford University Press, 2011）、『現代経済の解読』（共著、御茶の水書房、2010）、『知識ゼロからのアメリカ経済入門』（共著、幻冬舎、2009）、Transformative Organization（共著、Response Book, 2003）、『現代アメリカ経済』（有斐閣、2003）、『制度と組織の経済学』（編著、日本評論社、1996）、『第二次大戦期アメリカ戦時経済の研究』（御茶の水書房、1998）、『パックス・アメリカーナの形成』（東洋経済新報社、1995）、『現代世界経済システム』（共編著、東洋経済新報社、1995）。その他著書・論文多数。

### 岡本哲志（おかもと・さとし）

1952年生まれ。岡本哲志都市建築研究所代表。博士（工学）。法政大学エコ地域デザイン研究所兼任研究員、法政大学大学院兼任講師。専門は、都市形成史。主な著書に、『持続可能性の危機』（共著、御茶の水書房、2012）、『奥州相馬の文化学』（共著、文化科学高等研究院、2012）、『外濠』（共編著、鹿島出版会、2012）、『江戸城・大名屋敷』（監修、平凡社、2011）、『港町のかたち』（法政大学出版局、2010）、『まち路地再生のデザイン』（共編著、彰国社、2010）、『「丸の内」の歴史』（ランダムハウス講談社、2009）、『一丁倫敦と丸の内スタイル』（編著、求龍堂、2009）、『銀座を歩く』（学芸出版社、2009）、『港町の近代』（編著、学芸出版社、2008）、『銀座四百年』（講談社メチエ、2006）、『江戸東京の路地』（学芸出版社、2006）、『銀座』（法政大学出版局、2003）、『水辺から都市を読む』（共編著、法政大学出版局、2002）。都市住宅学会著作賞受賞。

### 吉野馨子（よしの・けいこ）

1965年生まれ。博士（農学）。専門は生活農業論。主な著作、論文に『屋敷地林と在地の知』（京都大学学術出版会、2012）、「消費社会における『食の安全』の限界」『持続可能性の危機』（御茶の水書房、2012）、吉野馨子、2011.3.「グローバリゼーション下における生存基盤としての農村：ローカルな生活者・資源・コミュニティ・制度からサステイナビリティを考える」、サステイナビリティ研究Vol. 2, 76-91. The Role and possibilities for subsistence production: reflecting the experience in Japan, In:" From Community to Consumuption: New and Classical Themes in Rural Sociological Research. (Rural Sociology and development Series. Emerald Publishing, 2010), 「住民による農産物の入手と利用からみた地域内自給の実態把握——長野県飯田市の事例調査から」『農林業問題研究』44巻3号（共著、2008）。

[執筆者]

まえがき　編　　者：編著者参照

序　　論　河村哲二：編著者参照

序　　章　岡本哲志：編著者参照

## 第1部

　　はじめに　岡本哲志：編著者参照

　　第1章　　岡本哲志：編著者参照

　　第2章　　石渡雄士（いしわた・ゆうし）

　　　　　　1977年生まれ。専門は港湾都市史。法政大学大学院工学研究科博士後期課程単位取得。同大学デザイン工学部建築学科教育技術員、エコ地域デザイン研究所兼担研究員。主な著書に、『中央線がなかったら　見えてくる東京の古層』（共著、NTT出版、2012）、『水の郷日野　農ある風景の価値とその継承』（共著、鹿島出版会、2010）、『港町の近代　門司・小樽・横浜・函館を読む』（共著、学芸出版社、2008）。

　　第3章　　吉野馨子：編著者参照

　　　　　　西山直輝（にしやま・なおき）

　　　　　　1992年生まれ。法政大学デザイン工学部建築学科在籍。岩手県上閉伊郡大槌町に祖父母を持つ。3.11以降、法政大学デザイン工学研究科建築学専攻の学生有志たちによる「plan T workshop」（アドバイザー渡邉真理）に参加し、三陸を何度も訪れ、東日本大震災に付随した調査・分析・研究を行った。その後、東日本大震災における建築家によるネットワーク［アーキエイド］に法政大学のメンバーとして参加。

　　第4章　　岡本哲志：編著者参照

## 第2部

　　はじめに　岡本哲志：編著者参照

第1章　岡本哲志：編著者参照

第2章　岡本哲志：編著者参照

第3章　長谷川真司（はせがわ・まさし）
1972年生まれ。法政大学サステイナビリティ研究教育機構リサーチ・アドミニストレータ。博士（人間福祉）。専門は地域福祉論。主な論文に，「実体験を活かした教育プログラムに関する研究」『文京学院大学総合研究紀要』第8号（2008）「私設社会事業団体への助成実績からみる資金仲介組織としての恩賜財団慶福会の役割——大正末から昭和戦前期の原田積善会からの寄附との関係から——」『法政大学大学院紀要』第66号（2011）。

古地友美（こち・ともみ）
1989年生まれ。法政大学デザイン工学研究科修士課程在籍。本書のもととなる三陸の調査・研究に積極的に参加，特に広田半島はフィールド調査を幾度も重ねた。卒業論文「銀座の空間現象学——空室化と再生の動向——」にて，法政大学デザイン工学部建築学科2011年度卒業研究論文賞受賞。

第4章　岡本哲志：編著者参照


## 第3部

はじめに　吉野馨子：編著者参照

第1章　吉野馨子：編著者参照

第2章　吉野馨子：編著者参照

洞口文人（ほらぐち・ふみと）
1985年生まれ。専門は建築都市設計。法政大学大学院工学研究科建設工学専攻修士課程修了。3.11以降，法政大学大学院建築都市再生研究所にて復興支援プラットフォーム「plan T workshop」（アドバイザー渡邉真理）を企画，報告書『津波被災エリアMAP——TSUNAMI IMPACT AREA MAP——東日本大震災2011/3/11——』（2011年12月）を制作。また，「東日本大震災における建築家による復興支援ネットワーク・アーキエイド」に参加。

第3章　仁科伸子（にしな・のぶこ）
1965年生まれ。博士（人間福祉）。専門は地域福祉学。法政大学大学院人間社会研究科人間福祉専攻博士後期課程修了。現在法政大学現代福祉学部兼

任講師。主な著書に,『包括的コミュニティ開発――現代アメリカにおけるコミュニティ・アプローチ――』(御茶の水書房, 2013),「米国の近隣地域における包括的開発に関する研究――CCIs (Comprehensive Community Initiatives) による開発の現状からみた基本的特徴と仕組み――」,『社会福祉学』vol.50-4 (No.92) (2010),「アメリカ大都市におけるコミュニティを基盤とした援助と政策の成立過程に関する研究」『法政大学大学院紀要』第69号 (2012)

第4章　吉野馨子：編著者参照

第5章　吉野馨子：編著者参照

終　章　長谷部俊治 (はせべ・しゅんじ)

1951年生まれ，法政大学社会学部教授。専門は，行政法，国土・都市・地域政策。主な著書は,『地域整備の転換期――国土・都市・地域の政策の方向』(大成出版社, 2005),『持続可能性の危機――地震・津波・原発事故に向き合って』(共編著, 御茶の水書房, 2012),『環境をめぐる公共圏のダイナミズム』(共編著, 法政大学出版局, 2012)。

おわりに　編者：編著者参照

**編著者**

河村哲二（かわむら・てつじ）

岡本哲志（おかもと・さとし）

吉野馨子（よしの・けいこ）

---

「3.11」からの再生 ── 三陸の港町・漁村の価値と可能性 ──

2013年5月2日　第1版第1刷発行

|  |  |
|---|---|
| 編著者 | 河村哲二 |
|  | 岡本哲志 |
|  | 吉野馨子 |
| 発行者 | 橋本盛作 |
| 発行所 | 株式会社 御茶の水書房 |

〒113-0033　東京都文京区本郷5-30-20
電話 03-5684-0751

組版・印刷／製本：タスプ

Printed in Japan

ISBN978-4-275-01030-8 C3033

SGCIME編　マルクス経済学の現代的課題　全九巻・一〇冊

## 第Ⅰ集　グローバル資本主義

第一巻　グローバル資本主義と世界編成・国民国家システム

Ⅰ　世界経済の構造と動態

第二巻　情報技術革命の射程

Ⅱ　国民国家システムの再編

第三巻　グローバル資本主義と企業システムの変容

第四巻　グローバル資本主義と景気循環

第五巻　金融システムの変容と危機

第六巻　模索する社会の諸相

## 第Ⅱ集　現代資本主義の変容と経済学

第一巻　資本主義原理像の再構築

第二巻　現代資本主義の歴史的位相と段階論 **(近刊)**

第三巻　現代マルクス経済学のフロンティア

各巻定価（本体三二〇〇円＋税）

————御茶の水書房————